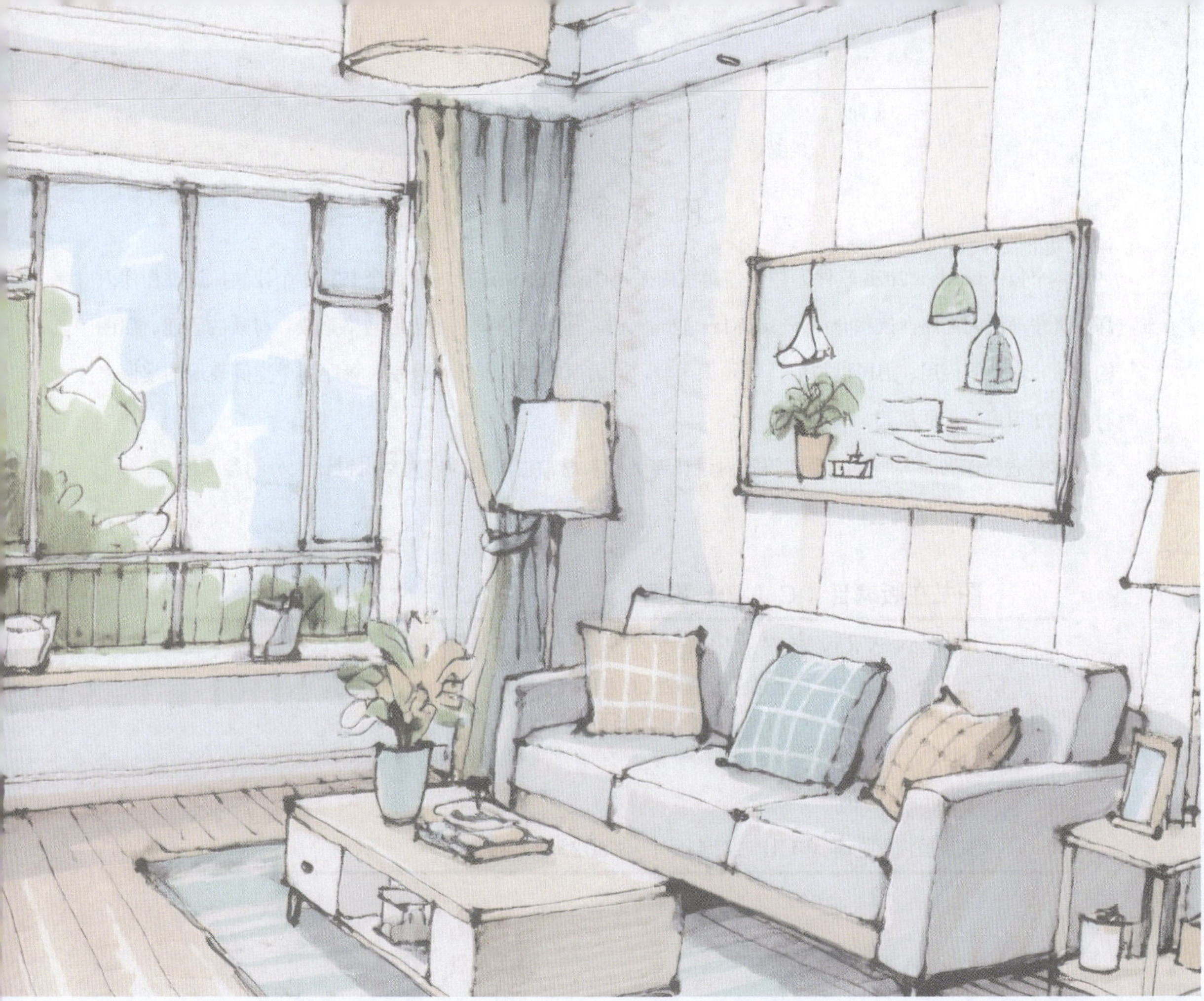

3ds Max+VRay
室内效果图设计

主编 王一如 姜 辉

北京希望电子出版社
Beijing Hope Electronic Press
www.bhp.com.cn

内容简介

本书以 3ds Max 2024 软件为载体，对室内效果图设计知识进行讲解。全书共 9 个模块，遵循由浅入深、循序渐进的思路，依次介绍了 3ds Max 基础入门、基本体建模、多边形网格建模、材质的创建、贴图的设置、灯光的应用、摄影机与渲染等知识内容，最后两个模块安排了卧室、餐厅两个空间表现的案例来对所学知识进行巩固练习。

本书适合作为高等职业教育建筑室内设计专业的教材，也可作为广大室内设计人员的参考用书。

图书在版编目（CIP）数据

3ds Max+VRay 室内效果图设计 / 王一如，姜辉主编.
北京：北京希望电子出版社，2025.6.
ISBN 978-7-83002-921-0

Ⅰ. TU238-39
中国国家版本馆 CIP 数据核字第 2025EE6495 号

出版：北京希望电子出版社	封面：袁 野
地址：北京市海淀区中关村大街 22 号	编辑：周卓琳
中科大厦 A 座 10 层	校对：石文涛
邮编：100190	开本：787 mm×1 092 mm　1/16
网址：www.bhp.com.cn	印张：16.75
电话：010-82620818（总机）转发行部	字数：397 千字
010-82626237（邮购）	印刷：北京天恒嘉业印刷有限公司
经销：各地新华书店	版次：2025 年 7 月 1 版 1 次印刷

定价：78.00 元

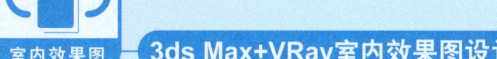

前　　言
PREFACE

随着我国建筑装饰行业的高速发展，室内设计领域对高素质技术技能人才的需求日益增长。在传统教学模式中，学生普遍存在软件操作能力薄弱、艺术表现力不足、项目实战经验欠缺等问题。为响应职业教育"产教融合、校企协同"的育人理念，本书以行业岗位能力需求为导向，结合教育部《高等职业教育专业教学标准—2025年修（制）订》，联合一线设计师、高校教师组建编写团队，历时两年完成编写。

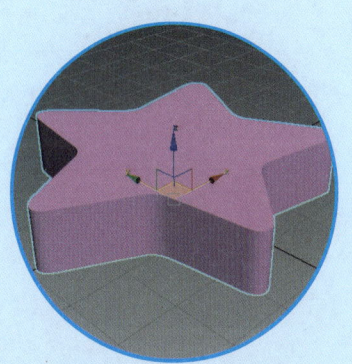

本书紧跟行业技术发展，针对3ds Max 2024及VRay进行功能适配。同时，贯彻教育部"课程思政"建设要求，在专业技能培养中嵌入职业素养教育，构建德技并修的育人体系。本书紧密围绕室内效果图设计的全流程展开，从基础的3ds Max 2024软件基础操作入手，逐步深入到基本体建模、多边形网格建模，帮助学生构建扎实的建模能力；详细讲解VRay渲染器的基本操作，使学生能够掌握高品质渲染的关键技术；涵盖室内常用材质的创建、灯光类型及应用、摄影机基本知识与渲染方法等内容，确保学生全面掌握室内效果图设计的各个环节；结合大量现实中的室内建筑案例，如卧室、餐厅等，通过实际项目制作，让学生在实践中巩固所学知识，提升实际操作能力。

本书具有以下特色：

- **案例丰富多样**：精选大量具有代表性的室内设计案例，涵盖不同风格和类型的室内空间，如现代简约、欧式古典、中式风格等，使学生能够接触到丰富的设计思路和表现手法。
- **思政融入教学**：在教材编写过程中，注重将思政元素融入教学内容。例如，在介绍中国传统风格室内设计案例

时，弘扬中华优秀传统文化，培养学生的文化自信和民族自豪感；在讲解设计项目的过程中，强调职业道德和工匠精神，培养学生的责任心和敬业精神。

- **紧跟行业前沿**：及时更新教材内容，融入3ds Max和VRay软件中的新功能和行业内的新设计理念与技术，使学生能够掌握更多的室内效果图设计技能，适应行业发展的需求。

本书由山东电子职业技术学院王一如和山东科技职业学院姜辉担任主编。由于编者水平有限，书中疏漏之处在所难免，恳请读者朋友批评指正。

编 者

2025年5月

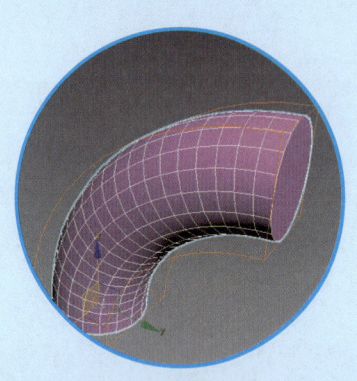

目录

模块1 3ds Max基础入门

1.1 认识3ds Max 2
- 1.1.1 了解3ds Max工作界面 2
- 1.1.2 工作视口常规设置 8
- 1.1.3 设置快捷键 10

1.2 文件管理 11
- 1.2.1 新建文件 12
- 1.2.2 重置文件 12
- 1.2.3 归档文件 12
- 1.2.4 合并文件 13
- 1.2.5 导出文件 14

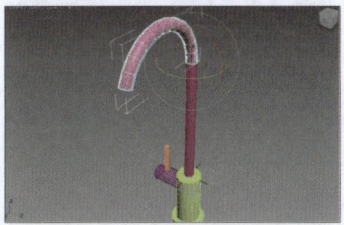

1.3 对象的基本操作 15
- 1.3.1 变换对象 15
- 1.3.2 克隆对象 18
- 1.3.3 镜像对象 19
- 1.3.4 阵列对象 20
- 1.3.5 对齐对象 20
- 1.3.6 捕捉对象 21
- 1.3.7 隐藏/冻结对象 22
- 1.3.8 组合对象 23

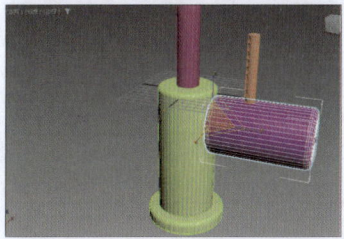

课堂演练 将办公室平面图导入3ds Max 24

课后作业 25

拓展阅读 3ds Max与VRay的发展历程、行业价值及与AIGC的融合 26

模块2 基本体建模

2.1 创建标准基本体 29
- 2.1.1 长方体 29
- 2.1.2 圆锥体 30
- 2.1.3 球体/几何球体 30

·I·

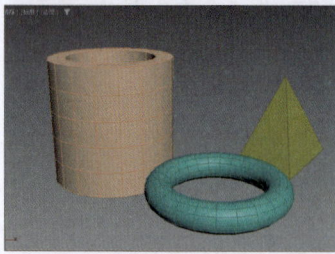

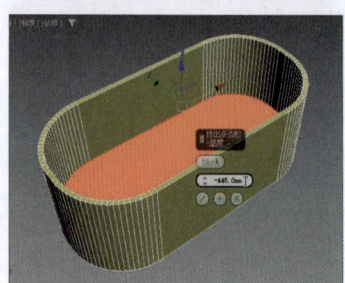

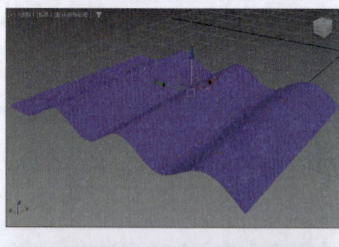

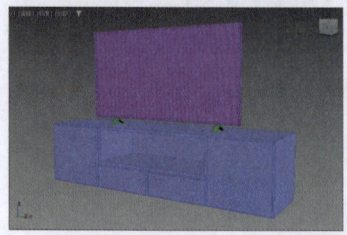

2.1.4	圆柱体	32
2.1.5	茶壶	32
2.1.6	加强型文本	32
2.1.7	平面	33
2.1.8	其他基本体	33

2.2 扩展基本体 35

2.2.1	异面体	35
2.2.2	切角长方体	36
2.2.3	切角圆柱体	37
2.2.4	其他扩展基本体	37

2.3 创建样条线 38

2.3.1	线	38
2.3.2	矩形/多边形	41
2.3.3	圆/弧	41
2.3.4	其他样条线	42

2.4 创建复合体 42

2.4.1	放样	43
2.4.2	布尔	43
2.4.3	其他复合对象	45

课堂演练 创建沙发组合模型 46

课后作业 49

拓展阅读 应县木塔榫卯结构数字化再现与工匠精神传承 50

模块3 多边形网格建模

3.1 可编辑网格 52

3.1.1	转换为可编辑网格	52
3.1.2	编辑网格对象	52

3.2 可编辑多边形 55

3.2.1	多边形和网格的区别	55
3.2.2	转换为可编辑多边形	56
3.2.3	多边形子对象	56
3.2.4	可编辑多边形的通用参数	58

3.3 常用修改器 63

3.3.1	挤出	63
3.3.2	车削	64

目录 CONTENTS

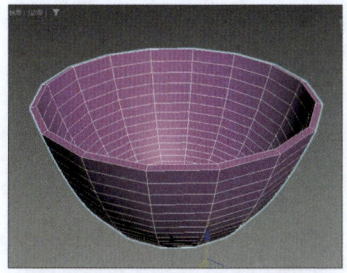

   3.3.3 FFD 67
   3.3.4 晶格 67
   3.3.5 弯曲 68
   3.3.6 壳 69
  3.4 了解NURBS建模 70
   3.4.1 认识NURBS对象 70
   3.4.2 编辑NURBS对象 71

  课堂演练 创建电视柜组合模型 73

  课后作业 77

  拓展阅读 明式圈椅数字化建模与文化再生 79

模块4 材质的创建

  4.1 了解材质 81
   4.1.1 材质的构成 81
   4.1.2 材质编辑器 81
  4.2 3ds Max内置材质 84
   4.2.1 物理材质 84
   4.2.2 多维/子对象材质 86
   4.2.3 Ink'n Paint材质 90
   4.2.4 混合材质 92
   4.2.5 双面材质 93
   4.2.6 顶/底材质 93

  4.3 VRay材质 94
   4.3.1 VRayMtl材质 94
   4.3.2 VRay灯光材质 99
   4.3.3 VRay混合材质 100
   4.3.4 VRay覆盖材质 102
   4.3.5 VRay车漆材质 102
   4.3.6 VRay其他材质 103

  课堂演练 为浴镜添加多维材质 105

  课后作业 109

  拓展阅读 福建土楼——中国传统建筑的材质与文化内涵 110

· III ·

模块5　贴图的设置

5.1　了解UVW贴图 113

5.2　3ds Max标准贴图 114

    5.2.1　位图贴图 115

    5.2.2　衰减贴图 116

    5.2.3　棋盘格贴图 117

    5.2.4　噪波贴图 120

    5.2.5　平铺贴图 122

    5.2.6　渐变贴图 124

    5.2.7　泼溅贴图 125

    5.2.8　细胞贴图 126

    5.2.9　烟雾贴图 128

    5.2.10　Color Correction（颜色校正）贴图 129

5.3　VRay贴图类型 130

    5.3.1　VRayHDR环境贴图 130

    5.3.2　VRayEdgesTex贴图 132

    5.3.3　VRaySky贴图 133

课堂演练　为客厅场景赋予材质　　　　　　　　　　134

课后作业　　　　　　　　　　　　　　　　　　　　141

拓展阅读　从贴图艺术看文化传承——苏州园林的窗棂之美　142

模块6　灯光的应用

6.1　室内布光 144

6.2　标准灯光类型 145

    6.2.1　聚光灯 145

    6.2.2　平行光 147

    6.2.3　泛光灯 148

    6.2.4　天光 149

6.3　光度学灯光类型 151

    6.3.1　目标灯光 151

    6.3.2　自由灯光 153

6.4　VRay灯光类型 155

    6.4.1　VRayLight 155

6.4.2	VRayIES	156
6.4.3	VRaySun	157

6.5 灯光阴影类型 158
- 6.5.1 区域阴影 158
- 6.5.2 光线跟踪阴影 158
- 6.5.3 阴影贴图 159
- 6.5.4 VRayShadows 159

课堂演练 亮化卫生间场景 159

课后作业 163

拓展阅读 故宫太和殿——中国传统建筑中的灯光智慧与文化内涵 165

模块7 摄影机与渲染

7.1 标准摄影机 168
- 7.1.1 认识摄影机 168
- 7.1.2 标准摄影机的类型 168

7.2 VRay摄影机 176
- 7.2.1 VRayDomeCamera 176
- 7.2.2 VRayPhysicalCamera 176

7.3 渲染基础知识 178
- 7.3.1 渲染器类型 178
- 7.3.2 渲染帧窗口 179

7.4 VRay渲染器 183
- 7.4.1 公用 183
- 7.4.2 V-Ray 184
- 7.4.3 GI 186
- 7.4.4 设置 188

课堂演练 批量渲染厨房场景 190

课后作业 193

拓展阅读 室内效果图设计中的简约美学与可持续发展——以"苏州博物馆"为例 194

3ds Max+VRay室内效果图设计

模块8　卧室空间效果的表现

8.1　为卧室场景布光 ········· 199

8.2　为卧室场景添加材质 ········· 203

　　8.2.1　创建建筑主体材质 ········· 203

　　8.2.2　创建床材质 ········· 205

　　8.2.3　创建窗帘材质 ········· 210

　　8.2.4　创建其他饰品材质 ········· 214

8.3　渲染卧室场景 ········· 219

8.4　渲染图后期处理 ········· 221

拓展阅读 深圳湾1号——当全球大师遇上中国风　223

模块9　餐厅空间效果的表现

9.1　查看场景模型 ········· 227

9.2　为餐厅场景布光 ········· 228

9.3　创建餐厅场景材质 ········· 233

　　9.3.1　创建建筑主体材质 ········· 233

　　9.3.2　创建酒柜材质 ········· 236

　　9.3.3　创建餐桌椅材质 ········· 238

　　9.3.4　创建其他模型材质 ········· 243

9.4　渲染餐厅场景效果 ········· 246

9.5　渲染图后期处理 ········· 249

拓展阅读 匠心独运，凤凰展翅——北京大兴国际机场的室内设计与中国设计力量的崛起　252

3ds Max常用快捷键 ········· 255

课后作业参考答案（部分） ········· 256

参考文献 ········· 257

室内效果图

· VI ·

模块 1

3ds Max 基础入门

学习目标

【知识目标】
- 掌握3ds Max工作界面的核心组成部分及其功能,包括标题栏、菜单栏、工具栏、工作视口、命令面板等基础模块。
- 熟悉3ds Max的基础操作逻辑,包括文件管理(新建、保存、导入CAD图纸)、界面自定义(调整颜色方案)与视口导航方式。
- 理解3ds Max在三维设计领域的主要应用场景,如建筑设计、工业设计及可视化工程等。

【技能目标】
- 能够独立完成3ds Max软件的启动操作,调整界面布局,并进行基础设置,包括加载自定义用户界面方案。
- 掌握通过"文件合并"命令导入外部模型或图纸,并正确设置单位与缩放参数。
- 掌握对象的基础操作,包括移动、旋转、缩放、克隆(复制/实例/参考)及捕捉等。

【素质目标】
- 培养规范操作习惯,遵循设计软件的使用流程,树立数字化工具的职业道德意识(如版权管理)。
- 养成耐心细致的工作习惯,注重界面细节的优化配置,并精准操作(如捕捉工具的应用)。
- 培养三维空间设计的基础能力,激发对建筑可视化、工业设计等领域的兴趣,并主动探索职业发展方向。

1.1 认识3ds Max

3ds Max（全称3D Studio Max）是一款优秀的三维建模软件，它被广泛应用于工业设计、建筑设计、三维打印、游戏开发、工程可视化等领域。该软件提供了丰富的建模、材质、动画、渲染等工具，使用户能够轻松地创建出各种逼真且复杂的三维模型效果。对于想进入三维设计领域的人而言，3ds Max是必学的入门软件。

■ 1.1.1 了解3ds Max工作界面

安装3ds Max后，双击其桌面快捷方式即可启动，3ds Max 2024软件的工作界面如图1-1所示，主要包含标题栏、菜单栏、工具栏、工作视口、命令面板、状态栏/提示栏等。下面将分别对其进行介绍。

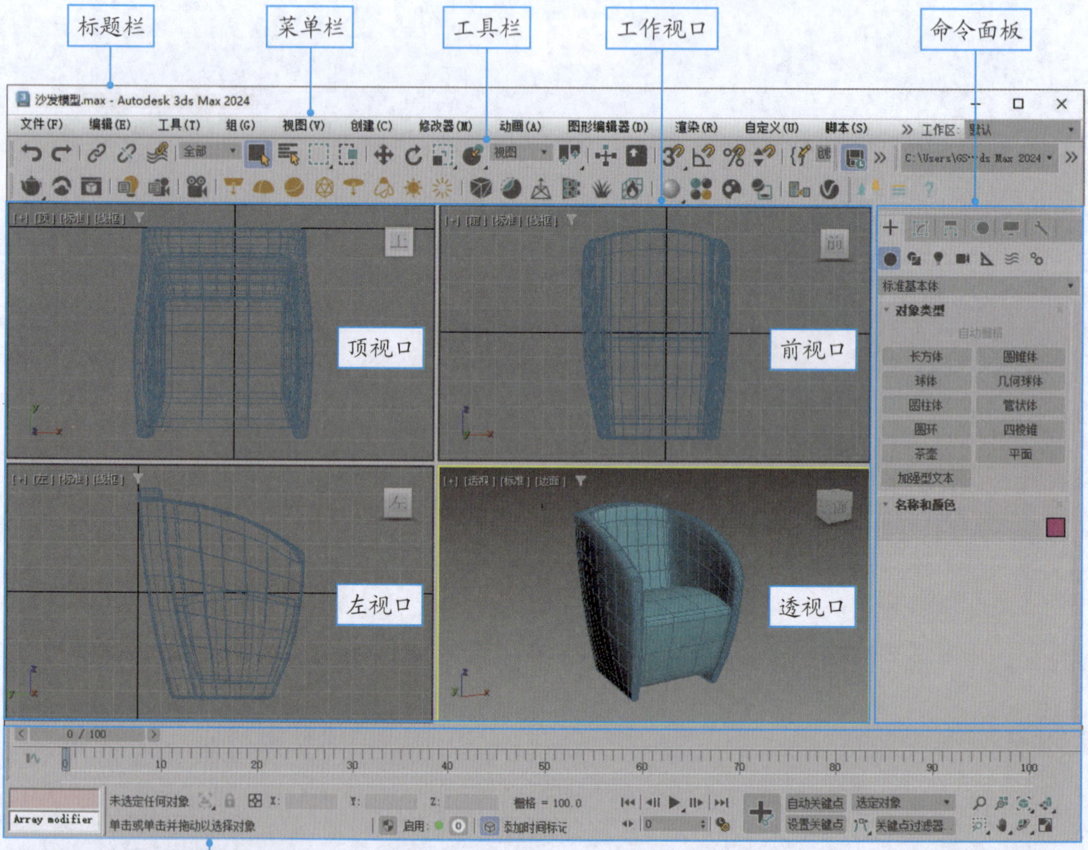

图 1-1 3ds Max 2024工作界面

> **提示**：默认3ds Max 2024的工作界面以黑色为主色调，用户可根据使用习惯对界面的颜色进行调整。在菜单栏中选择"自定义"→"加载自定义用户界面方案"选项，在打开的对话框中选择所需的内置颜色方案即可。

· 2 ·

1. 标题栏

标题栏位于工作界面最上方。它是由软件图标、当前文件的标题、软件版本号以及窗口控制按钮（最小化、向下还原、关闭）组成，可用于了解版本信息、文件信息以及软件窗口的显示状态。

2. 菜单栏

菜单栏位于标题栏的下方，为用户提供了几乎所有3ds Max的操作命令。它的形状和Windows菜单相似。默认情况下3ds Max的菜单栏显示17个菜单项，下面将对各菜单项的含义进行说明。

- **文件**：用于打开、保存、导入与导出文件，以及对文件摘要信息和文件属性等命令的应用。
- **编辑**：包含克隆、删除、选择和暂存对象等功能。
- **工具**：包括常用的制作工具。
- **组**：将多个物体合为一个组，或分解一个组为多个物体。
- **视图**：用于对视图进行操作，但对对象不起作用。
- **创建**：创建物体、灯光、摄影机等。
- **修改器**：编辑修改物体或动画的命令。
- **动画**：用来控制动画。
- **图形编辑器**：用于创建和编辑视图。
- **渲染**：通过某种算法，制作场景的纹理、材质和贴图等效果。
- **自定义**：方便用户按照自己的爱好设置工作界面。3ds Max的工具栏和菜单栏、命令面板可以被放置在任意位置。
- **脚本**：用于脚本的创建、打开、运行等操作。
- **Civil View**：用于供土木工程师和交通运输基础设施规划人员使用的可视化工具。
- **Substance**：用于创建和处理纹理、材质和3D模型的插件工具。
- **V-Ray**：用于V-Ray渲染器的相关设置，只有安装VRay渲染器后才会显示。
- **Arnold**：用于Arnold渲染器的相关设置。
- **帮助**：关于软件的帮助文件，包括在线帮助、插件信息等。

> **提示**：打开菜单列表时，有些命令旁边有"…"号，表示单击该命令将弹出一个对话框。有些命令右侧会显示一个小三角形，表示该命令还有其他子命令，单击它可以弹出一个级联菜单。若菜单中命令名称的一侧显示为字母，该字母即为该命令的快捷键，有时候需与键盘上的功能键配合使用。

3. 工具栏

工具栏位于菜单栏的下方。此处集合了3ds Max中比较常用的工具，如图1-2所示。将光标放置在工具栏上，当光标呈小手形状显示时，可向左或向右滑动工具栏，从而显示更多工具。

图1-2 工具栏

工具栏图标的作用如表1-1所示。

表1-1 工具栏图标的作用

图标	名称	作用
	选择并链接	将不同的物体进行链接
	取消链接选择	断开已链接的物体
	绑定到空间扭曲	将当前选择对象附加到空间扭曲上
	选择过滤器	快速选择场景中某种类型的对象。例如,选择"L-灯光"类型后,场景中只能选中灯光对象,而无法选择其他对象
	选择对象	选择场景中的对象
	按名称选择	单击后弹出操作窗口,输入名称后可相对快速地找到相应的物体,方便操作
	矩形选择区域	按住鼠标左键拖动可确定选择区域。长按右下角的小三角,会打开所有选取框的类型
	窗口/交叉	设置选择物体时的选择方式
	选择并移动	对选择的物体进行移动操作
	选择并旋转	对选择的物体进行旋转操作
	选择并均匀缩放	对选择的物体进行等比例的缩放操作。长按右下角的小三角,会显示出其他缩放方式
	选择并放置	将对象准确地定位到另一个对象的曲面上。长按右下角的小三角,会显示出其他放置方式
	使用轴点中心	选择多个对象时可用该命令来设定轴中心点坐标。长按右下角的小三角,会显示出其他类型的轴点定位坐标
	选择并操纵	针对用户设置的特殊参数(如滑竿等参数)进行操纵使用
	捕捉开关	快速捕捉模型对象上的某个控制点。长按右下角的小三角,会显示出其他捕捉参数
	角度捕捉切换	默认按照5°的倍增值来精确旋转对象
	百分比捕捉切换	通过指定百分比增加对象的缩放
	微调器捕捉切换	设置所有微调器中单击一次的增量值
	管理选择集	无模式对话框,通过该对话框可以直接从视口创建命名选择集或选择要添加到选择集的对象
	镜像	对选择的物体进行镜像操作,如复制、关联复制等
	对齐	方便用户对对象进行对齐操作
	切换"场景资源管理器"	分类显示场景中的对象,方便用户选择或管理
	切换层资源管理器	将场景中的对象放置在不同的层中进行操作
	显示功能区	在界面中显示出功能区,包含建模、对象绘制以及向场景中添加各类人物等工具

（续表）

图标	名称	作用
	曲线编辑器	用于创建和编辑动画中的角色或物体的动作曲线，从而实现流畅的动画效果
	图解视图	设置场景中元素的显示方式等
	材质编辑器	用于对物体进行材质的赋予和编辑
	渲染设置	调节渲染参数
	渲染帧窗口	通过该窗口可以查看渲染的过程
	自动备份切换	自动备份模型文件
	设置活动项目	将特定项目设为活动状态，使其成为当前操作对象

4. 工作视口

默认的工作视口是由4个相等的矩形组成。分别为顶视口、前视口、左视口和透视口。每个视口都包含黑色的垂直和水平线，这两条线在三维空间的中心相交，是世界坐标的原点（交点坐标为$X=0$、$Y=0$和$Z=0$），在视口中被称为主栅格线，其余辅助栅格线均显示为灰色，如图1-3所示。可按键盘上的G键隐藏栅格线。

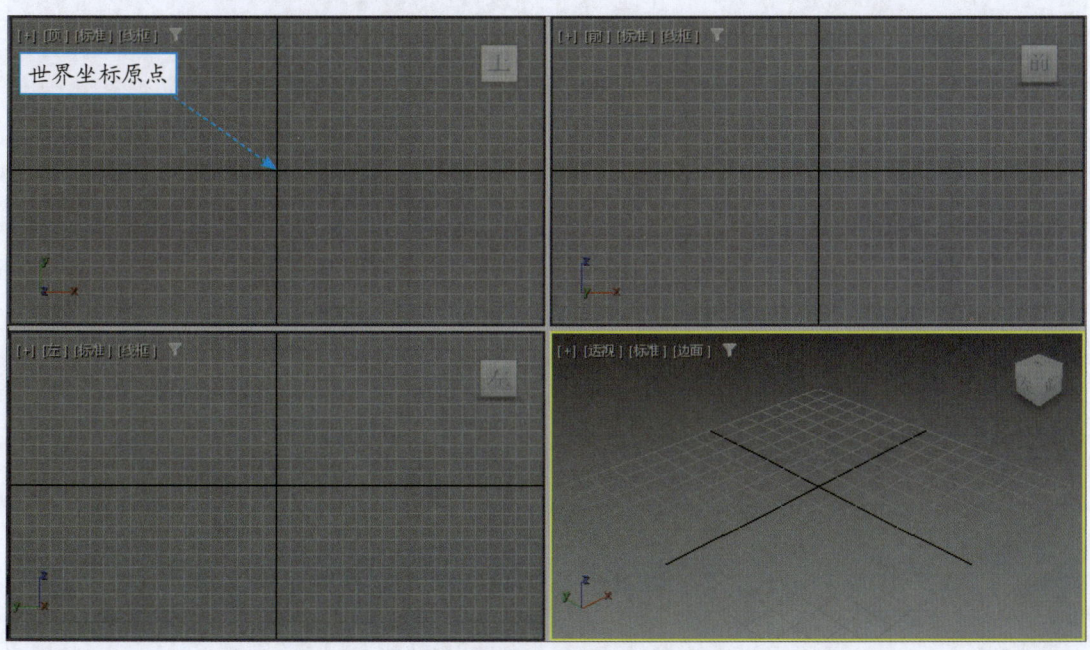

图 1-3　工作视口

选中某一视口后，可按视口快捷键进行视口切换操作，快捷键所对应的视口如表1-2所示。单击视口名称，在打开的列表中也可进行视口切换。单击视口后，该视口边框显示为黄色，说明当前视口已被选中，可在其中进行创建或编辑模型操作。

表1-2 视口快捷键

快捷键	视口	快捷键	视口
T	顶视口	B	底视口
L	左视口	R	右视口
U	正交视口	F	前视口
K	后视口	C	摄影机视口
Shift+$	灯光视口	W	满屏视口

在绘制模型细节部分时，可将视口最大化显示（工作界面只显示一个视口）。选中视口，按Alt+W组合键，或在视口控制区中单击"最大化视口切换"按钮，均可将当前视口最大化显示，如图1-4所示。

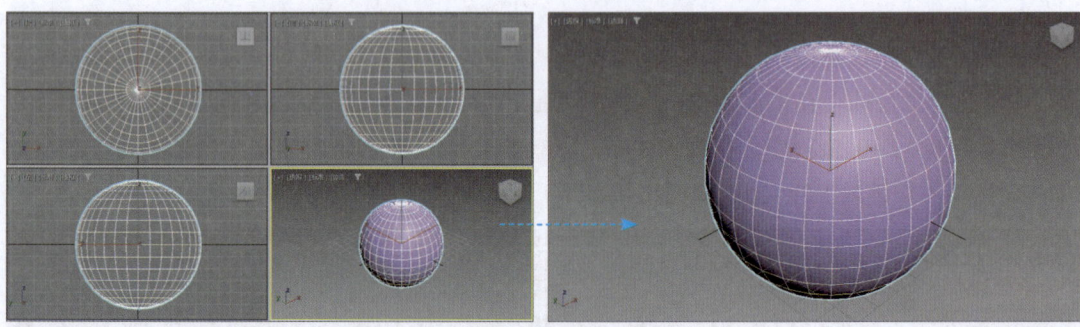

图1-4 视口最大化显示

5. 命令面板

命令面板位于工作视口的右侧，包括创建命令面板、修改命令面板、层次命令面板、运动命令面板、显示命令面板和实用程序命令面板，通过这些面板可调用大部分建模和动画命令，如图1-5所示。

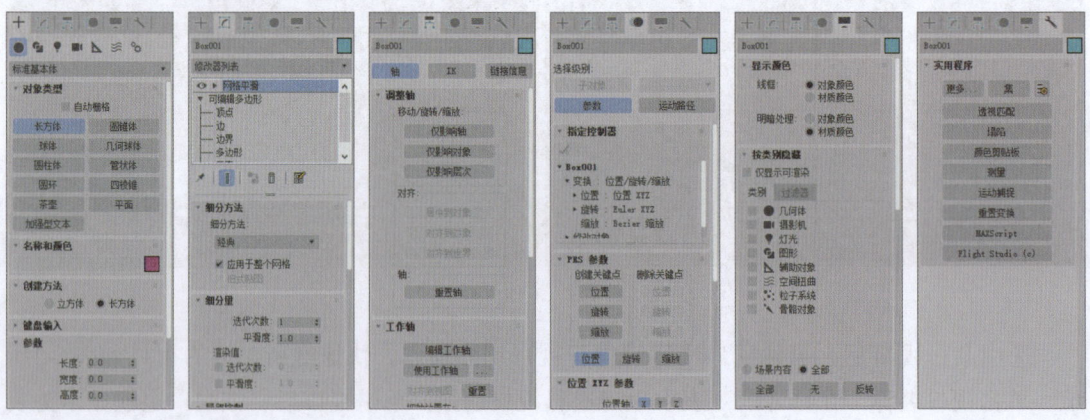

图1-5 命令面板

（1）创建命令面板 ＋

通过创建命令面板可以在场景中放置一些基本对象，包括几何体、图形、灯光、摄影机、辅助对象、空间扭曲、系统等对象。创建对象的同时系统会为每个对象指定一组创建参数，该参数根据对象类型定义其几何和其他特性。

（2）修改命令面板

通过修改命令面板可以为创建的对象添加相关的修改器进行编辑和修改。常见的修改器有UVW贴图修改器、FFD系列修改器、挤出修改器、车削修改器、晶格修改器等。可以为对象添加单个修改器，也可添加多个修改器，修改器添加的顺序不同，所生成的效果也会不同。

（3）层次命令面板

通过层次命令面板可以访问用来调整对象间链接的工具。将一个对象与另一个对象相链接可以创建父子关系，应用到父对象的变换同时将传达给子对象。通过将多个对象同时链接到父对象和子对象，可以创建复杂的层次。

（4）运动命令面板

通过运动命令面板可以设置各个对象的运动方式和轨迹，以及高级动画设置。

（5）显示命令面板

通过显示命令面板可以访问场景中控制对象显示方式的工具。可以通过隐藏和取消隐藏、冻结和解冻对象改变其显示特性、加速视口显示及简化建模步骤。

（6）实用程序命令面板

通过实用程序命令面板可以访问并调整3ds Max中的多种小型程序和插件设置，充当了3ds Max系统与用户间沟通的桥梁。

6. 状态栏/提示栏

状态栏/提示栏位于工作视口下方，界面的最底部。它们分别用于显示场景和活动命令的提示与信息，包含控制选择、精度的系统切换以及显示属性。

状态栏/提示栏是由时间滑块/关键帧状态栏、状态显示栏、位置显示栏、动画控制栏、视口导航栏组成，如图1-6所示。

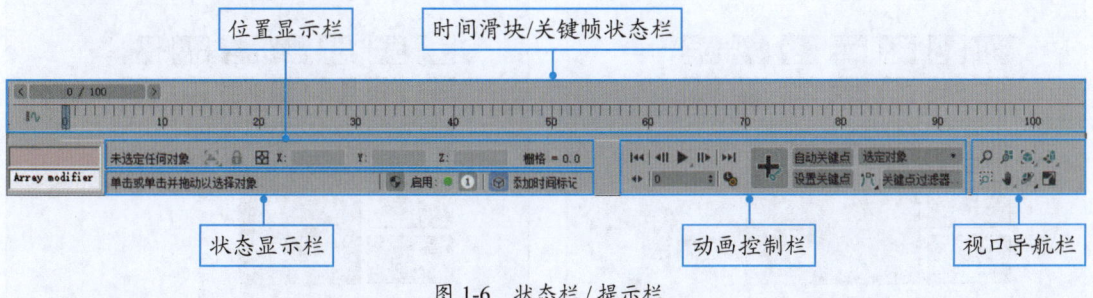

图1-6　状态栏/提示栏

- **时间滑块/关键帧状态栏和动画控制栏**：用于制作动画的基本设置和操作工具。
- **位置显示栏**：用于显示坐标参数等基本数据。
- **状态显示栏**：用于显示当前操作的提示。

● **视口导航栏**：用于调整当前视口的显示模式。

下面将对视口导航栏中的相关按钮进行说明，如表1-3所示。

表1-3 视口导航栏相关按钮

图标	名称	用途
	缩放	对视口中的对象进行放大或缩小显示
	缩放所有视图	在任意一个视口中按住鼠标左键拖动时，可以看到其他3个视口同时进行缩放
	最大化显示选定对象	被选中的对象最大化显示在当前视口中
	所有视图最大化显示选定对象	选中对象后，可以看到其他视口会同时进行最大化显示
	缩放区域	在视图中框选局部区域，将其放大显示
	平移视图	在视口中通过拖动鼠标，可上、下、左、右移动视口显示
	环绕子对象	以视口中心作为旋转的中心，旋转视角，方便查看模型的任意角度
	最大化视口切换	可在其正常大小和全屏之间进行切换

■ 1.1.2 工作视口常规设置

工作视口是用户使用最频繁的区域，也是创建或渲染场景模型的主要区域。工作视口默认显示4个视口，可以根据需要对该视口进行重新配置。此外，还可以调整视口的视觉样式和视口的显示类型等。

1. 视口的重新配置

对于默认的视口，可以根据操作习惯来自定义视口。

步骤 01 在菜单栏中选择"视图"→"视口配置"选项，打开"视口配置"对话框，切换到"布局"选项卡。选择所需的视口布局，如图1-7所示。

步骤 02 单击视口名称，在弹出的快捷列表中可以切换视口，如图1-8所示。

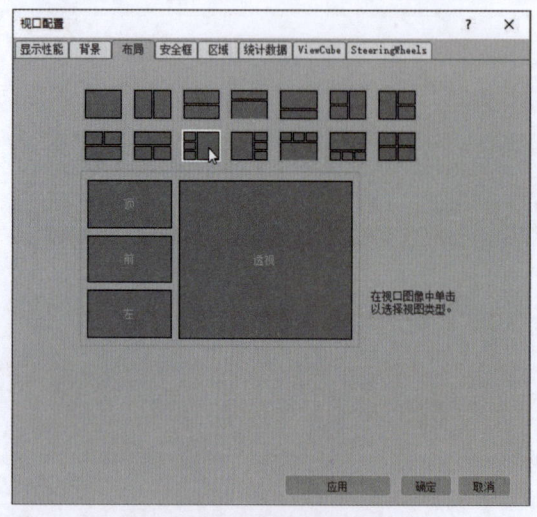

图1-7 选择视口布局

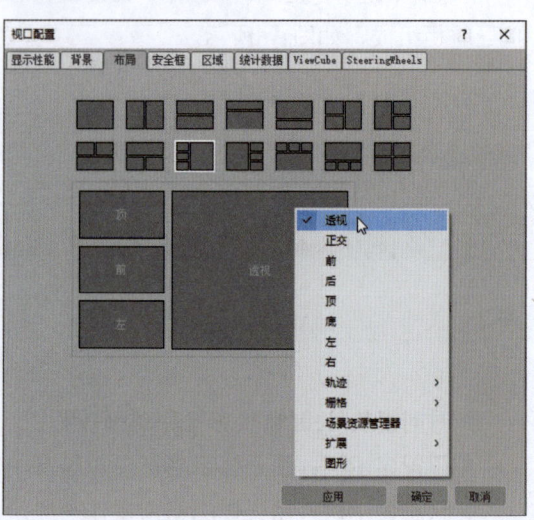

图1-8 视口快捷列表

步骤 03 单击"确定"按钮即可调整为设置好的工作视口,如图1-9所示。

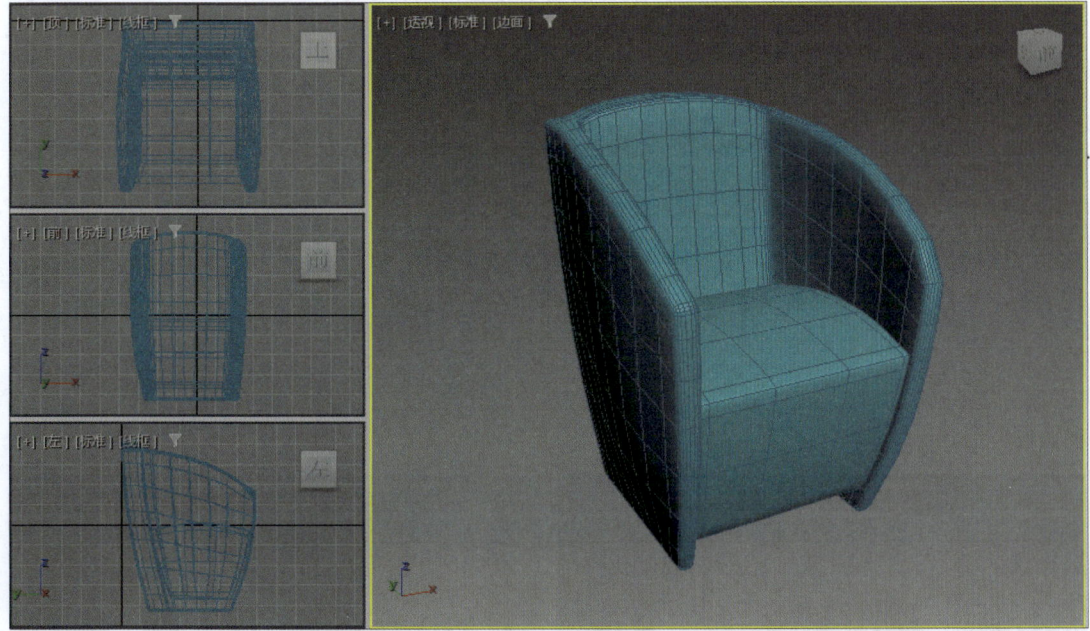

图1-9 更改视口布局

2. 视口的视觉样式

视觉样式是指在视口中模型显示的样式。常用视觉样式有"默认明暗处理""面""边界框""平面颜色""隐藏线""粘土""线框覆盖""边面"等。单击视口左上角视觉样式选择框,在列表中选择所需样式即可更改当前视口的视觉样式,如图1-10所示。

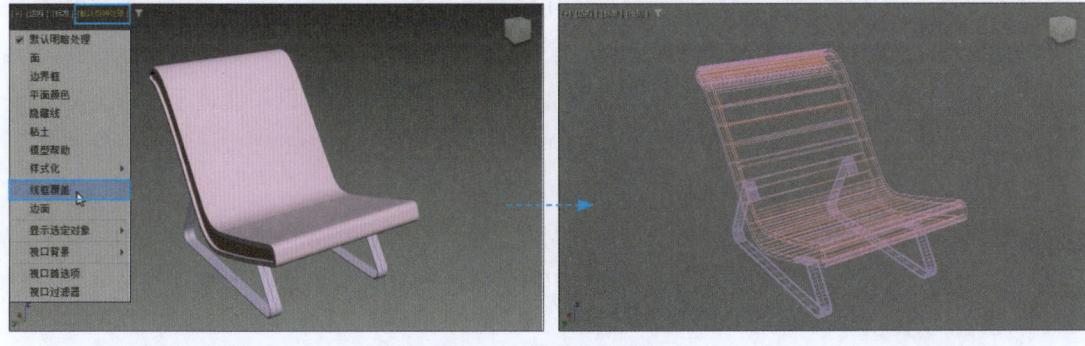

图1-10 线框覆盖样式

下面将分别对常用视觉样式进行说明。
- **默认明暗处理**:默认使用真实平滑着色渲染对象,并显示反射、高光和阴影效果。
- **面**:将多边形作为平面进行渲染,但不使用平滑或高亮显示进行着色。
- **边界框**:模型对象以边界框来显示,不着色。边界框的定义是将对象完全封闭的最小框。
- **平面颜色**:为每个模型对象指定一个单一且没有变化的颜色,不产生反射、高光和阴影效果。
- **隐藏线**:只显示直接可以看到的模型线条,被遮挡的线条会隐藏。该样式可简化视口显示,提升视口渲染速度。

- **粘土**：也称粘土着色。以非光照的形式来展示模型。该样式不考虑真实的光照和阴影变化，而是用一种简化的着色方法来强调模型的几何形状和立体感。
- **线框覆盖**：模型对象会以线框来显示，不着色。按F3键可以在"线框覆盖""默认明暗处理"样式间进行切换。
- **边面**：通常与"默认明暗处理"样式一起使用。"默认明暗处理"样式会展示出模型真实的模样，如果在此基础上开启"边面"模式，则能更清晰地查看到模型的边线和结构细节，以便检查模型的准确性。

3. 视口的显示类型

3ds Max视口类型分为"高质量""标准""性能""DX模式"4种，默认以"标准"类型显示。单击视口左上角类型控制框，在列表中选择所需类型即可更换当前视口的显示类型，如图1-11所示。

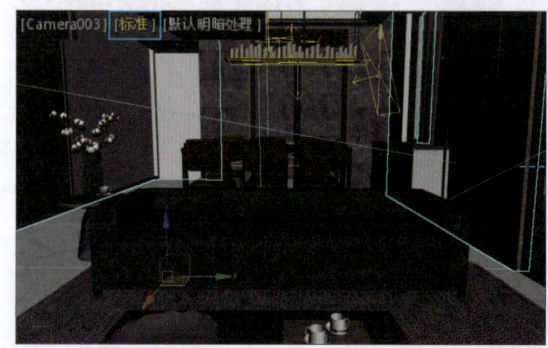

图1-11　切换高质量视口类型

- **高质量**：该类型通常注重图像的精细度和逼真度，它会使用更高的分辨率、更复杂的着色模型和纹理映射技术，以呈现更加细腻和真实的三维场景。
- **标准**：该类型是一种平衡了图像质量和渲染性能的显示模式，既不会过于追求高质量而牺牲性能，也不会因性能不足而影响工作效率。它提供了适中的图像质量和渲染速度，适用于大多数日常建模设计工作。
- **性能**：该类型比较关注渲染速度和实时交互性能，会降低图像的质量参数（如分辨率、纹理细节等），以换取更快的渲染速度和更流畅的交互体验，适用于游戏开发中的原型测试、实时渲染预览等。
- **DX模式**：该类型是使用DirectX图形库进行渲染的显示模式。它可供高性能的2D和3D图形渲染、音频处理、输入设备处理等功能。在该模式下，视口会利用DirectX的硬件加速功能，以实现更高效的渲染和更丰富的视觉效果。

■ 1.1.3　设置快捷键

利用快捷键可提高建模效率，节省寻找菜单命令或工具的时间。为了避免快捷键和外部软件的冲突，可通过"热键编辑器"来设置快捷键。在菜单栏中选择"自定义"→"热键编辑器"选项，可打开"热键编辑器"对话框，如图1-12所示。

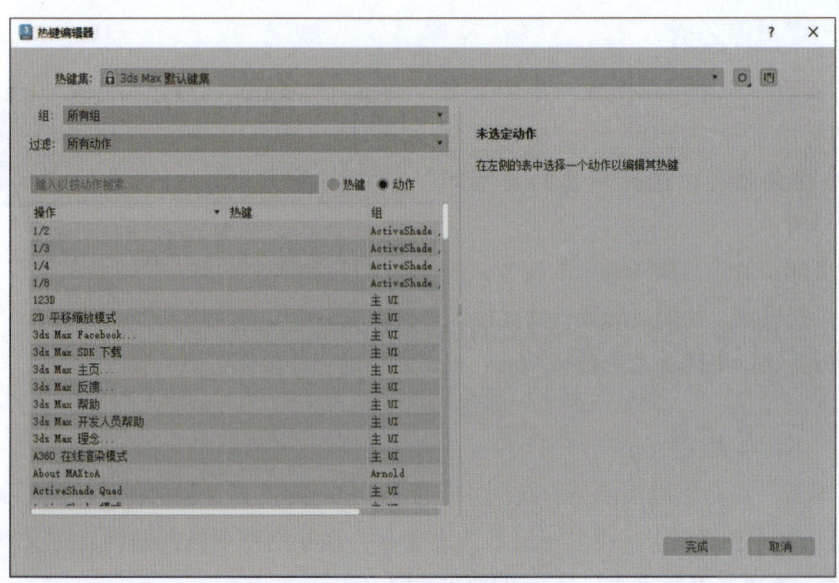

图1-12 "热键编辑器"对话框

在"组"列表中选择所需命令组选项,并在"操作"列表中选择具体命令选项。例如,选择"桥"命令,然后在右侧"热键"窗口中按下键盘快捷键,然后单击"指定"按钮即可完成设置操作,如图1-13所示。

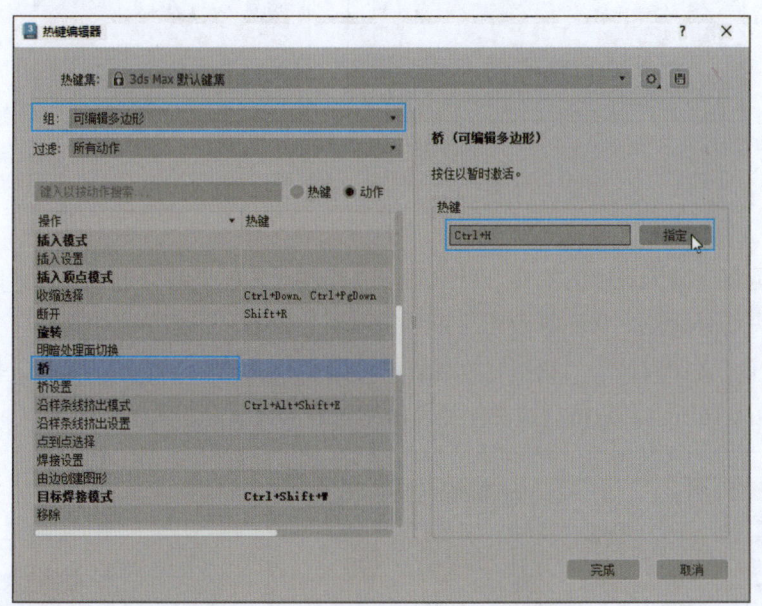

图1-13 设置"桥"命令的快捷键

1.2 文件管理

文件管理包括文件的新建、重置、归档、合并、导出等操作。科学管理文件,可提高工作效率。

■ 1.2.1 新建文件

使用"新建"命令可以新建一个场景文件。在菜单栏中选择"文件"→"新建"命令，在其级联菜单栏中选择新建的类型即可，如图1-14所示。

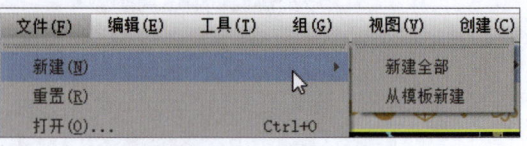

图 1-14 新建文件

- **新建全部**：清除当前场景中的模型，但保留系统设置，如视口配置、捕捉设置、材质编辑器、背景图像等。
- **从模板新建**：用新场景更新3d Max，根据需要确定是否保留旧场景。

■ 1.2.2 重置文件

使用"重置"命令可以清除所有数据并重置3ds Max的设置（包括视口配置、捕捉设置、材质编辑器、背景图像等），还可还原默认设置，并移除当前所做的任何自定义设置。使用"重置"命令与退出并重新启动3ds Max的效果相同。

在菜单栏中选择"文件"→"重置"选项即可重置场景。若文件未保存，系统会弹出提示框，提醒用户是否保存场景，如图1-15所示。

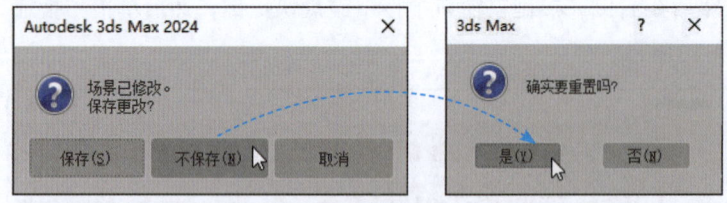

图 1-15 重置文件

■ 1.2.3 归档文件

文件归档是将当前场景中的文件（材质贴图、光域网和模型等）进行归类，以避免文件在传输过程中丢失场景文件，从而导致无法正常显示场景效果。在菜单栏中选择"文件"→"归档"选项，打开"文件归档"对话框，设置好归档路径及文件名，单击"保存"按钮即可进行归档处理，如图1-16所示。归档后的文件是以压缩包的形式显示。

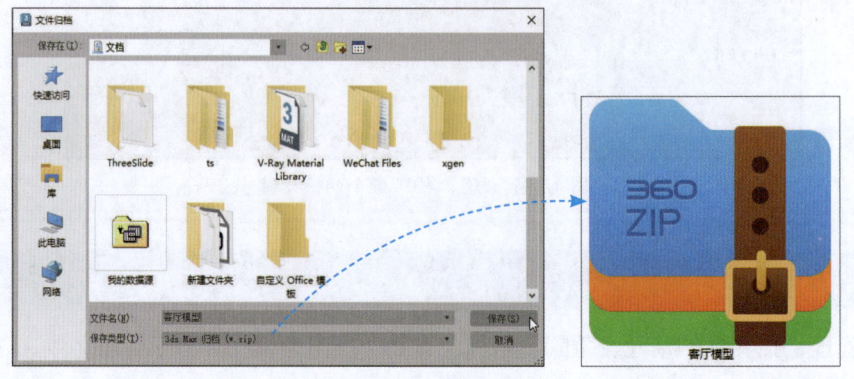

图 1-16 归档文件

■1.2.4 合并文件

合并文件是将多个模型文件合并到一个场景文件中，以提高建模效率。在菜单栏中选择"文件"→"导入"→"合并"选项，打开"合并文件"对话框，选择要合并的模型，单击"打开"按钮，如图1-17所示。在打开的合并对话框中选择所需的对象名称，单击"确定"按钮，如图1-18所示，此时该对象将会合并到当前场景文件中。

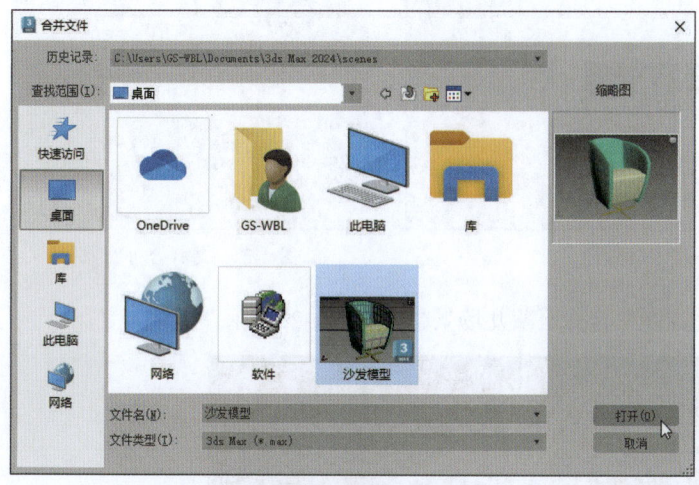 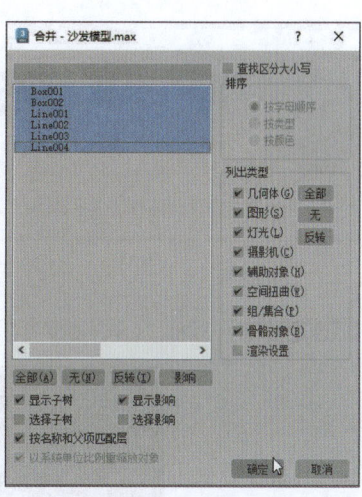

图 1-17 选择合并的模型　　　　　图 1-18 选择对象名称

下面以合并茶几小场景为例，来介绍合并文件的具体操作。

步骤 01 打开"茶几"场景文件，如图1-19所示。

图 1-19 打开场景文件

步骤 02 在菜单栏中选择"文件"→"导入"→"合并"选项，在"合并文件"对话框中选择"盆栽"模型文件，如图1-20所示。

步骤 03 在合并对话框中选择"组002"对象，如图1-21所示。

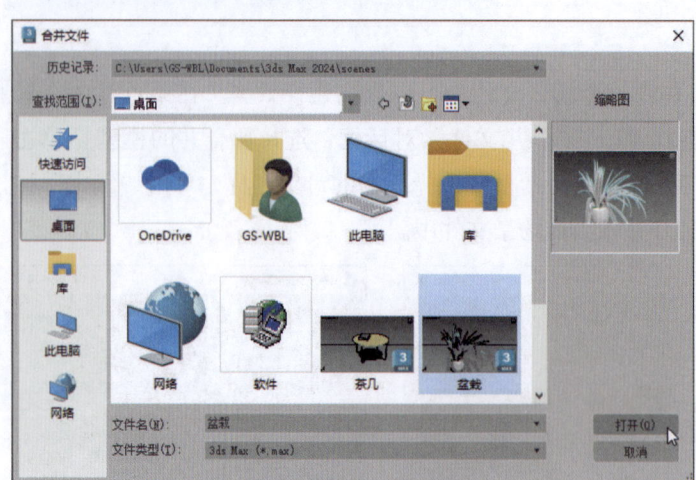
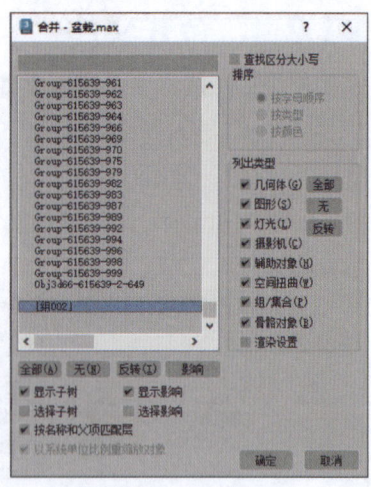

图 1-20　选择"盆栽"模型　　　　　　　　　图 1-21　选择合并对象

步骤 04 单击"确定"按钮即可将盆栽模型合并至茶几场景中，如图1-22所示。

图 1-22　合并到茶几场景中

■1.2.5　导出文件

要想将创建的模型导入至其他三维软件中继续编辑，则需先将该模型进行导出操作。在菜单栏中选择"文件"→"导出"→"导出"选项，打开"选择要导出的文件"对话框，设置好文件名及保存类型。例如，选择"*.obj"文件类型，单击"保存"按钮，如图1-23所示。在弹出的"OBJ导出选项"对话框中可对导出文件进行相关设置，一般保持默认，单击"导出"按钮即可，如图1-24所示。

常用的保存类型有*.3ds和*.obj两种。

*.3ds文件用于存储模型数据，包括顶点、面、材质和动画等信息。文件结构相对复杂，适用于需要完整模型和动画信息的场景。例如，游戏开发中的角色和场景模型、三维建筑模型展示等。

*.obj文件是一种通用的三维模型文件格式，用于在不同的三维软件之间进行模型交换和共

· 14 ·

享。其文件结构相对简单，支持多边形模型、曲面模型等，不支持动画、材质特性、动力学等信息，适用于简单模型数据的场景。由于其易于查看和编辑，obj文件也常用于模型数据的修改和优化。

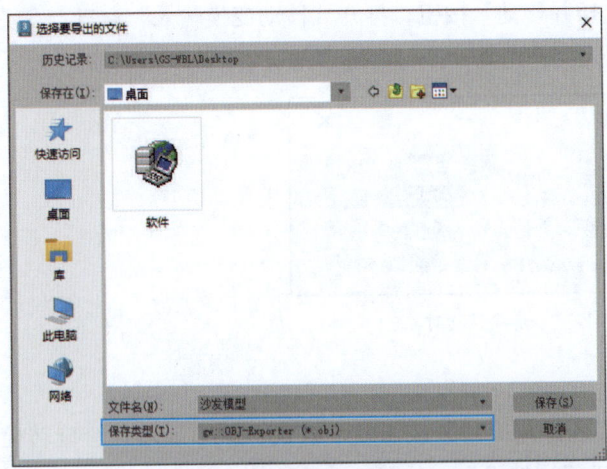

图1-23　选择保存的类型

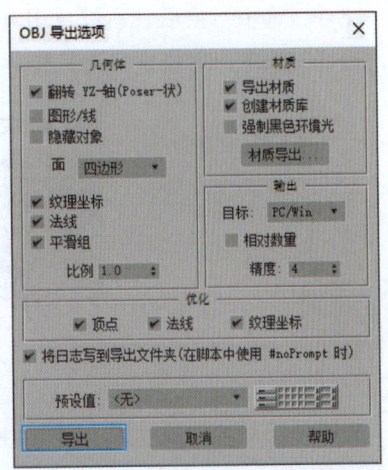

图1-24　设置导出选项

1.3　对象的基本操作

对象的基本操作包括变换对象、克隆对象、镜像对象、阵列对象、对齐对象、捕捉对象、隐藏/冻结对象、组合对象等。这些操作在建模过程中使用率很高，需要熟练掌握。

1.3.1　变换对象

变换对象操作包含移动对象、旋转对象和缩放对象，下面将分别对这些操作进行介绍。

1. 移动对象

在工具栏中单击"选择并移动"按钮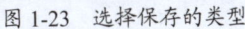，即可激活移动工具。选中模型对象，视口中会出现一个三维坐标，如图1-25所示。选择X坐标轴，按住鼠标左键，可沿着X轴反向拖至合适的位置，如图1-26所示。

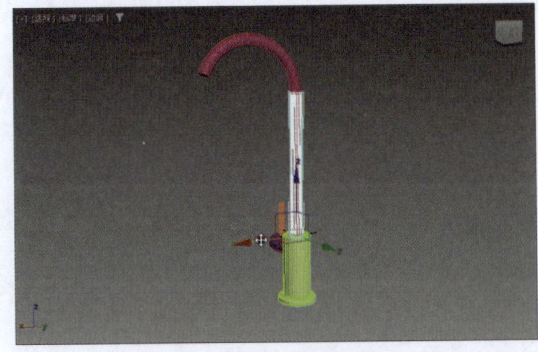

图1-25　选中移动对象

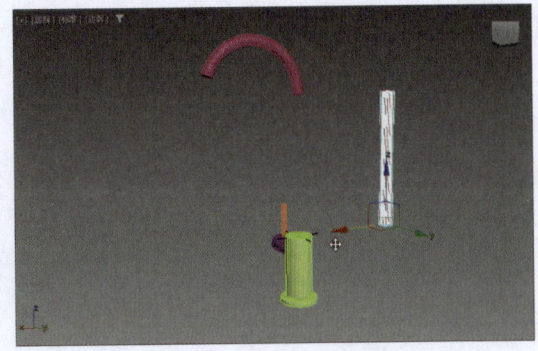

图1-26　沿X轴反方向移动

> **提示**：三维坐标中 X 轴用红色表示，Y 轴用绿色表示，Z 轴用蓝色表示。被选中的坐标轴会用黄色高亮显示。

此外，选中对象后，右键单击"选择并移动"按钮，打开"移动变换输入"窗口，在"偏移：世界"选项组中指定好坐标轴并输入移动距离，即可精确移动对象，如图1-27所示。

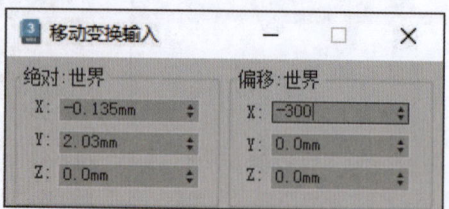

图 1-27 精确移动对象

2. 旋转对象

选择所需对象，在工具栏中单击"选择并旋转"按钮 C，被选对象会显示一个旋转控制器，如图1-28所示。选择好坐标轴即可进行旋转操作，如图1-29所示。

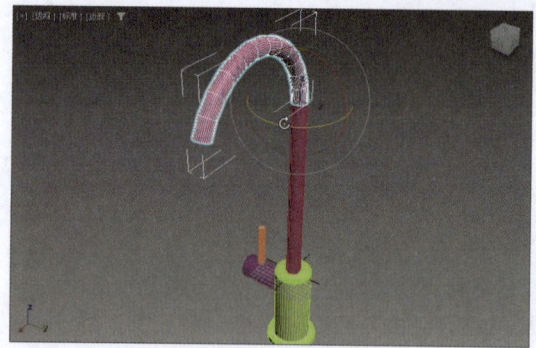

图 1-28 选择对象

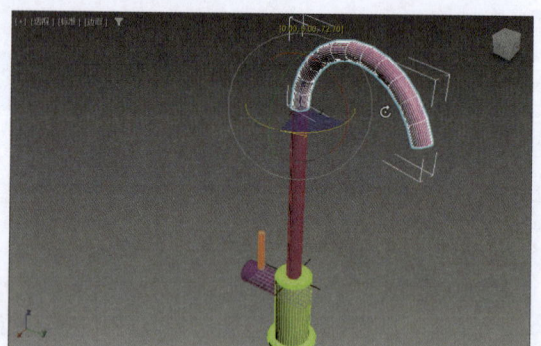

图 1-29 旋转对象

如果需要精确旋转对象，可右击"选择并旋转"按钮，打开"旋转变换输入"窗口，在"偏移：世界"列表中选择好旋转的坐标轴并输入旋转角度，即可精确旋转对象，如图1-30所示。

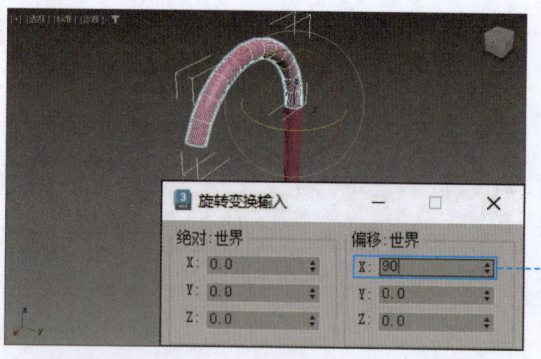

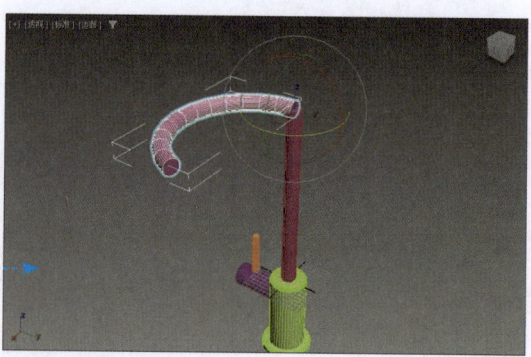

图 1-30 精确旋转对象

旋转对象通常会结合坐标轴中心相关命令来操作。选择不同的坐标轴中心，其旋转方式也不同。在工具栏中长按"使用轴点中心"按钮，系统会打开相关命令按钮，如图1-31所示。

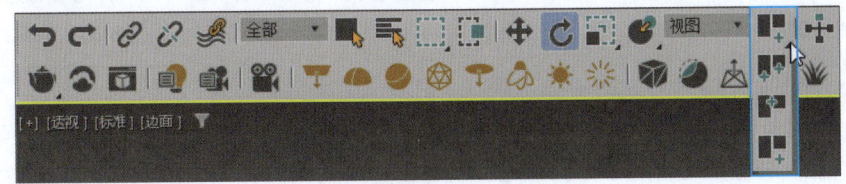

图 1-31 选择变换坐标轴中心

- **使用轴点中心**：围绕对象的自身中心点进行旋转。
- **使用选择中心**：围绕多个对象的共同的几何中心点进行旋转。
- **使用变换坐标中心**：围绕当前视口的世界坐标系原点进行旋转。此外，当使用"拾取"功能将其他对象指定为坐标系时，其坐标中心在该对象轴的位置上。

3. 缩放对象

若要调整场景中对象的比例大小，可以单击工具栏中的"选择并均匀缩放"按钮，对象轴心位置会显示一个缩放控制器，将光标放置控制器中心位置，如图1-32所示。按住鼠标左键拖动至合适位置，松开鼠标即可等比例缩放对象，如图1-33所示。

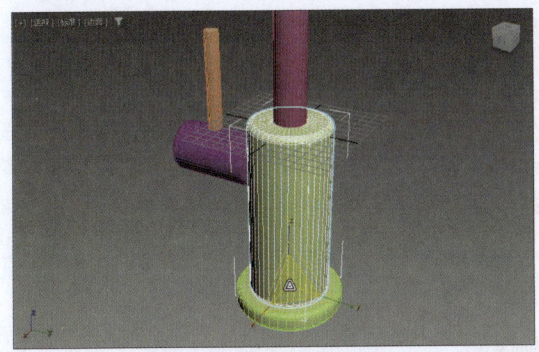

图 1-32 选择缩放对象

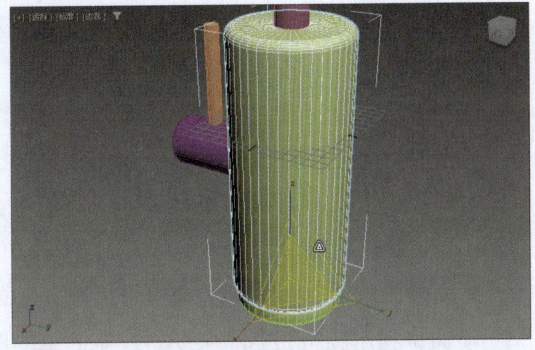

图 1-33 等比例缩放对象

右键单击"选择并缩放"按钮，打开"缩放变换输入"窗口，在"偏移：世界"选项组中输入缩放的百分比值，即可精确控制对象缩放比例，如图1-34所示。

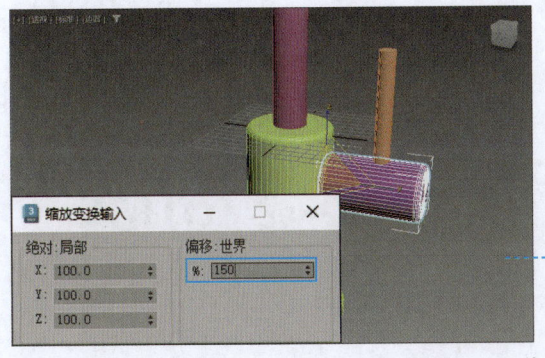

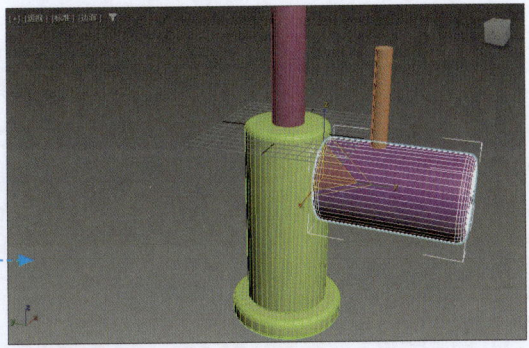

图 1-34 等比例放大对象

1.3.2 克隆对象

3ds Max中的复制对象统称为克隆对象。克隆对象可分为3种方式,分别为复制、实例和参考。在视口中选择对象后,按Ctrl+V组合键可打开"克隆选项"对话框,根据需要选择其中一种克隆方式,如图1-35所示。

此外,选中对象后,按Shift键拖拽对象至合适位置,也可打开"克隆选项"对话框。该对话框除了可选择克隆方式外,还可设置克隆的数量,从而实现等距克隆操作,如图1-36所示。

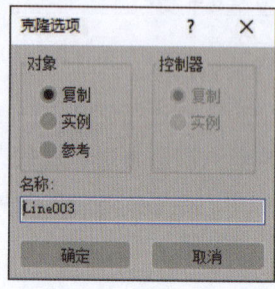
图 1-35　按 Ctrl+V 键克隆

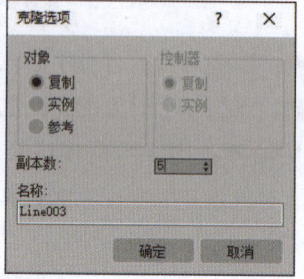
图 1-36　按 Shift 键克隆

- **复制**:创建一个与原始对象完全无关的克隆对象。修改一个对象时,不会对另一个对象产生影响。
- **实例**:创建与原始对象完全交互的克隆对象。修改实例对象时,原始对象也会同步发生改变。
- **参考**:克隆对象时,创建的是与原始对象有关联的副本。这是一种特殊的克隆方式,参考的对象更像是原始对象的引用或链接,而不是完全独立的对象,因此占用的计算机空间较少。修改原始对象时,参考对象也会随之更新。如果原始对象被删除,参考对象也会无法正常显示。
- **副本数**:用于设置克隆对象的数量。

下面将利用旋转和克隆命令,绘制简单的圆桌模型。

步骤 01 打开"圆桌"模型文件,切换到顶视口,并将其最大化显示,选中桌腿对象,如图1-37所示。

步骤 02 在工具栏中长按"使用轴点中心"按钮，选择"使用轴点中心"选项调整桌腿的轴中心,如图1-38所示。

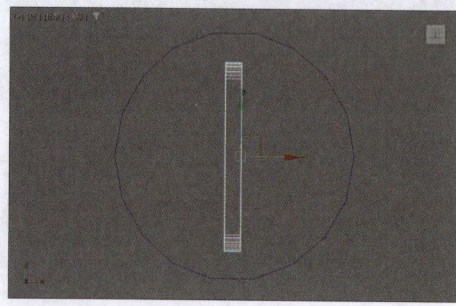
图 1-37　选中桌腿

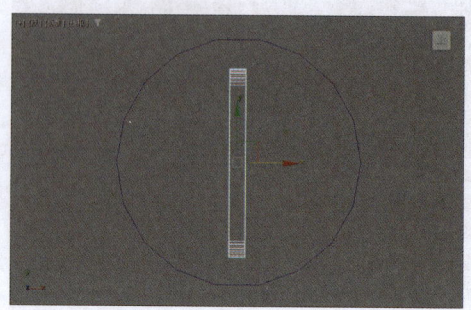
图 1-38　变换坐标轴中心

步骤 03 在工具栏中激活"角度捕捉切换"按钮，右击，打开"栅格和捕捉设置"对话框，将"角度"设为90，关闭对话框，如图1-39所示。

步骤 04 激活"选择并旋转"按钮后，按住Shift键沿Y轴拖动对象，系统将自动旋转至90°，并打开"克隆选项"对话框，选择"实例"，其他保持默认，单击"确定"按钮，如图1-40所示。

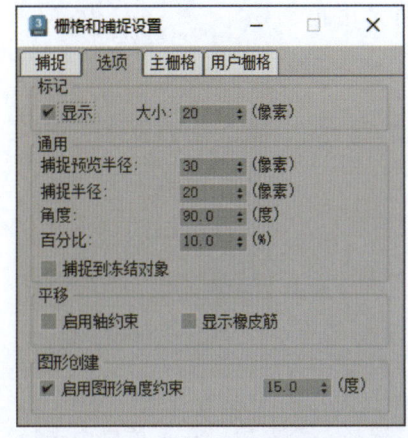
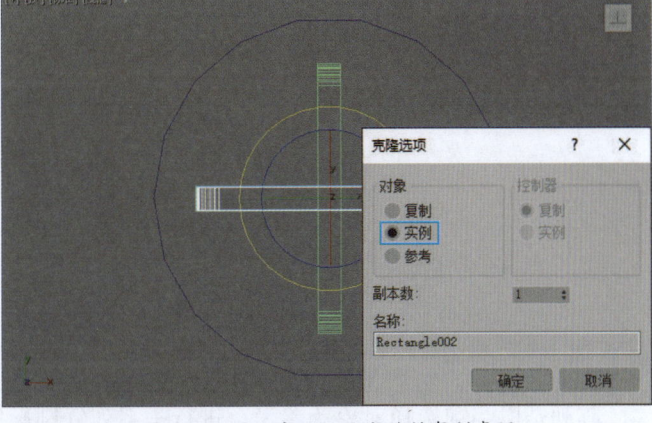

图 1-39　设置捕捉角度　　　　　　　　图 1-40　以"实例"方式旋转复制桌腿

步骤 05 切换到透视视口，圆桌效果如图1-41所示。

图 1-41　圆桌效果

1.3.3 镜像对象

在视口中选择任一对象，在工具栏上单击"镜像"按钮，打开"镜像：世界坐标"对话框，如图1-42所示。选择镜像轴和克隆方式，然后单击"确定"按钮。

"镜像轴"选项组提供了"X""Y""Z""XY""YZ""ZX"6种镜像轴，用于指定镜像的方向。"偏移"选项用于指定镜像对象轴点与原始对象轴点之间的距离。

"克隆当前选择"选项组用于确定由"镜像"功能创建的副本的类型。默认设置为"不克隆"。

● **不克隆**：在不制作副本的情况下，直接对选定对象进行镜像。

- **复制**：将选定对象的副本镜像到指定位置。
- **实例**：将选定对象的实例镜像到指定位置。
- **参考**：将选定对象的参考镜像到指定位置。
- **镜像IK限制**：当围绕一个轴镜像几何体时，IK约束也会随之镜像。如果不希望IK约束受"镜像"操作的影响，可禁用此选项。

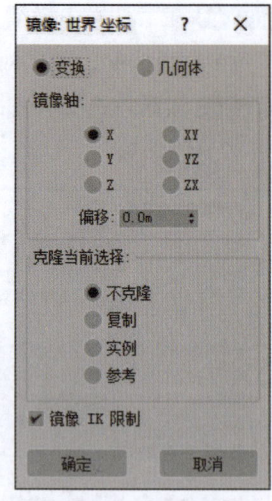

图 1-42　镜像设置

1.3.4　阵列对象

阵列是以当前选择对象为参考，进行一系列复制操作。选择一个对象，在菜单栏中选择"工具"→"阵列"选项，打开"阵列"对话框，如图1-43所示，根据需要指定好阵列尺寸、偏移量、复制方式、变换数量参数。

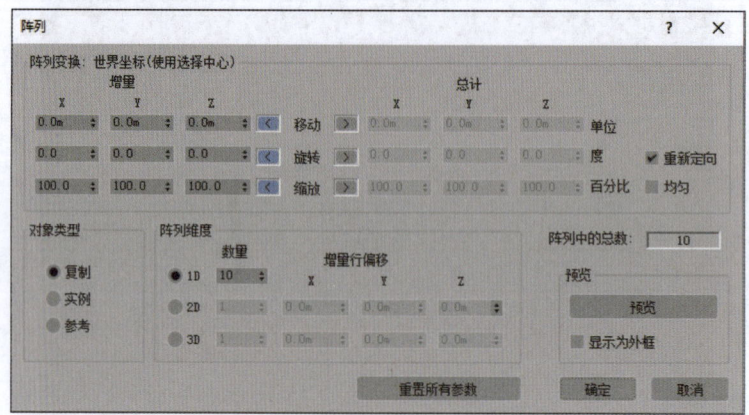

图 1-43　"阵列"对话框

- **增量**：设置阵列物体在各个坐标轴上的移动距离、旋转角度和缩放程度。
- **总计**：设置阵列物体在各个坐标轴上的移动距离、旋转角度和缩放程度的总量。
- **重新定向**：勾选该复选框，阵列对象围绕世界坐标轴旋转时也将围绕自身坐标轴旋转。
- **对象类型**：设置阵列复制对象的方式。
- **阵列维度**：设置阵列复制的维度。

1.3.5　对齐对象

使用对齐功能可以精确地将多个对象按照指定的条件进行对齐。先选择一个对象（如球体），如图1-44所示，然后在工具栏中单击"对齐"按钮，再选择目标对象（如长方体），如

图1-45所示。

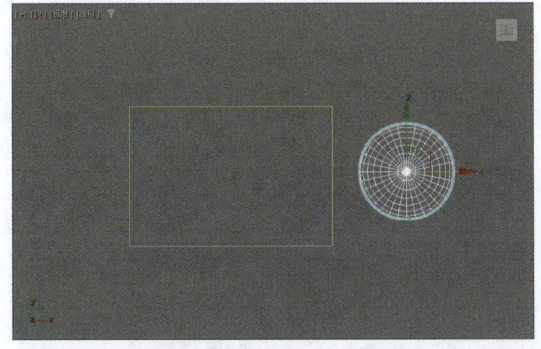
图1-44　选择球体

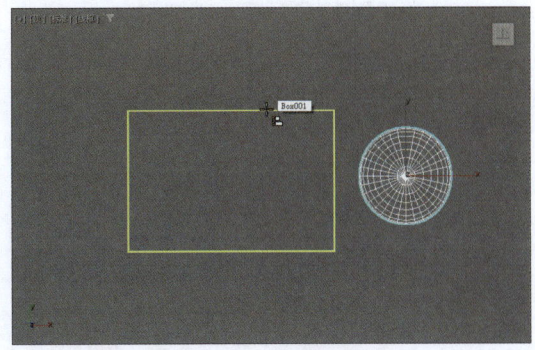
图1-45　选择长方体

在打开的"对齐当前选择"对话框中设置对齐轴（X轴和Y轴）和对齐点位置（对象中心点），单击"确定"按钮即可对齐对象，如图1-46所示。

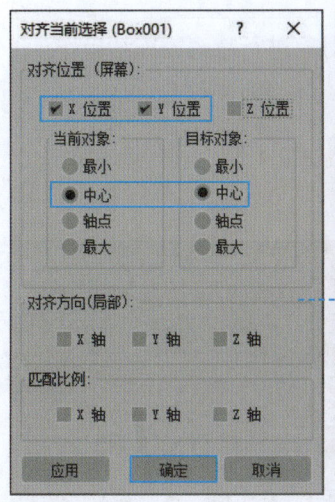
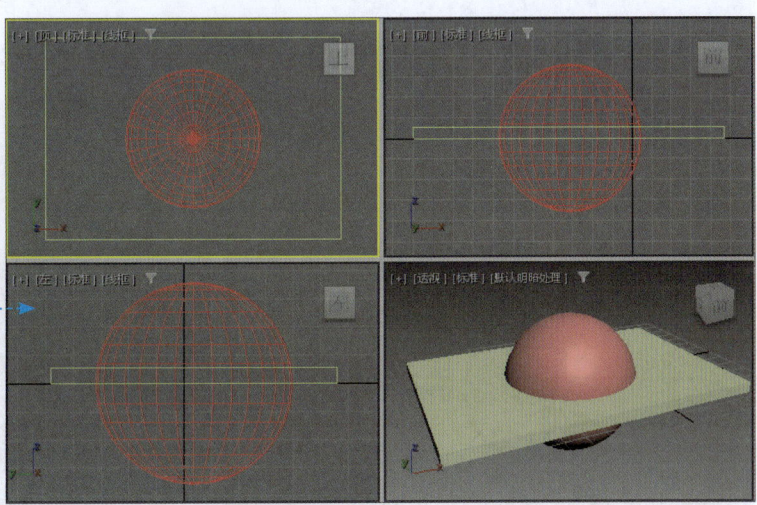

图1-46　球体对齐长方体中心点

1.3.6　捕捉对象

捕捉功能主要用于精确捕捉到场景中的特定点、线、面和其他元素。通过捕捉可以快速并准确地完成对象的定位和对齐。与捕捉操作相关的工具按钮包括捕捉开关、角度捕捉、百分比捕捉、微调器捕捉等。

- **捕捉开关**：单击"捕捉开关"按钮可开启捕捉功能。这3个按钮代表了3种捕捉模式，数值越大，捕捉就越精准。
- **角度捕捉**：默认以5°的倍增量值精确旋转对象。
- **百分比捕捉**：通过指定百分比增加对象的缩放。

右键单击任意捕捉按钮，可打开"栅格和捕捉设置"对话框，在"捕捉"选项卡中可设置捕捉的各类点或线，如图1-47所示；在"选项"选项卡中可设置捕捉的角度及缩放百分比，如图1-48所示。

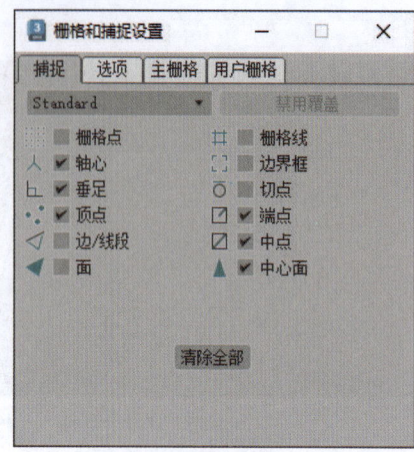
图 1-47 设置捕捉点

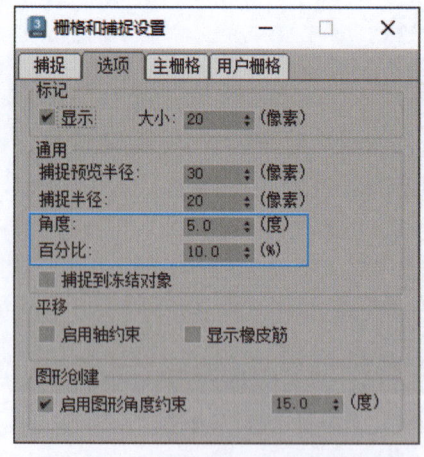
图 1-48 设置捕捉角度及缩放百分比

■1.3.7 隐藏/冻结对象

右键单击目标对象，在打开的快捷菜单中可对当前视口中的对象进行隐藏或冻结操作。

1. 隐藏与取消隐藏

在视口中右击需隐藏的对象，在打开的快捷菜单中选择"隐藏选定对象"或"隐藏未选定对象"选项，将实现隐藏操作，如图1-49所示。

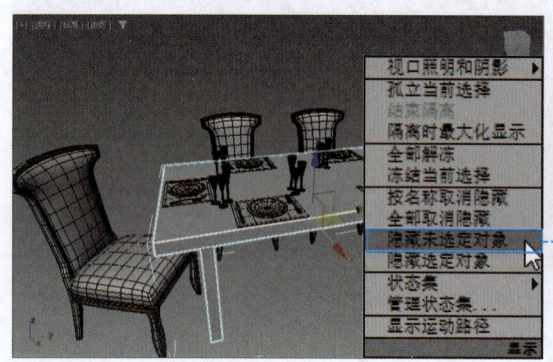 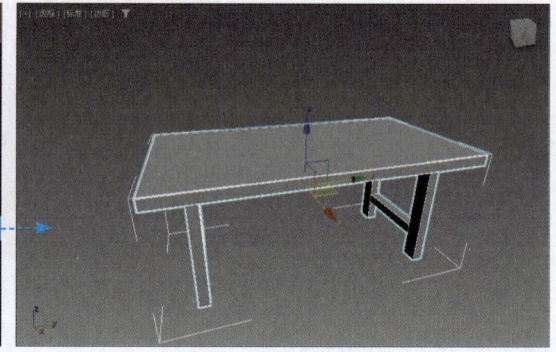

图 1-49 隐藏未选定对象

在视口空白处右击，在弹出的快捷菜单中选择"全部取消隐藏"或"按名称取消隐藏"选项，场景中被隐藏的对象会显示出来。

2. 冻结与解冻

对象冻结后，就不能被选中，也不能被编辑。这样可以避免对场景中的对象进行误操作。右击需冻结的对象，在快捷菜单中选择"冻结当前选择"选项，将实现冻结操作，如图1-50所示。同样，在弹出的快捷菜单中选择"全部解冻"选项，场景中被冻结的对象将会全部解冻。

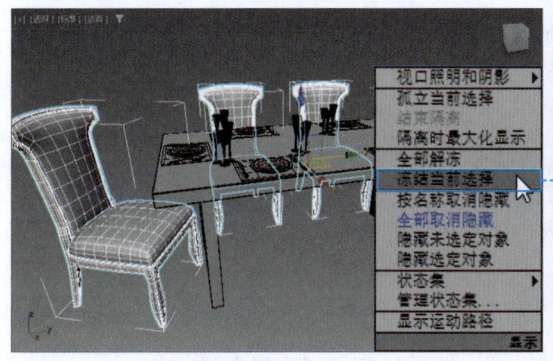 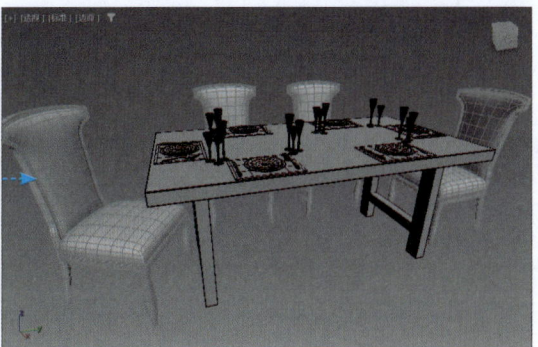

图 1-50 冻结椅子对象

■1.3.8 组合对象

在场景中，按住Ctrl键选择多个要组合的对象，在菜单栏中选择"组"→"组"选项，打开"组"对话框，重命名组名，单击"确定"按钮，此时，被选中的对象将会组合在一起，如图1-51所示。相反，选择"组"→"解组"选项将对组合后的对象进行分解，使其成为单独的对象，如图1-52所示。

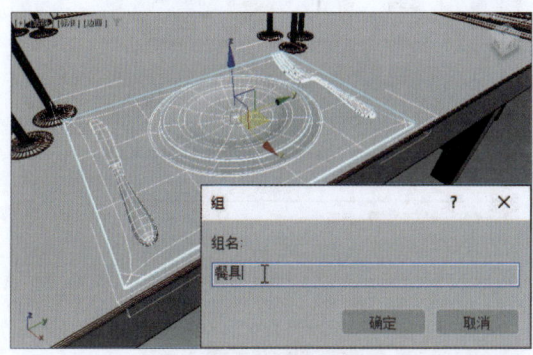 

图 1-51 成组餐具对象　　　　　　图 1-52 解组餐具

在"组"菜单列表中不仅包含了"组""解组"功能，还包含了一些与组合相关联的命令选项，例如"打开""按递归方式打开""关闭""附加""分离""炸开""集合"等，如图1-53所示。下面将对这些命令选项进行介绍。

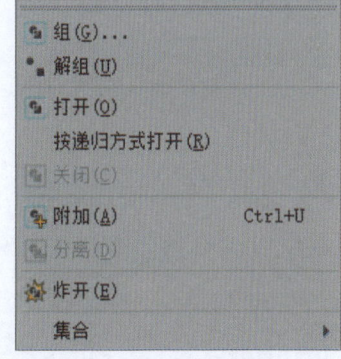

- **组**：将对象或组的选择集组成一个组。
- **解组**：将当前组分离为其组件对象或组。
- **打开**：暂时取消分组，并访问组内的对象。
- **按递归方式打开**：暂时取消分组，可一次性打开嵌套在多层组结构中的所有组，无须逐层手动打开。

图 1-53 "组"菜单列表中的命令

- **关闭**：可重新组合打开的组。
- **附加**：使选定对象成为现有组的一部分。
- **分离**：从对象的组中分离选定对象。

3ds Max+VRay室内效果图设计

- **炸开**：解组组中的所有对象，它与"解组"命令不同，后者只能解组一个层级。
- **集合**：在其级联菜单中提供了用于管理集合的命令。

课堂演练 将办公室平面图导入3ds Max

在创建室内效果图时，先要根据CAD图纸来创建室内空间模型，然后在此模型的基础上进行精细建模。下面将介绍CAD图纸导入3ds Max场景中的具体操作。

扫码观看视频

步骤01 启动3ds Max软件，按G键取消栅格显示，如图1-54所示。

步骤02 在菜单栏中选择"文件"→"导入"→"导入"选项，打开"选择要导入的文件"对话框，选择要导入的CAD图纸文件，如图1-55所示。

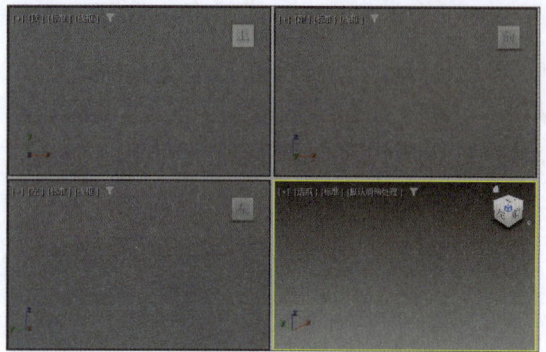

图1-54 取消栅格显示

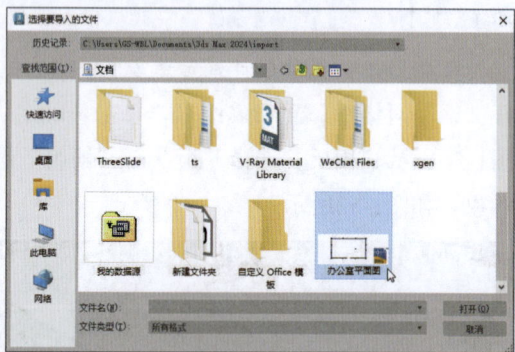

图1-55 选择要导入的CAD文件

步骤03 单击"打开"按钮，弹出"AutoCAD DWG/DXF导入选项"对话框，要确保"传入的文件单位"选项为"毫米"。若单位不是毫米，则勾选"重缩放"复选框，其他保持默认设置，如图1-56所示。

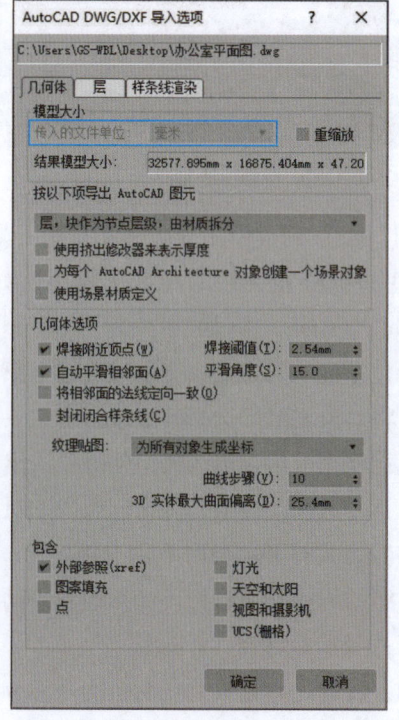

图1-56 导入设置

· 24 ·

步骤 04 单击"确定"按钮即可完成CAD图纸的导入操作，如图1-57所示。

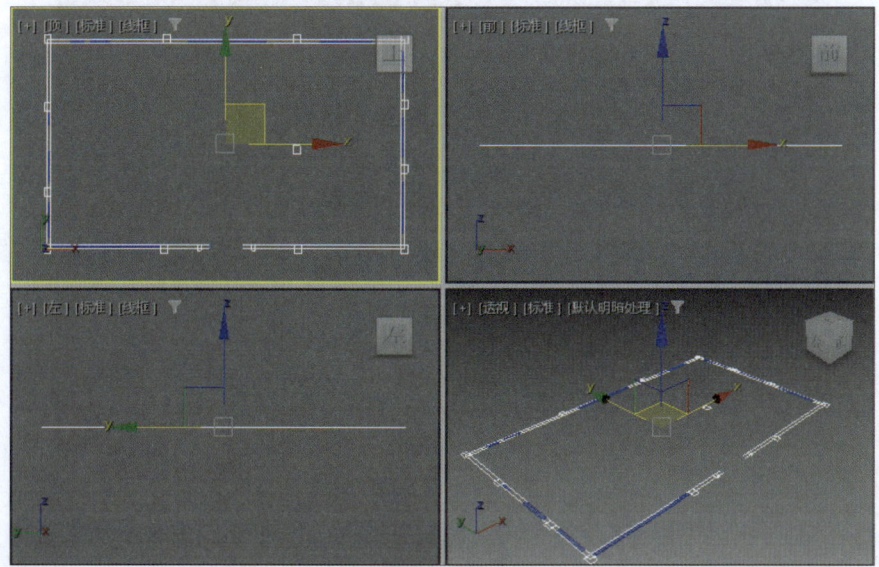

图 1-57　导入效果

课后作业

一、选择题

1. 将多个场景导入一个单独的场景，应使用（　　）命令。
   A. 文件合并　　　　　　　　　B. 文件成组
   C. 文件重置　　　　　　　　　D. 文件成组
2. 使用3ds Max文件保存命令可以保存的文件类型是（　　）
   A. 3ds　　　B. DXF　　　C. DWG　　　D. MAX
3. 3ds Max大部分常用命令都集中在（　　）。
   A. 标题栏　　　B. 工具栏　　　C. 菜单栏　　　D. 视图

二、填空题

1. 与捕捉操作相关的工具按钮包括_____、_____、_____、_____等。
2. 3ds Max提供了3种克隆方式，分别是_____、_____、_____。
3. 变换控制器会使用不同的颜色代表不同的坐标轴，红色代表_____轴、绿色代表_____轴、蓝色代表_____轴。

三、操作题

利用"合并""旋转""移动"和"镜像"命令创建沙发组合模型，效果如图1-58所示。

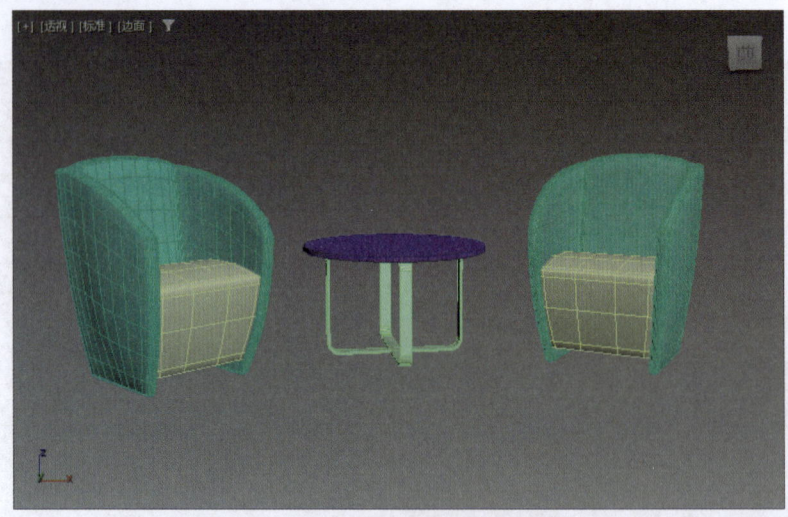

图 1-58 创建沙发组合模型

操作提示

步骤 01 使用"合并"命令将"沙发"和"圆桌茶几"场景文件导入场景。
步骤 02 使用"旋转""移动"命令调整沙发的位置。
步骤 03 使用"镜像"命令设置镜像轴和复制方式，镜像复制沙发。调整镜像后沙发的位置。

拓展阅读 3ds Max与VRay的发展历程、行业价值及与AIGC的融合

一、技术演进与创新实践

1. 3ds Max 的技术革新之路

自1990年作为PC端三维建模工具问世以来，3ds Max历经Autodesk体系化重构，逐步成为跨领域三维设计标准工具。其核心突破包括：

①建模技术迭代（2000—2010）。多边形网格建模技术突破NURBS曲面局限，使建筑构件细部雕刻效率提升400%；参数化修改器堆栈实现非破坏性编辑，上海中心大厦幕墙系统设计即依托此技术实现了方案的快速迭代。

②智能化升级（2020—2024）。2023年集成AI辅助拓扑优化工具，可自动修复导入模型的三角面结构问题。图1-59所示是3ds Max 2024的安装界面。

2. VRay 渲染引擎的突破性发展

VRay自1997年推出至今，一直在持续重构物理渲染技术框架。

①算法革新。2010年，采用GPU（graphics processing unit，图形处理单元）加速技术后，上海迪士尼奇幻城堡项目的夜景测试渲染耗时从8小时缩短至47分钟。2024版的自适应灯光缓存技术，在杭州亚运会场馆照明设计中实现了复杂光源系统的质量与渲染速度的优化平衡，效率提升近73%。

图 1-59　3ds Max 2024 的安装界面

②AI融合应用。通过与浙江大学计算机学院深度合作，成功研发智能参数推荐系统。该系统通过机器学习分析历史项目数据（如北京大兴机场采光方案），自动匹配最佳渲染参数组合，较传统人工调试方式，工作效率提升了6倍。

二、行业赋能与跨界融合

1. 建筑可视化领域

①AIGC驱动传统设计流程革新。在深圳腾讯滨海大厦中，应用生成式AIGC立面生成器，仅需输入"流线型玻璃幕墙+参数化遮阳"的设计需求，即可在3小时内输出12套方案供遴选，较传统手工建模方式，工作效率提升了15倍。

②数字孪生技术实践。在雄安新区CIM（city information modeling，城市信息模型）平台建设中，通过3ds Max+VRay+AIGC（artifical intelligence generated content，人工智能生成内容）协同工作流，成功实现30平方千米城市模型的智能材质匹配与光照动态模拟，每日累计节省了约1 200人的人力投入。

2. 工业设计协同创新

①AI驱动项目快速迭代。小鹏飞行汽车项目利用MAXScript开发的AI插件，将曲面模型的风阻系数优化与外观设计同步推进，使研发周期压缩了40%。

②制造端技术衔接。在华为智能座舱设计项目中，通过部署基于VRay Cloud的AI批量渲染系统，成功实现200余种内饰设计方案在72小时内完成云端并行渲染输出，并直接对接3D打印设备进行实体样件快速制造。

模块 2

基本体建模

学习目标

【知识目标】
- 掌握3ds Max"创建"菜单中标准基本体(长方体、圆锥体、球体等)的参数设置,理解其分段数对建模精度的影响。
- 理解样条线的基本类型(线、矩形、圆等)及其核心功能,如路径绘制与截面生成。
- 熟悉复合体的分类(放样、布尔)及其在复杂模型构建中的逻辑(如切角长方体通过分段参数控制倒角平滑度)。

【技能目标】
- 能够独立创建基本体,并通过设置长、宽、高和半径、分段等参数生成茶壶模型、带剖面的圆锥体等特定形状。
- 熟练使用样条线工具绘制二维轮廓,并结合挤出、车削修改器,将其转换三维模型,如通过创建桌腿曲线路径生成圆柱体。
- 掌握使用复合体工具进行模型组合操作,如通过实例复制生成固定架模型,并运用布尔运算实现孔洞切割等复杂结构。

【素质目标】
- 培养规范的操作习惯,重视参数设置的精确性(如合理设置分段数以确保后续变形操作的质量),避免随意建模造成的资源浪费。
- 在三维空间设计中强化安全与版权意识,规范使用样条线模板库资源(如遵循CAD导入规范),有效规避侵权风险。
- 激发创新思维,通过复合体工具探索模型的多场景复用(如将茶壶部件重组为茶杯),提升设计效率。

2.1 创建标准基本体

标准基本体包含长方体、圆锥体、球体/几何球体、圆柱体、管状体等多种几何体。很多复杂的模型都是由这些小的几何体组成，所以它是建模的基础，也是最简单的一种方式。用户可在"创建"命令面板中单击"几何体"按钮，然后选择"标准基本体"，如图2-1所示。

图 2-1 "标准基本体"面板

■2.1.1 长方体

单击"长方体"按钮，指定长度、宽度和高度，拖动鼠标即可完成长方体的创建，如图2-2所示。在命令面板的"参数"卷展栏中可以精确设置长方体的相关参数，如图2-3所示。

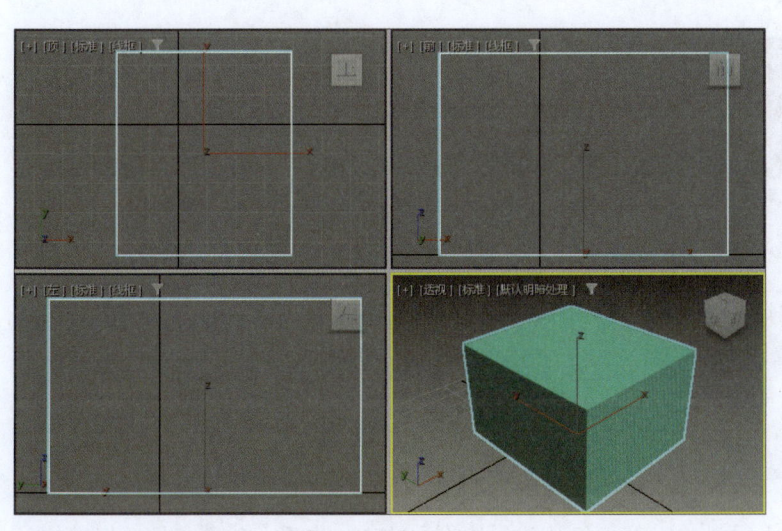

图 2-2 绘制长方体

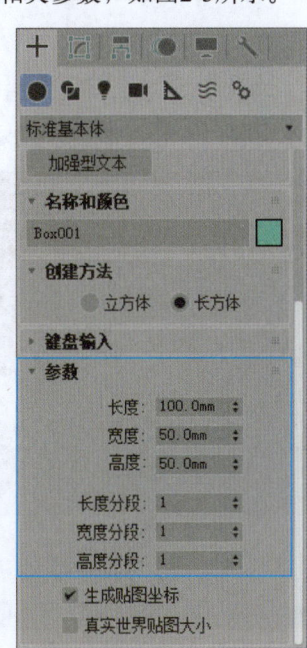

图 2-3 调整长方体参数

在"参数"卷展栏中,"长度分段""宽度分段""高度分段"指的是设置几何体的分段数量,用于以后的变形操作。

> **提示**:在"创建方法"卷展栏中选中"立方体"单选按钮,可创建一个长、宽、高都相等的立方体。

■2.1.2 圆锥体

单击"圆锥体"按钮,在视口中拖动鼠标绘制圆锥体,然后在"参数"卷展栏中可以精确设置圆锥体底面、顶面半径和高度值,如图2-4所示。

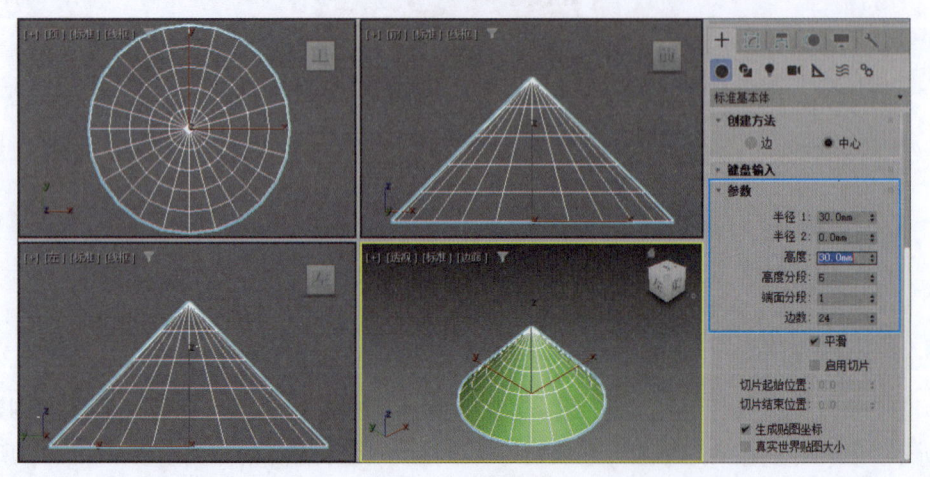

图 2-4 创建圆锥体

利用"参数"卷展栏中的选项,可以将圆锥体定义成许多形状,如圆台体、带剖断面的圆锥或圆台体等,如图2-5所示。

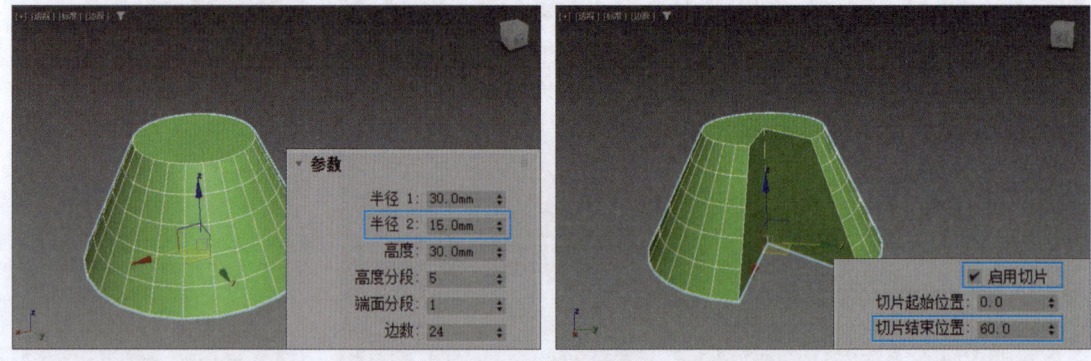

图 2-5 创建圆台体和带剖断面的圆台体

■2.1.3 球体/几何球体

球体与几何球体从外观上看没有区别,但从球体的细分结构上来看,球体是按照标准的经纬线制作的,表面会形成多个大小不等的四边形面,适合创建简单的球体形状。几何球体则是由多个相同大小的三角面组成的,适合用于更复杂的建模需求,如图2-6所示。

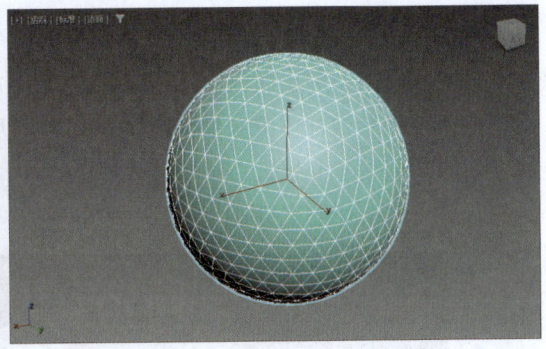

图 2-6　球体和几何球体

在"几何体"创建面板中单击"球体"按钮，在视口中拖动鼠标即可创建。在"参数"卷展栏中可设置球体的半径和分段参数。此外，还可通过"半球""启用切片"选项设置半球体和带剖断面的球体，如图2-7所示。

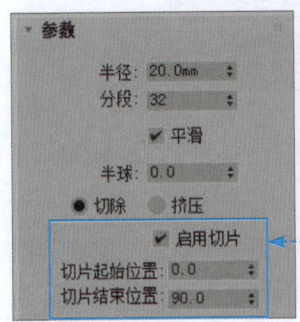

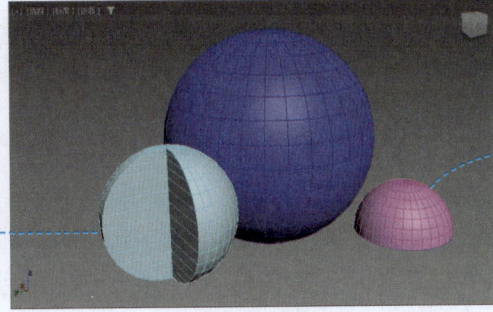

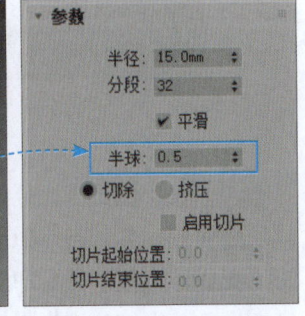

图 2-7　创建球体

> **提示**："参数"卷展栏中的"半球"选项是用来创建半球体，它以减去球体的百分比来定义半球体，其有效数值为0.0～1.0。

几何球体的创建方法与球体相同，唯一区别在于，几何球体可以设置球体基本面类型。它包含四面体、八面体和二十面体3种，面数越多，球面越平滑，默认"基点面类型"为二十面体，如图2-8所示。

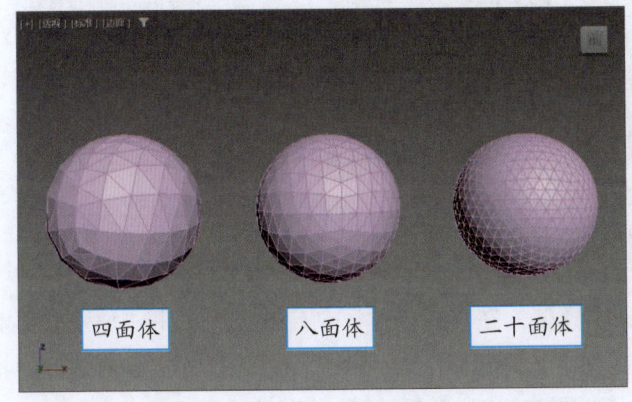

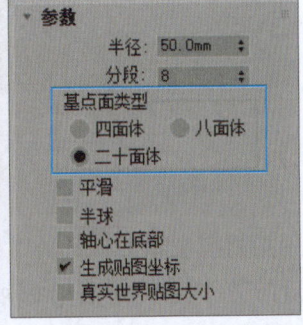

图 2-8　创建几何球体

■2.1.4 圆柱体

在"几何体"创建面板中单击"圆柱体"按钮，在视口中拖动鼠标即可创建。在"参数"卷展栏中可设置圆柱体的底面半径、高度，以及各类分段值等参数，如图2-9所示。"参数"卷展栏中的"边数"值越大，圆柱体表面就越平滑。勾选"启用切片"选项，并设置好"切片起始位置"或"切片结束位置"参数，即可生成带剖断面的圆柱体。

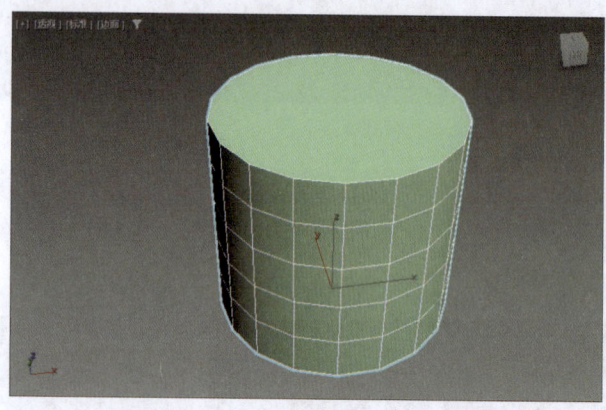

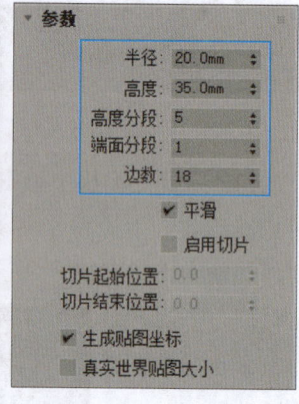

图 2-9 创建圆柱体

■2.1.5 茶壶

茶壶是标准基本体中唯一完整的三维模型实体。在"几何体"创建面板中单击"茶壶"按钮，在视口中拖动鼠标即可创建茶壶的三维实体。在"参数"卷展栏中可设置茶壶的半径、分段等参数，也可根据需要选择茶壶生成的形式，如不显示壶盖、不显示壶嘴、不显示壶把等，如图2-10所示。

图 2-10 创建茶壶

■2.1.6 加强型文本

利用加强型文本工具可创建文字模型。在"几何体"创建面板中单击"加强型文本"按钮，然后在其"参数"卷展栏中输入文本，并调整好文本格式，如图2-11所示。在视口中指定好文本位置，并在"几何体"卷展栏中设置"挤出"数量，即可创建文字模型，如图2-12所示。

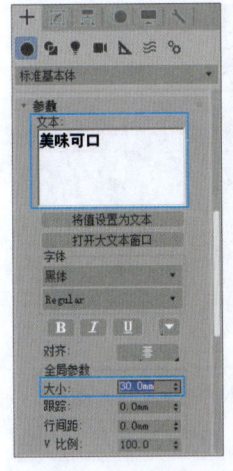

图 2-11 设置文本格式　　　　　图 2-12 生成文字模型

2.1.7 平面

平面是一种没有厚度的长方体，在渲染时可以无限放大。平面常用来创建大型场景的地面或墙体。此外，可以为平面模型添加噪波等修改器，创建陡峭的地形或波涛起伏的海面。

在"几何体"创建面板中单击"平面"按钮，在视口中拖动鼠标即可创建平面。在"参数"卷展栏中输入参数值可调整平面，如图2-13所示。

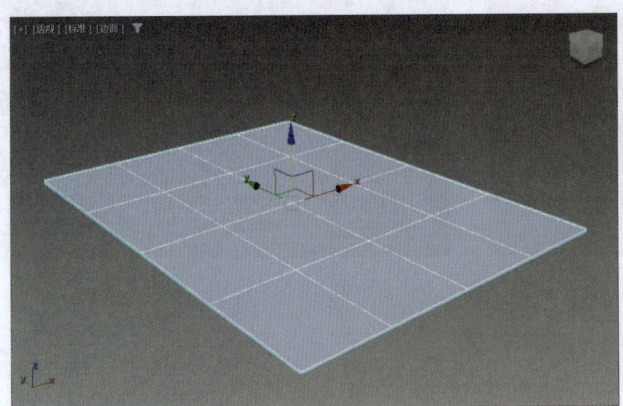

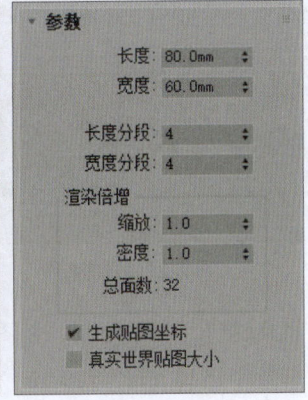

图 2-13 创建平面

2.1.8 其他基本体

除了以上常用的基本体外，还有管状体、圆环、四棱锥这3种基本体。"管状体"用于创建管道之类的模型；"圆环"用于创建具有圆形横截面的环形体，如轮胎、戒指等模型；"四棱锥"用于创建出建筑屋顶、尖塔等模型。它们的创建方法比较简单，在"几何体"创建面板中单击所需的按钮，在视口中拖动鼠标即可创建，然后在对应的"参数"卷展栏中输入相关参数即可调整该基本体的形状，如图2-14所示。

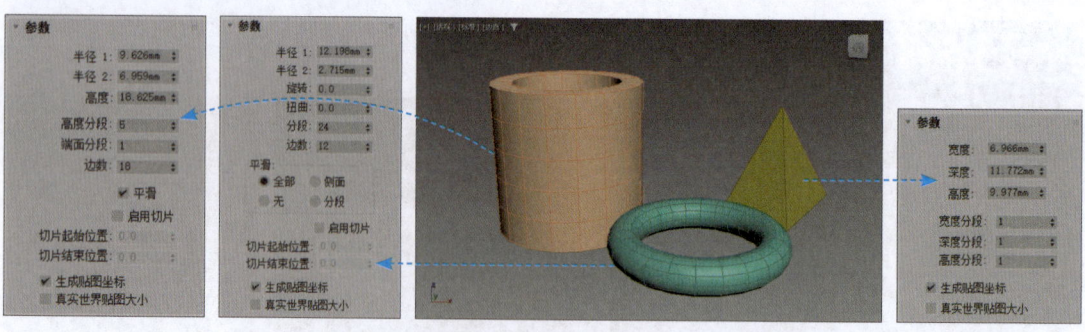

图 2-14 创建其他基本体

> **提示**：选中创建的基本体，在"修改"面板的"参数"卷展栏中也可对基本体的各项参数进行设置。其内容与"创建"面板中的"参数"卷展栏相同。

下面利用"长方体"和"茶壶"命令来创建茶几组合模型。

步骤01 单击"长方体"按钮，创建1 000 mm×800 mm×30 mm的长方体作为桌面，如图2-15所示。

步骤02 继续创建60 mm×60 mm×450 mm的长方体作为桌腿，放置在桌面下方的合适位置，如图2-16所示。

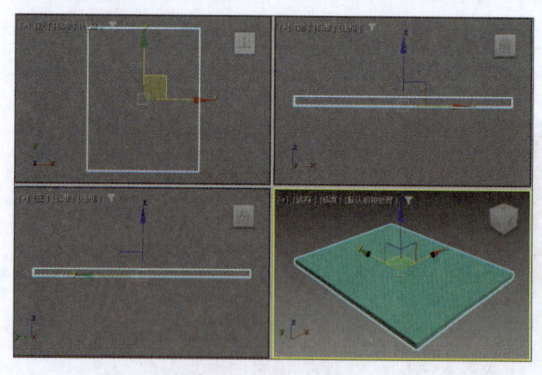

图 2-15 创建桌面　　　　　　　　图 2-16 创建桌腿

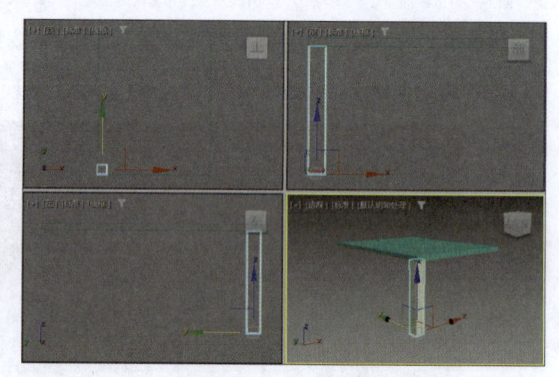

步骤03 将桌腿进行实例复制，如图2-17所示。

步骤04 继续创建40 mm×700 mm×40 mm和1 000 mm×40 mm×40 mm的长方体作为固定架，并将其复制，放置在桌腿的合适位置，如图2-18所示。

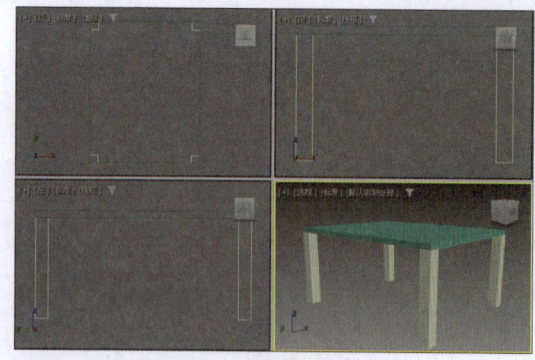

图 2-17 实例复制桌腿　　　　　　图 2-18 创建固定架

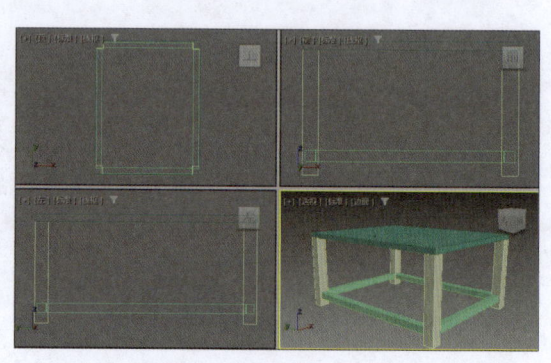

模块2 基本体建模

步骤05 选中40 mm×700 mm×40 mm的长方体，按Shift键将其进行等距复制，复制出8个长方体，创建桌底造型，如图2-19所示。

步骤06 单击"茶壶"按钮，创建半径为80 mm的茶壶模型，放置在桌面上的合适位置，如图2-20所示。

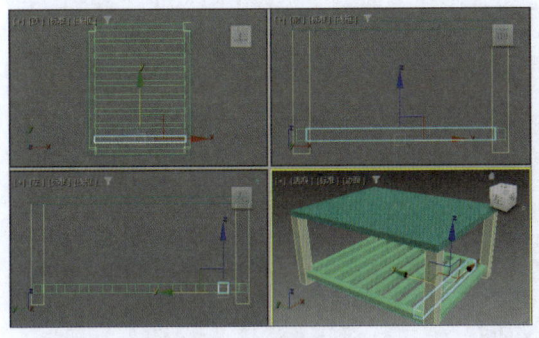

图2-19 创建桌底造型

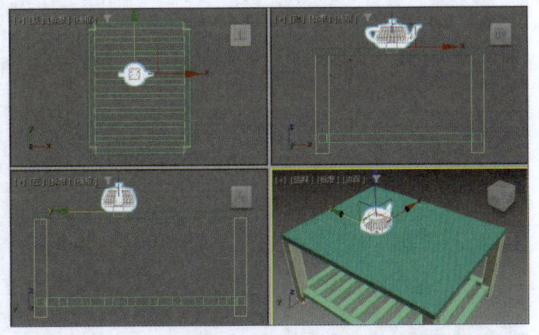

图2-20 创建茶壶

步骤07 复制茶壶，在"参数"卷展栏中设置"半径""分段""茶壶部件"等参数，完成茶杯模型的创建，如图2-21所示。实例复制3个茶杯模型，并调整好茶杯的位置。茶几组合模型的最终效果如图2-22所示。

图2-21 创建茶杯

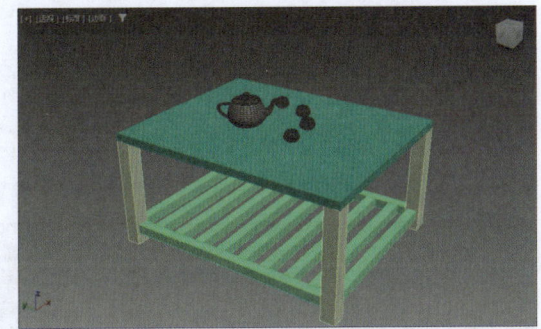

图2-22 茶几组合模型的最终效果

2.2 扩展基本体

利用扩展基本体可以创建一些带有倒角、圆角或特殊几何体的模型，如切角长方体、六面体、软管体等。与标准基本体相比，扩展基本体在结构上相对复杂。在"创建"命令面板中单击"几何体"按钮，选择"扩展基本体"类型选项，切换至"扩展基本体"面板，如图2-23所示。

■ 2.2.1 异面体

异面体是由多个边面组合而成的三维实体，它可以调节异面体边面的状态，也可以调整实体面的数量来改变其形状。在"扩

图2-23 "扩展基本体"面板

· 35 ·

展基本体"面板中单击"异面体"按钮,在视口中拖动鼠标即可默认创建四面体,如图2-24所示。可在"参数"卷展栏中根据需要调整其面数和异面体的半径值。

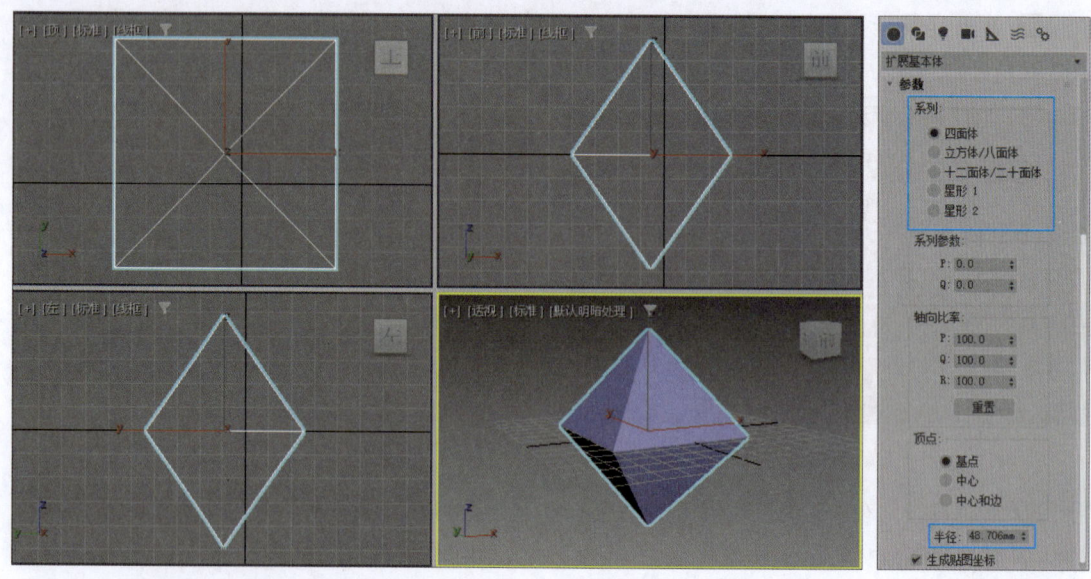

图 2-24 创建四面体

2.2.2 切角长方体

利用"切角长方体"命令可以创建带有圆角结构的长方体。在"扩展基本体"面板中单击"切角长方体"按钮,在视口中拖动鼠标即可创建。在"参数"卷展栏中可设置长方体的长度、宽度、高度和圆角值,如图2-25所示。

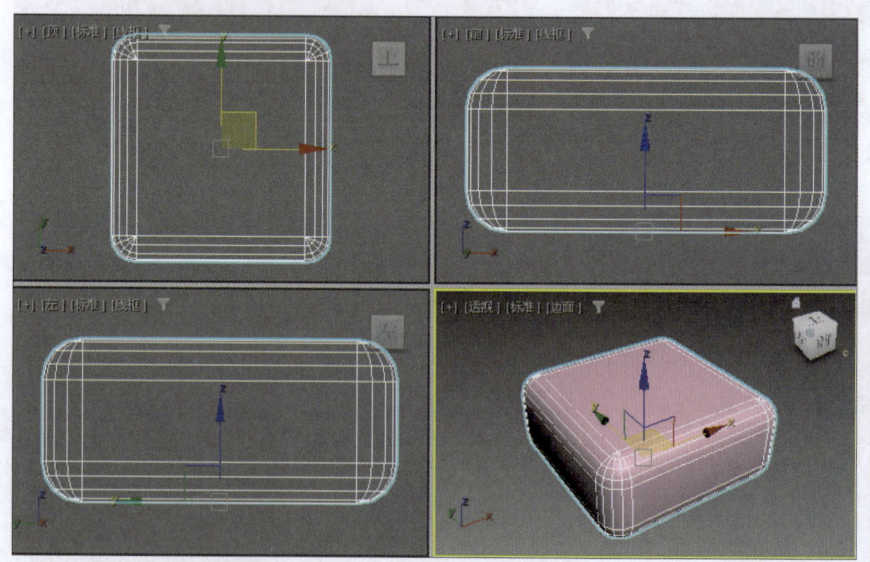

图 2-25 创建圆角长方体

2.2.3 切角圆柱体

切角圆柱体与切角长方体相似，利用"切角圆柱体"命令可快速创建出带有圆角效果的圆柱体。单击"切角圆柱体"按钮，在视口中拖动鼠标即可创建。在"参数"卷展栏中可设置圆柱体的底面半径、高度以及圆角值等参数，如图2-26所示。

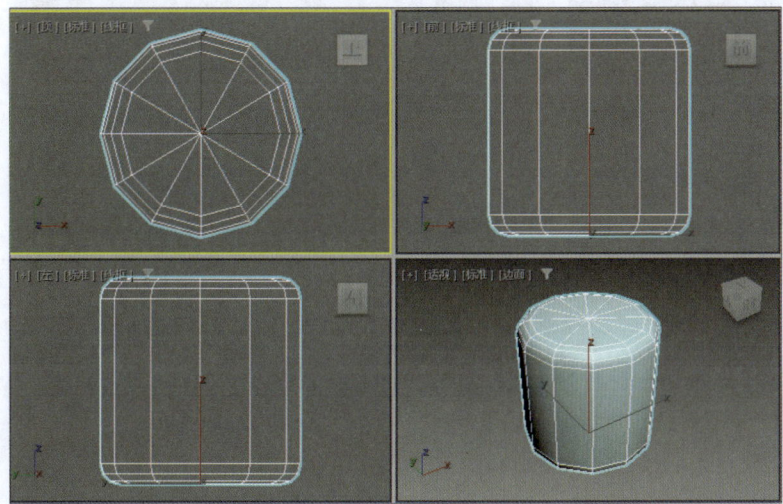

图 2-26　创建圆角圆柱体

2.2.4 其他扩展基本体

在"扩展基本体"面板中还可创建其他扩展基本体，如环形结、油罐、胶囊、纺锤、球棱柱、软管等。这些基本体不太常用，如需创建，可单击相应按钮，在视口中按住鼠标即可创建，如图2-27所示，在"参数"卷展栏中可根据需求设置相关参数。

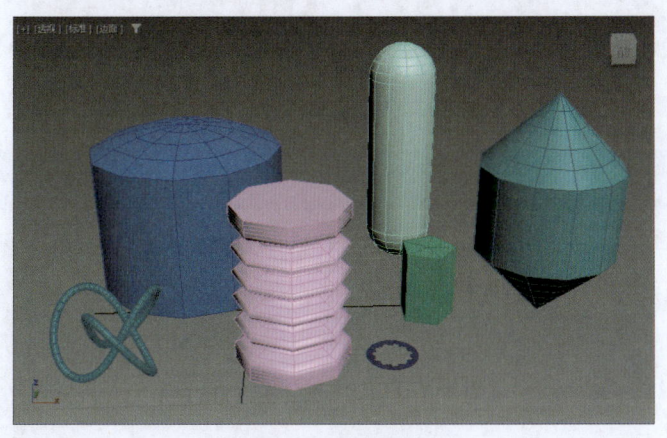

图 2-27　其他扩展基本体

下面将利用扩展基本体的相关命令来创建矮凳模型。

步骤01　在"扩展基本体"面板中单击"切角圆柱体"按钮，在视口中创建一个圆角圆柱体，并在"参数"卷展栏中设置"半径"为200、"高度"为300、"圆角"为15、"圆角分段"为3、"边数"为20，创建矮凳面，如图2-28所示。

步骤02 切换到"标准基本体"面板,单击"圆锥体"按钮,创建一个圆台体,并在"参数"卷展栏中设置"半径1"为25、"半径2"为40、"高度"为100,创建凳脚,如图2-29所示。

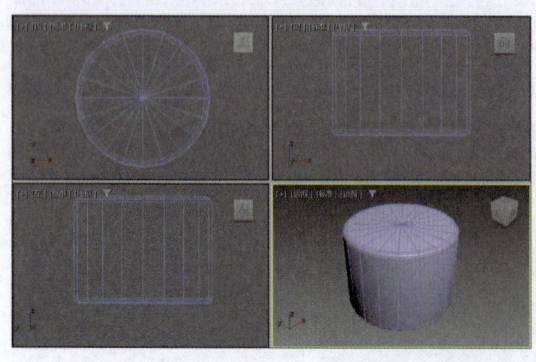

图 2-28　创建矮凳面　　　　　　　　　图 2-29　创建凳脚

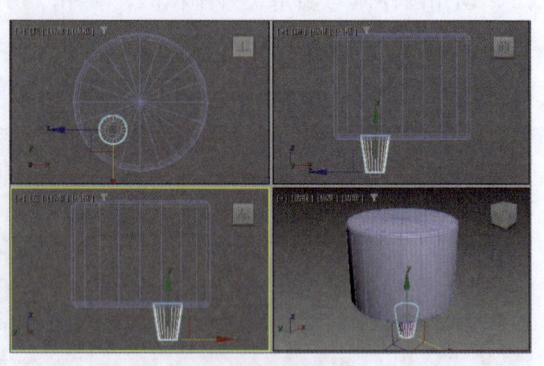

步骤03 选中凳脚,按Ctrl+V组合键打开"克隆选项"对话框,选择"实例",单击"确定"按钮,实例复制出第2个凳脚并移至合适位置,如图2-30所示。

步骤04 按照同样的方法实例复制出第3个凳脚模型,并移至合适位置,如图2-31所示。至此,矮凳模型创建完成。

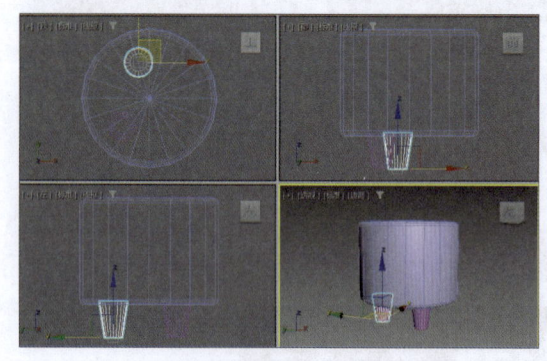

图 2-30　复制第2个凳脚　　　　　　　　图 2-31　复制第3个凳脚

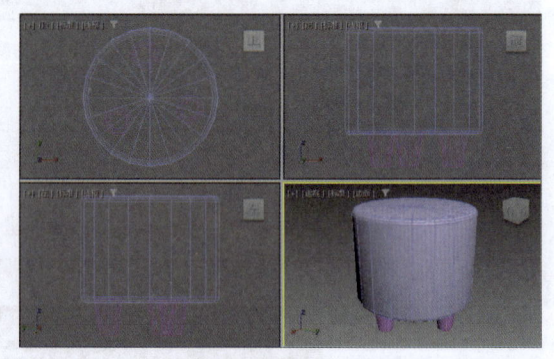

2.3　创建样条线

样条线是利用线条(如线、矩形、圆和文本等)来创建和编辑三维模型。创建样条线相对基本体建模要灵活一些。在"创建"面板中单击"图形"按钮,选择"样条线"类型,在面板中可按需创建各类线条图形,如图2-32所示。

■ 2.3.1　线

线在样条线中比较特殊,没有可编辑的参数。单击"线"按钮,可在视口中依次指定线段的顶点位置,即可创建线条。如需对线条进行修改,可在"修改"面板的"修改器列表"中选择"顶点""线段"或"样条线"进行编辑,如图2-33所示。

图 2-32　"样条线"面板

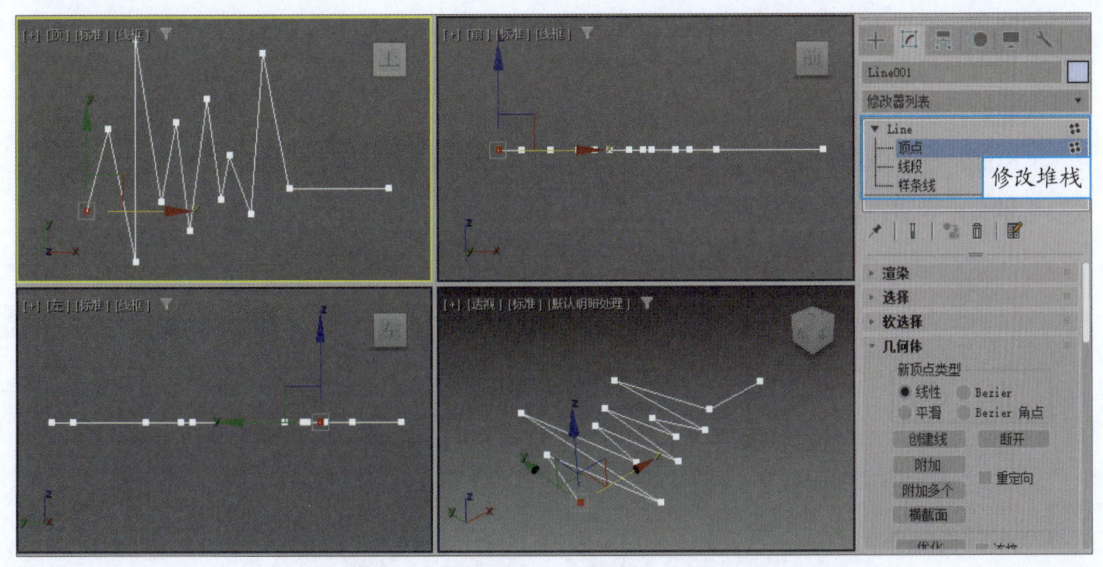

图 2-33 绘制线段

右击线条，在弹出的快捷菜单中可以更改线条的形态。默认为"线性"形态，该形态的线条顶点均以折线角点来显示。"平滑"形态的顶点是以圆滑衔接的曲线来显示，如图2-34所示。Bezier（贝赛尔）形态的顶点则是依照Bezier算法得出的曲线，该曲线可通过拖动点的切线控制柄来调整曲线形态，如图2-35所示。

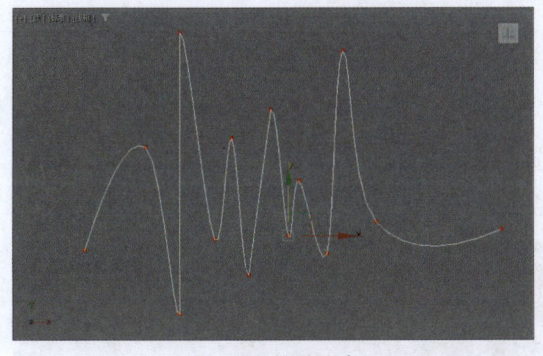

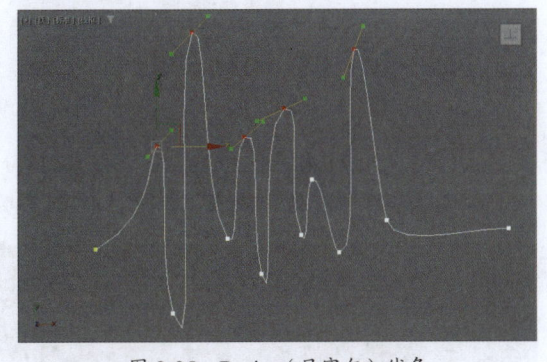

图 2-34 平滑线条　　　　　图 2-35 Bezier（贝塞尔）线条

下面将介绍"修改"面板中"几何体"展卷栏常用选项的含义，如图2-36所示。

- 创建线：在此样条线的基础上再增加线。
- 断开：将一个顶点断开为两个。
- 附加：将两条线转换为一条线。
- 优化：可以在线条上任意加点。
- 焊接：将断开的点焊接起来，"连接""焊接"的作用基本一样，只是"连接"必须是重合的两个点。
- 插入：不但可以插入点，还可以插入线。
- 熔合：表示将两个点重合，但还是两个独立的点。

- **圆角**：给直角添加一定的弧度，使其变得更加圆滑。
- **切角**：将直角切成一条直线。
- **轮廓**：将一条线段生成带有轮廓的两条线段。
- **隐藏**：把选中的点隐藏起来，但点仍然存在。"取消隐藏"是把隐藏的点都显示出来。
- **删除**：表示删除不需要的点。

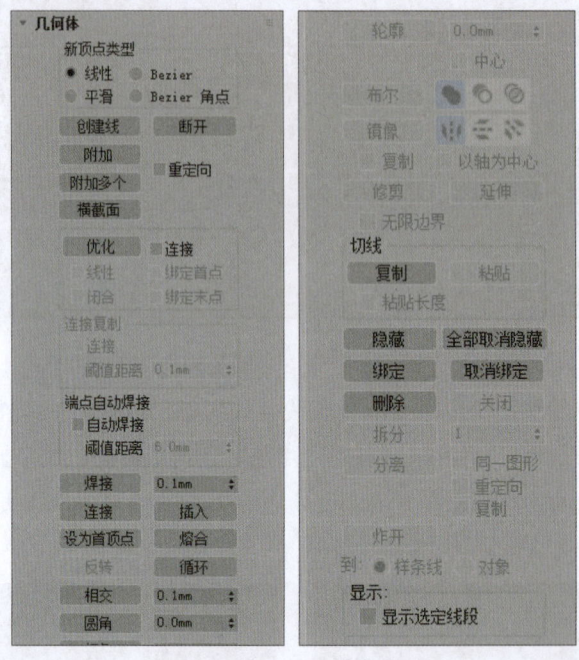

图 2-36 "几何体"卷展栏

选择绘制的线条，在"渲染"卷展栏中勾选"在渲染中启用""在视口中启用"两个复选框，并设置"径向"或"矩形"参数，即可将线条渲染成带有厚度的实体模型，如图2-37所示。

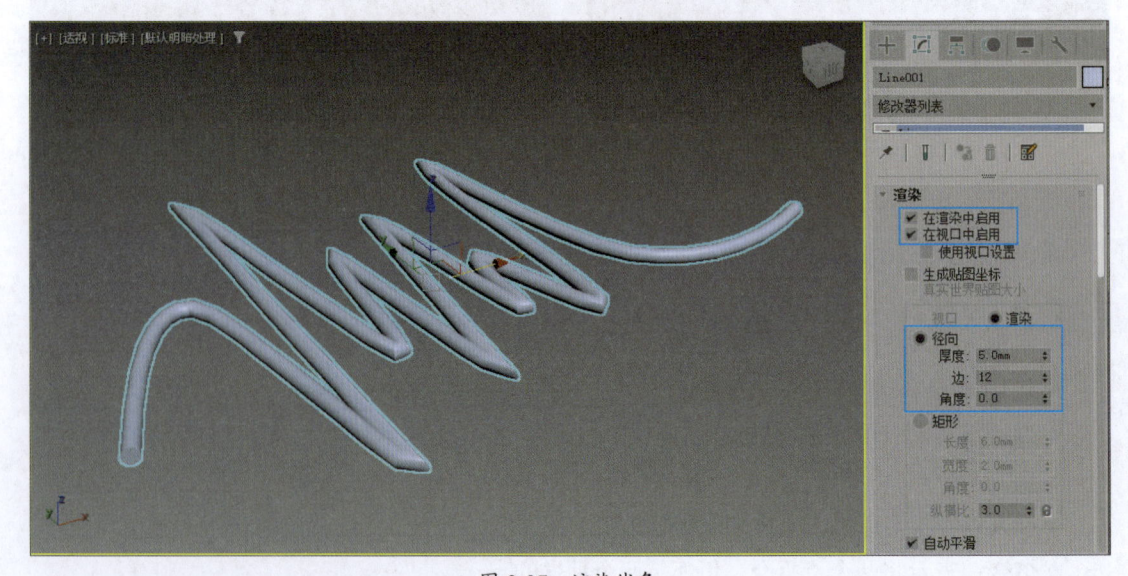

图 2-37 渲染线条

2.3.2 矩形/多边形

利用"矩形"命令可以创建正方形、长方形、圆角矩形等样条线图形。单击"矩形"按钮，在视口中拖动鼠标即可创建矩形，然后在"参数"卷展栏中可设置矩形的"长度""宽度""角半径"，如图2-38所示。

利用"多边形"命令可创建任意面数或顶点数的闭合平面或圆形样条线。单击"多边形"按钮，在视口中拖动鼠标即可创建多边形，然后在"参数"卷展栏中可设置多边形的"半径""边数""角半径"，如图2-39所示。

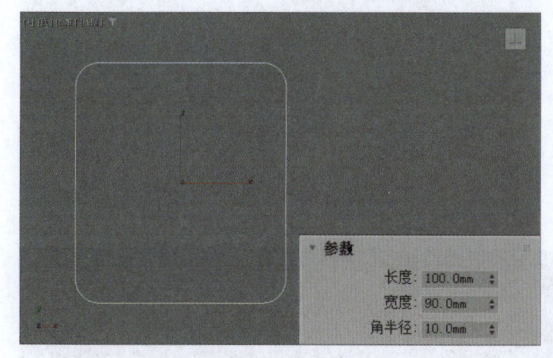

图 2-38　创建圆角矩形　　　　　　　　图 2-39　创建六边形

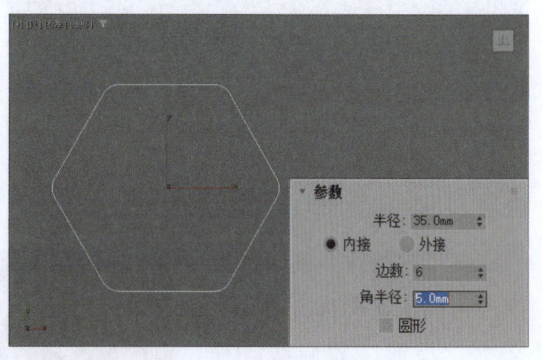

通过设置"渲染"卷展栏中的参数，还可生成各种类型的框架实体，如图2-40所示。

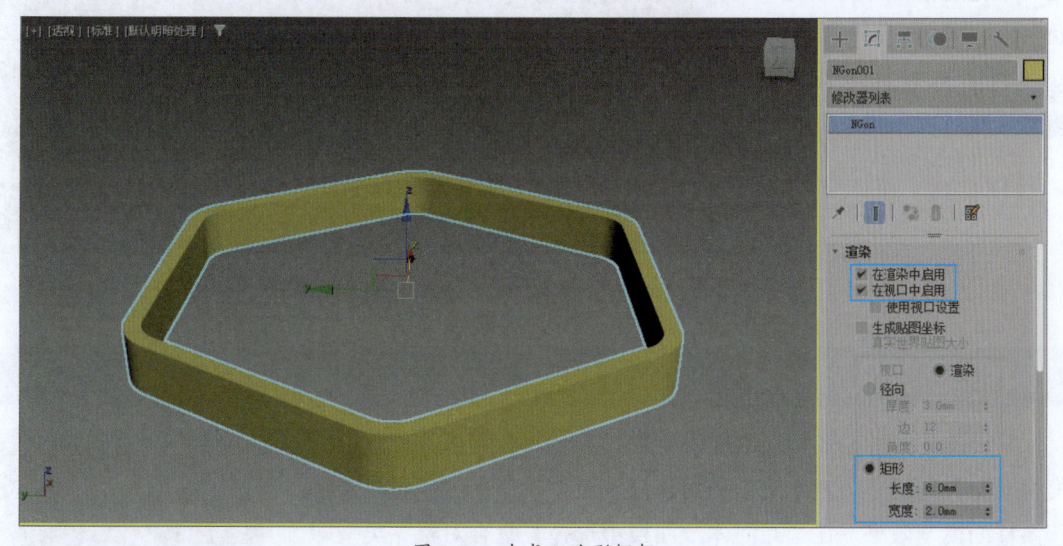

图 2-40　生成六边形框架

2.3.3 圆/弧

利用"圆"命令可以创建圆形样条线图形。单击"圆"按钮，即可在视口中拖动鼠标创建圆形，然后在"参数"卷展栏中设置圆形的"半径"，如图2-41所示。

利用"弧"命令可以创建圆弧和扇形样条线图形。单击"弧"按钮，在视口中拖动鼠标确定弧的两个端点，然后上下移动鼠标来设定圆弧的方向，并单击确认。此外，也可在"创建方法"卷展栏中调整创建的方式（系统默认采用"端点-端点-中央"方式创建），然后在"参数"卷展栏中通过设置相关参数进行精准绘制，如图2-42所示。

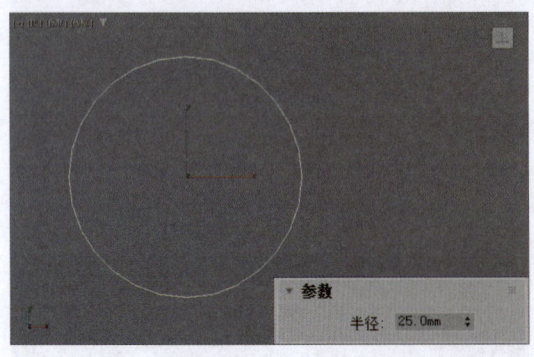

图 2-41　创建圆 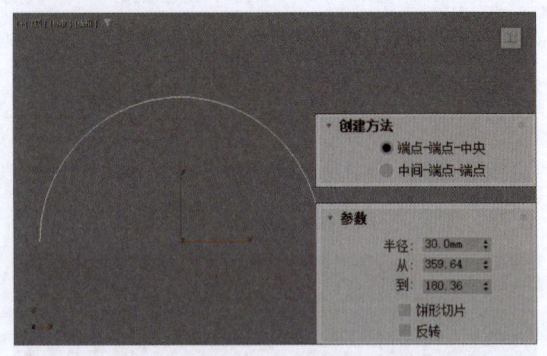　　　　　　　　　图 2-42　创建弧

■ 2.3.4　其他样条线

在"样条线"创建面板中还可以创建椭圆、圆环、文本、星形、螺旋线等样条线。单击相应的按钮，在视口中拖动鼠标即可创建，如图2-43所示，在"参数"卷展栏中可对其参数进行调整。

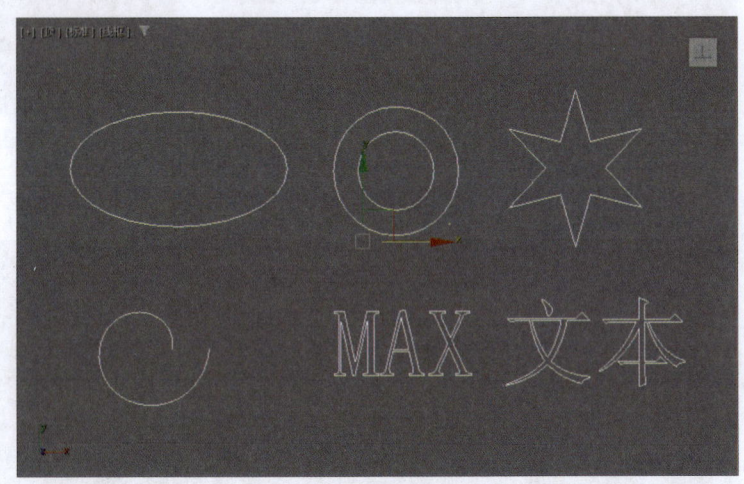

图 2-43　创建其他样条线

2.4　创建复合体

复合体是一种比较特殊的建模方式，它是将两种或两种以上的模型对象合并成一个新对象。利用"复合对象"命令可创建出丰富且多样的模型效果。在"几何体"面板中选择"复合对象"类型即可看到所有对象类型，如图2-44所示。

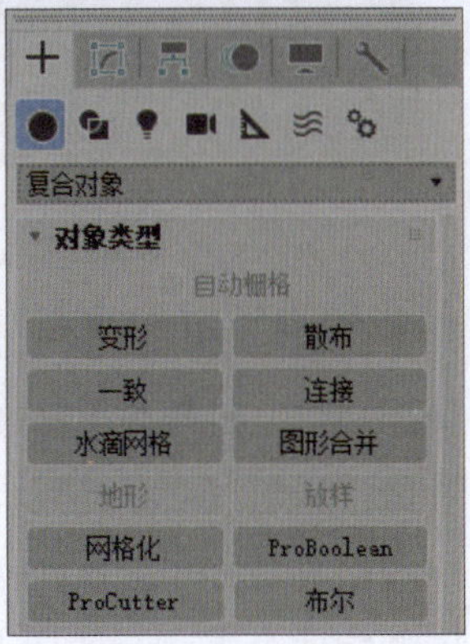

图 2-44　"复合对象"面板

■2.4.1 放样

放样是指将二维图形作为横截面,并沿一定的路径生成三维模型,所以放样只可对样条线进行操作。在同一路径的不同段上,可以应用不同的截面,从而构建出很多复杂的模型。

选择横截面图形(或放样路径),单击"放样"按钮,在"创建方法"卷展栏中单击"获取路径"按钮(或"获取图形"按钮),然后在视口中单击路径(或横截面图形)即可完成放样操作,如图2-45所示。

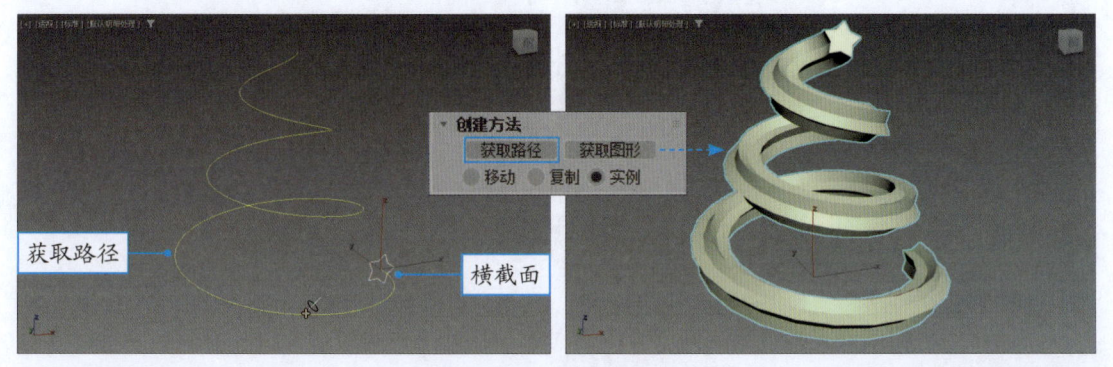

图 2-45 创建放样图形

调用"放样"命令后,在"蒙皮参数"卷展栏中对放样模型的参数进行调整,如图2-46所示。该卷展栏常用选项说明如下。

- **图形步数**:设置造型顶点之间的步数,数值越大,造型外表就越光滑。
- **路径步数**:设置路径顶点之间的步数,数值越大,造型在路径上就越光滑。
- **优化图形**:对截面进行优化,可以减少造型的复杂程度。
- **优化路径**:对路径进行优化,可以减少造型的复杂程度。
- **自适应路径步数**:可确定是否对路径进行优化处理。
- **翻转法线**:使生成的面可见。

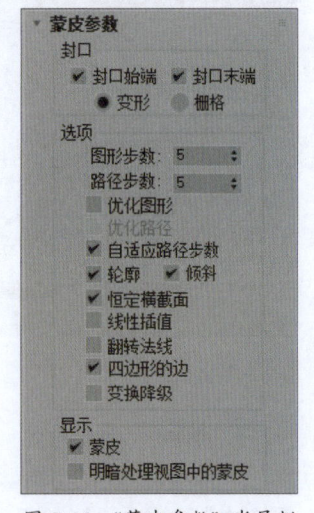

图 2-46 "蒙皮参数"卷展栏

■2.4.2 布尔

布尔是指通过对两个以上的物体进行布尔运算,从而得到新的物体形态。布尔运算包括并集、差集、交集、合并等运算方式,利用不同的运算方式,会形成不同的物体形状。

在视口中选取源对象,单击"布尔"按钮,打开"运算对象参数""布尔参数"卷展栏,先在"运算对象参数"卷展栏中设置运算方式,然后在"布尔参数"卷展栏中单击"添加运算对象"按钮,在视口中选取目标对象即可,如图2-47所示。

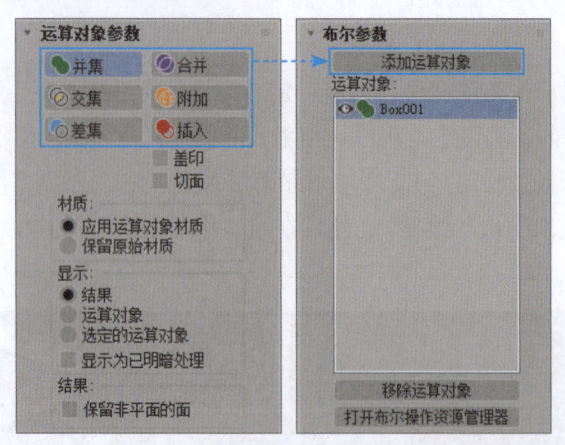

图 2-47 "运算对象参数""布尔参数"卷展栏

布尔中比较常用的运算方式有并集、交集和差集。

1. 并集

并集是指将两个或多个对象合并成一个新对象。在并集运算中,两个对象的相交部分或重叠部分会合并为一个整体,如图2-48所示。

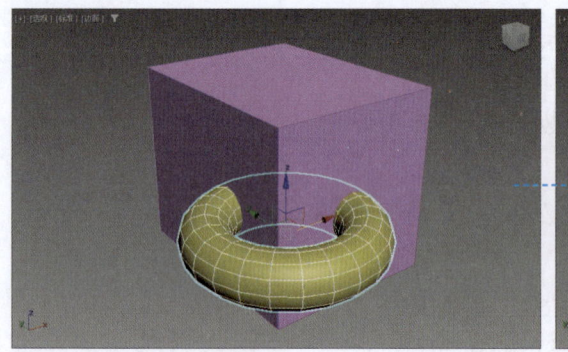

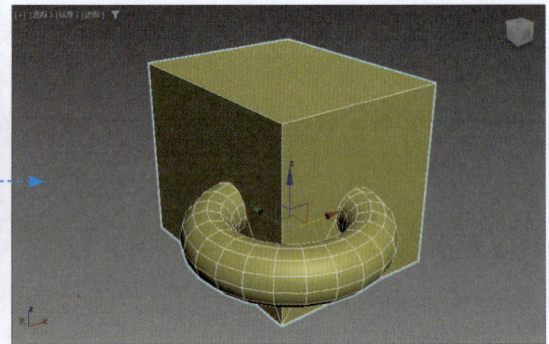

图 2-48 并集运算

2. 交集

交集是指将两个对象进行交集运算后,对象中非重叠的部分会被移除,而只保留两个对象重叠的部分,如图2-49所示。

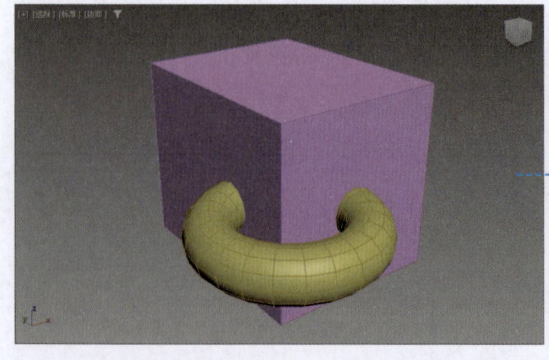

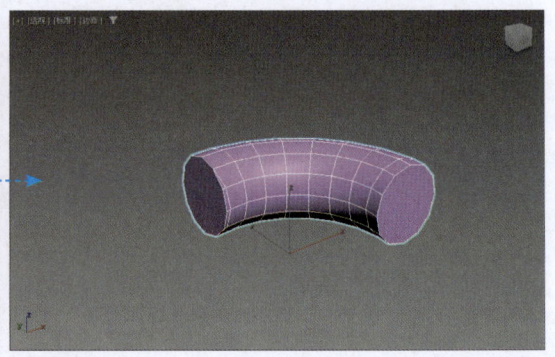

图 2-49 交集运算

3. 差集

差集与交集相反，它是在主体对象中删除与另一个对象重叠的部分，而非重叠的部分将保留下来。在操作中，需要先选中主体对象，然后再选择要减去的对象，如图2-50所示。

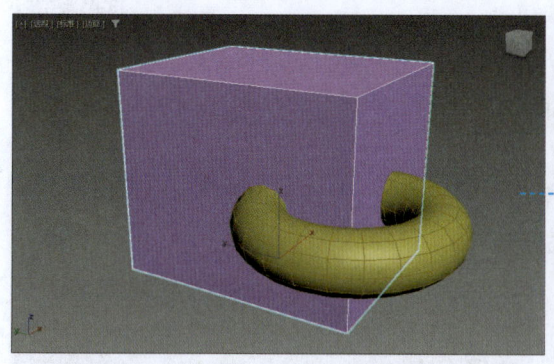

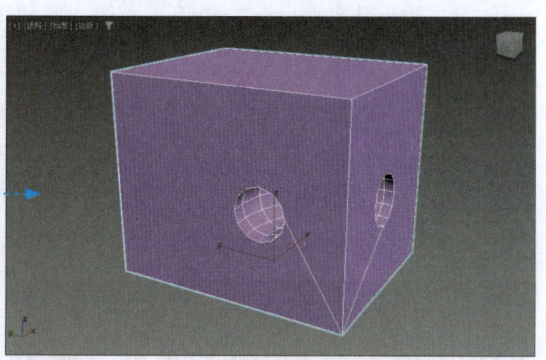

图 2-50　差集运算

> **提示**：合并运算针对的是多边形对象，它是将两个多边形对象进行合并。合并后的对象会保留两个多边形对象的所有面和顶点，即使它们相交或重叠，这种运算方式不会丢弃任何数据，而是将它们整合在一起。附加运算是将多个对象合并成一个对象，而不影响各对象的拓扑。而插入运算是从操作对象A减去操作对象B的边界图形，操作对象B的图形不受此操作的影响。

■ 2.4.3　其他复合对象

除了以上两种常用的复合对象外，还有变形、散布、一致、连接、水滴网格等。这些复合对象不常用，下面对其进行简单的介绍。

- **变形**：主要用于动画建模。在两个具有相同顶点数的对象之间自动插入动画帧，使一个对象变成另外一个对象，完成变形动画的制作。
- **散布**：将选定的对象随机分散在另一个对象的表面或体内。
- **一致**：主要用于将一个对象与另一个对象进行贴合或对齐。常用于创建地形道路模型。
- **连接**：在两个或多个对象的表面之间创建"桥梁"或连接面。
- **水滴网格**：模仿水滴或水流效果。通过几何体或粒子创建一组球体，将这些球体连接起来，生成柔软的液体模型。
- **圆形合并**：将二维图形映射到三维对象的表面上。常用于制作对象表面复杂的纹理、图案或标志。
- **地形**：创建和编辑地形表面的特殊工具。通过等高线数据或其他方式生成地形，并对其进行编辑和调整，以创建出逼真的自然地形效果。
- **网格化**：将创建的对象转化为网格对象，然后利用各种修改器对对象进行调整。
- **ProBoolean**：高级建模工具，常用于建筑内部场景的创建，如楼梯、门窗、壁炉等。它可以精确地控制模型的结构和形状，创建出更为逼真的场景效果。
- **ProCutter**：切割或细分体积的建模工具，它可以在一个或多个目标对象上应用一个或多个切割器对象，然后执行一组切割器对象的体积分解。适合模拟对象破碎或炸开的场景。

课堂演练 创建沙发组合模型

本案例将结合创建基本体的相关命令来绘制单人沙发和落地灯模型。在绘制过程中,主要运用到的命令有切角长方体、圆柱体和线。

步骤 01 在"扩展基本体"面板中单击"切角长方体"按钮,创建600 mm×600 mm×250 mm、圆角半径为20 mm的圆角长方体,并将"圆角分段"设为3,创建沙发底座,如图2-51所示。

步骤 02 按Ctrl+V组合键,选择"复制"方式克隆对象。在"修改"面板中的"参数"卷展栏中将"高度"更改为100,创建沙发坐垫,如图2-52所示。

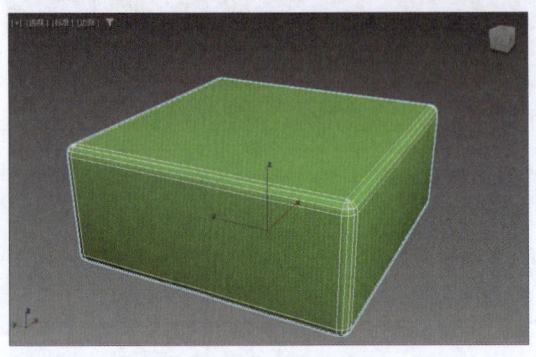

图 2-51 创建沙发底座　　　　　　图 2-52 创建沙发坐垫

步骤 03 切换到左视口,创建600 mm×700 mm×150 mm、圆角为20 mm的圆角长方体,并调整好位置,创建沙发扶手,如图2-53所示。

步骤 04 切换到顶视口,实例复制沙发扶手至另一侧,调整好扶手的位置,如图2-54所示。

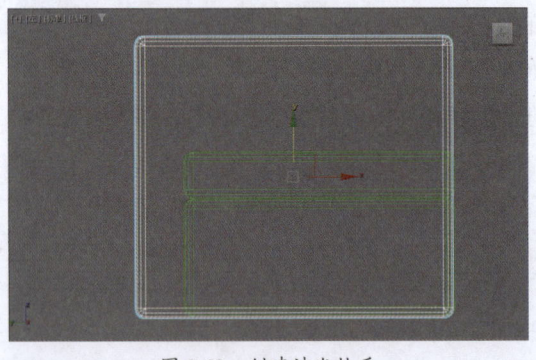

图 2-53 创建沙发扶手　　　　　　图 2-54 复制沙发扶手

步骤 05 以复制的方式再次复制沙发扶手,将其作为沙发靠背,放置在合适位置,然后在"参数"卷展栏中将"宽度"设为600 mm,如图2-55所示。

步骤 06 切换到前视口。再创建一个100 mm×600 mm×40 mm、圆角为20 mm的圆角长方体,作为沙发靠垫放置在沙发后背处,如图2-56所示。

步骤 07 切换到左视口。选择靠垫,单击"旋转"按钮,将其进行旋转,如图2-57所示。

步骤 08 切换到顶视口。选择"标准基本体"类型,单击"圆锥体"按钮,创建一个底面半径为

15 mm、顶面半径为30 mm、高为100 mm的圆台体，创建沙发脚，放置在沙发扶手的合适位置，如图2-58所示。

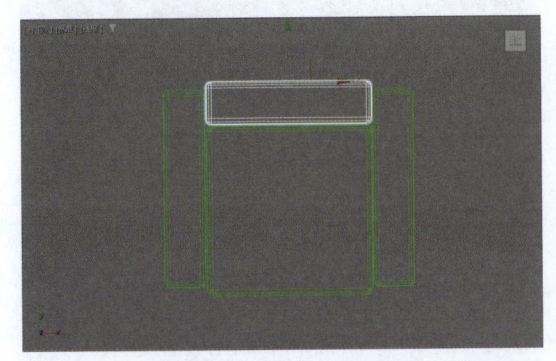

图2-55 创建沙发靠背

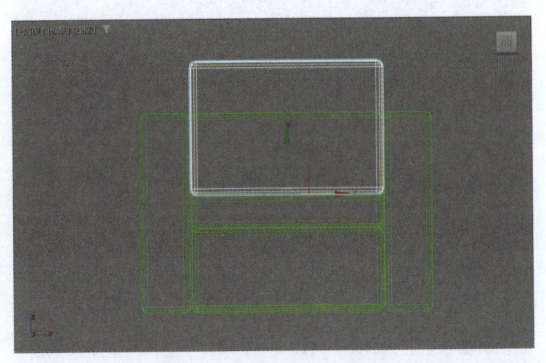

图2-56 创建沙发靠垫

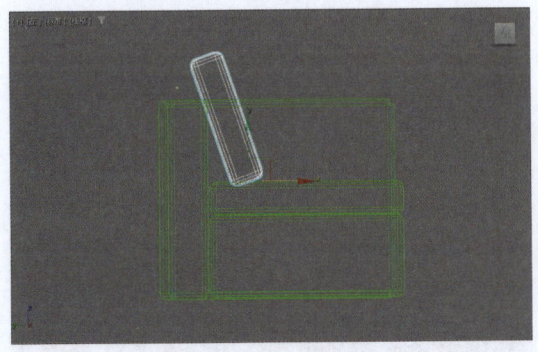

图2-57 旋转靠垫

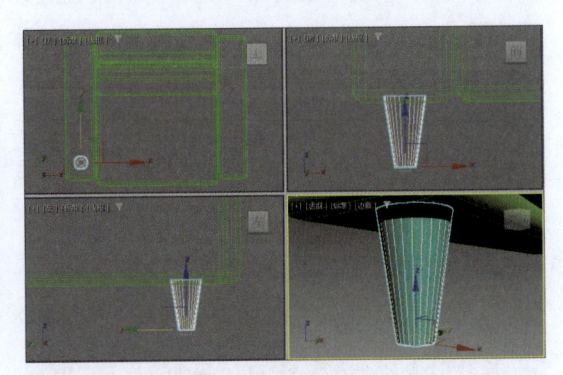

图2-58 创建沙发脚

步骤09 实例复制沙发脚，并调整好每一个沙发脚的位置。至此，沙发模型制作完毕，效果如图2-59所示。

步骤10 创建落地灯。创建一个半径为150 mm、高为10 mm的圆柱体作为灯底座，放置在沙发一侧，如图2-60所示。

图2-59 沙发模型效果

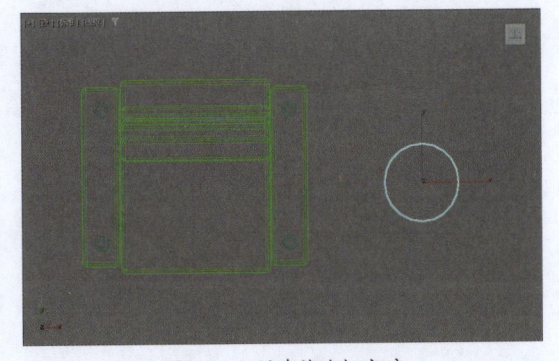

图2-60 创建落地灯底座

步骤11 切换到前视口。在"样条线"创建面板中单击"线"按钮，创建灯线，如图2-61所示。

步骤12 在修改堆栈栏中选择"顶点"层级，选择线段顶点，然后选择"平滑"选项，平滑灯线，如图2-62所示。

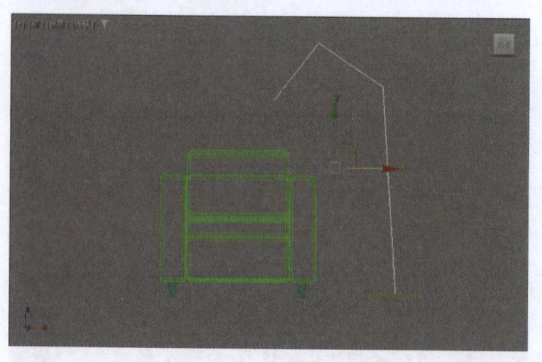

图 2-61　创建灯线

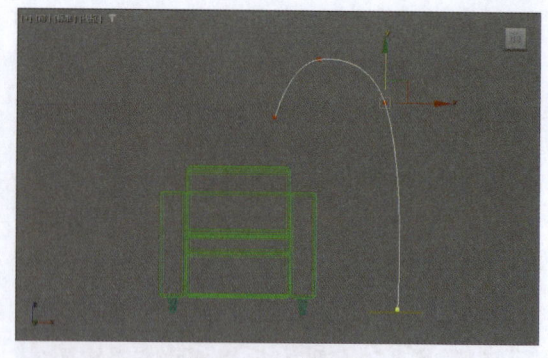

图 2-62　平滑灯线

步骤 13 选中线段，在"渲染"卷展栏中勾选"在渲染中启用""在视口中启用"复选框，并将"径向"的"厚度"设为10，调整好灯线位置，灯线效果如图2-63所示。

步骤 14 在顶视口中创建一个半径为100 mm球体，并调整好位置，如图2-64所示。

图 2-63　灯线效果

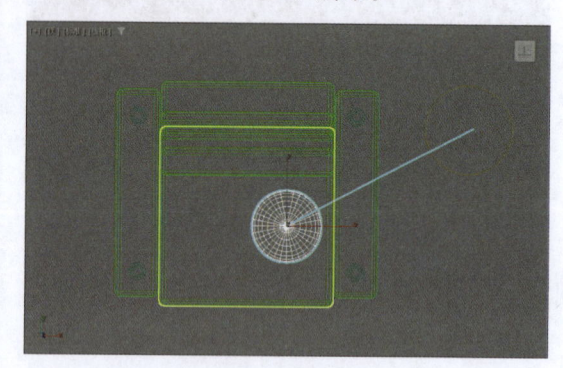

图 2-64　创建球体

步骤 15 切换到前视口。选中球体，在"参数"卷展栏中将"半球"设为0.4，生成灯罩模型，如图2-65所示。

步骤 16 使用"旋转"命令旋转灯罩模型。至此，落地灯模型绘制完成，效果如图2-66所示。

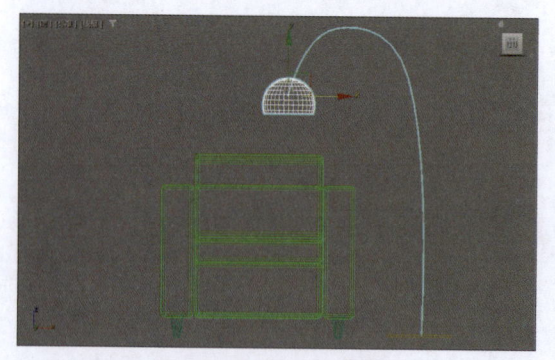

图 2-65　生成灯罩模型

图 2-66　落地灯模型效果

课后作业

一、选择题

1. 切角圆柱体属于（　　）类型。
   A. 标准基本体　　　　　　　　B. 样条线
   C. 扩展基本体　　　　　　　　D. 复合对象
2. 样条线类型中不包含"（　　）"命令。
   A. 矩形　　　　B. 弧　　　　C. 星形　　　　D. 平面
3. 将线的顶点设为平滑后，线段将会变成（　　）。
   A. 曲线　　　　B. 直线　　　　C. 弧线　　　　D. 螺旋线

二、填空题

1. 要想创建不带壶嘴的茶壶，需要在"参数"卷展栏中"＿＿＿＿＿＿"选项组中进行设置。
2. 比较特殊的样条线是＿＿＿＿，因为它是没有＿＿＿＿＿＿，只能通过＿＿＿＿＿＿进行设置。
3. 在进行差集运算时，应先选择＿＿＿＿＿＿，然后再选择＿＿＿＿＿＿。

三、操作题

利用"长方体""切角长方体""并集"命令创建办公桌模型，效果如图2-67所示。

图 2-67　创建办公桌模型

> **操作提示**
>
> 步骤 01 使用"长方体"命令创建办公桌主体模型。
> 步骤 02 使用"切角长方体"命令绘制柜门。
> 步骤 03 使用"并集"命令将办公桌模型进行合并。

拓展阅读 应县木塔榫卯结构数字化再现与工匠精神传承

应县木塔（佛宫寺释迦塔，图2-68）以54种斗拱样式创造"无钉无铆"的千年奇迹，历经40余次地震仍屹立不倒。

图 2-68 应县木塔

现代科技通过3ds Max参数化建模精准复原其斗拱系统。在《黑神话：悟空》的"小西天浮屠塔"场景中，木塔以VR（virtual reality，虚拟现实）技术重现八角套筒结构和暗层平坐细节，玩家在攀爬时能直观感受到榫卯"刚柔并济"的抗震智慧。构件微动分散冲击力的原理使其成为"斗拱博物馆"。

山西不仅凭借游戏热度成功实现了线上流量向线下文旅的转换，同时运用实时监测系统在文物保护与旅游开放间取得了精准平衡。科技让千年木塔突破时空界限，完成了从物质遗产到数字文化符号的转型。通过沉浸式体验向人们传递古建筑的构造技艺，实现"数字化保护—创新性传播—大众化参与"的可持续性发展模式。

通过参数化建模，传统的"偷心造"斗拱技法得以记录。"偷心造"是古建筑斗拱的一种构造形式，其特点是不设置横拱或减少横拱数量。例如，在有的斗拱中，正常应有多列横拱，建造时省去一列或数列横拱便形成"偷心"效果。这种技法在木结构建筑中较为常见，能简化结构、减轻重量。

"偷心造"还体现在斗拱装饰性设计上。例如，纵向连续出跳的华拱；横向不出横的瓜子拱；为起到装饰的效果，横向可能会做成异形拱。其在民居体系中也有应用，如四川传统建筑中外跳六铺作偷心造的构造，精美又规整。"偷心造"在简化结构的同时，平衡了装饰性与实用性，彰显了中国古代建筑技艺的智慧与灵活性。这种数字化保护方式，有助于培养学生对传统工艺的保护意识，也有利于工匠精神的传承。

模块 3

多边形网格建模

学习目标

【知识目标】
- 掌握可编辑网格与可编辑多边形的核心差异,理解网格建模基于三角面片编辑,而多边形建模通过点、线、面交互实现灵活的造型调整。
- 熟悉车削修改器的核心参数(旋转轴、分段数)与晶格修改器的结构(支柱与节点的半径、边数设置),并能解释这些参数对模型精度的影响。
- 理解多边形子对象层级(顶点、边界、多边形)的功能与实际应用,如通过顶点挤出操作来创建复杂轮廓结构。

【技能目标】
- 具备独立完成可编辑多边形建模的能力:通过顶点焊接功能(阈值≤0.5 mm)消除模型接缝,并运用边界封口技术实现开放边的闭合修复。
- 熟练掌握修改器的组合应用:采用FFD 4×4×4修改器精确控制曲面弧度(控制点位移±10单位),配合晶格修改器创建网格架构(支柱半径2 mm、节点分段数3)。
- 掌握模型优化技巧:合理设置车削分段数(16~24段)以平衡圆形曲面的效率与平滑度,运用涡轮平滑技术在精减面数的同时保持细节表现(迭代次数≤2)。

【素质目标】
- 建立准确的参数化建模意识,严格按照设计需求设置多边形分段数等关键参数,避免因随意建模导致的资源浪费。
- 强化数字版权保护意识,规范使用样条线资源库(如CAD模板),规避复制未经授权的设计元素。
- 秉承精益求精的匠人精神,通过晶格修改器精确还原传统窗棂结构(误差≤0.1 mm),实现现代技术与传统工艺的完美融合。

3.1 可编辑网格

可编辑网格是指将模型表面划分为若干个三角面，通过编辑三角面来创建出各类结构复杂的三维模型。

■3.1.1 转换为可编辑网格

大多数模型对象都可转化为可编辑网格。在视口中右击模型对象，在快捷菜单中选择"转换为"→"转换为可编辑网格"选项，在"修改"面板中会显示出"可编辑网格"修改堆栈，这说明该模型已转换为可编辑网格对象了，如图3-1所示。

此外，还可直接在修改堆栈中右击所需的对象名称，在快捷菜单中选择"可编辑网格"选项，也能进行转换操作，如图3-2所示。

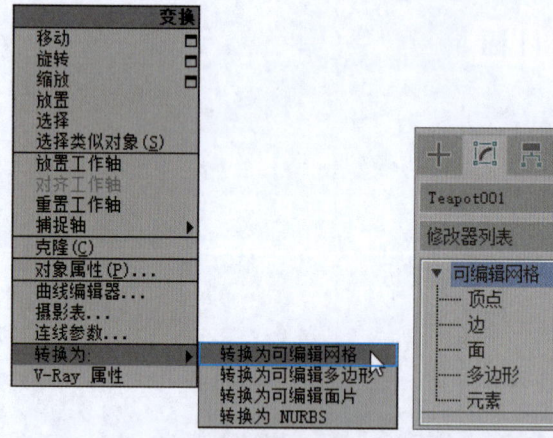

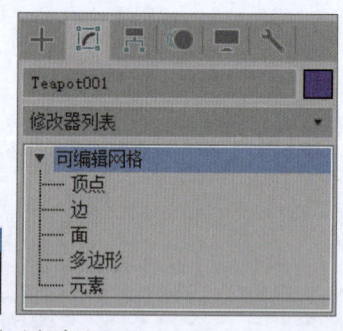

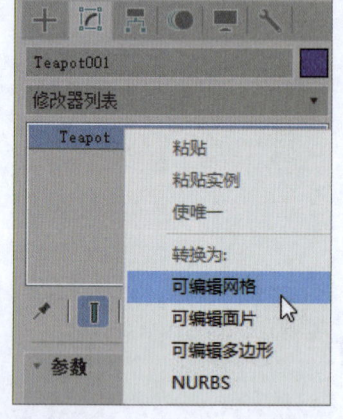

图 3-1 从快捷菜单中选择命令转换　　　　图 3-2 在修改堆栈中转换

> **提示**：单击"修改器列表"下拉按钮，从列表中选择"编辑网格"修改器，也可将模型对象转换为可编辑网格对象。

■3.1.2 编辑网格对象

当模型转化为可编辑网格后，可以看到修改堆栈栏中会显示出顶点、边、面、多边形和元素5个子对象层级。选中某个子对象后，在视口中就可选择相应的组件，如图3-3所示。

- **顶点**：对象上的点定义了面的结构。当多顶点编辑时，由这些顶点构成的面也会受到影响。
- **边**：连接顶点的线段。
- **面**：由3个顶点组成的一个三角形面。
- **多边形**：多组三角形面的集合。
- **元素**：顶点、边、面或多边形组件的集合，选择时可直接选择模型局部的结构。

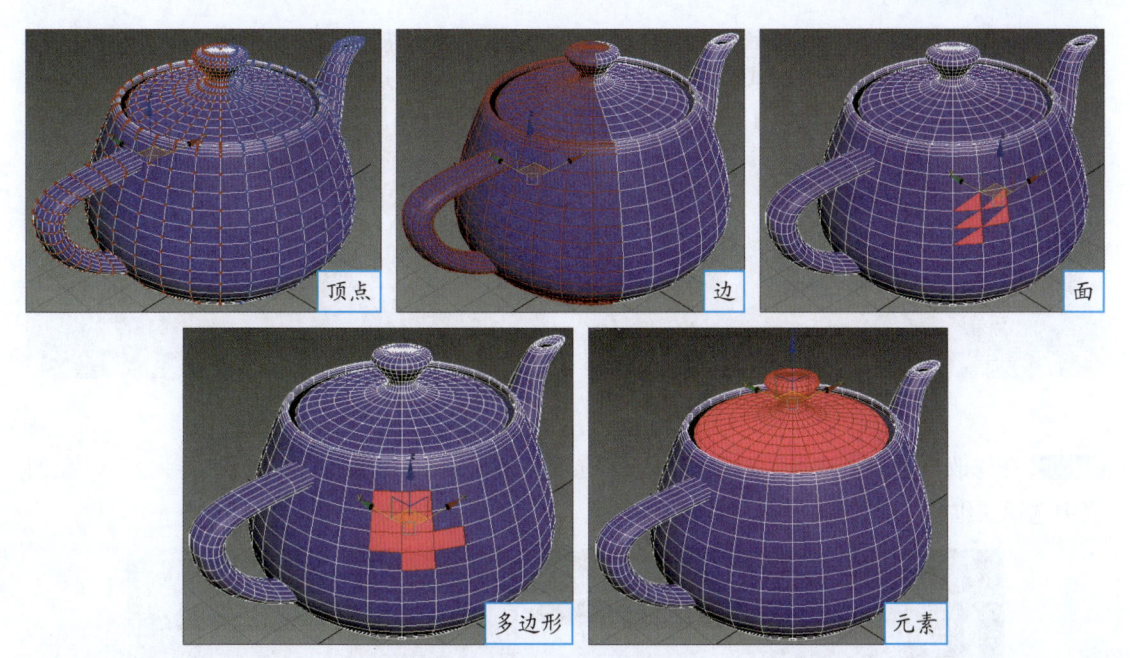

图 3-3 选择各项组件

下面将利用可编辑网格功能和相关修改器来创建笔筒模型。

步骤 01 单击"切角圆柱体"按钮,创建半径为45 mm、高度为3 mm的切角圆柱体,设置"圆角"为0.8 mm、"圆角分段"为3、"边数"为30,创建底座,如图3-4所示。

步骤 02 用右键单击"捕捉开关"按钮,打开"栅格和捕捉设置"面板,勾选"轴心"复选框,如图3-5所示。

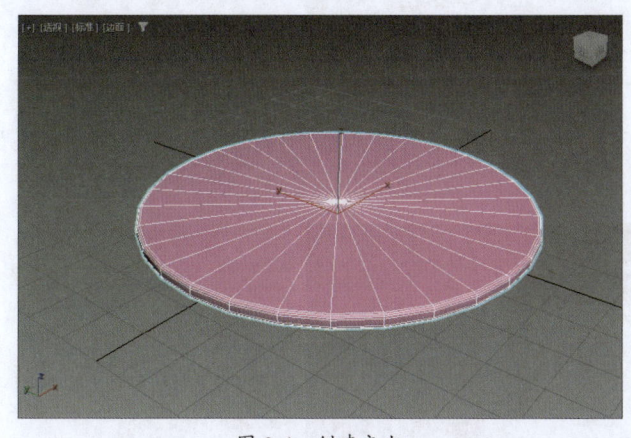

图 3-4 创建底坐

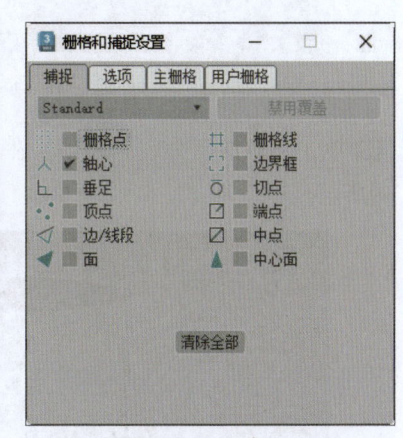

图 3-5 "栅格和捕捉设置"窗口

步骤 03 单击"圆柱体"按钮,捕捉切角圆柱体的中心创建半径为43.5 mm、高度为90 mm的圆柱体,设置"高度分段"为20、"边数"为30,如图3-6所示。

步骤 04 选择圆柱体并单击鼠标右键,选择"转换为"→"转换为可编辑网格"选项,将其转换为可编辑网格。在修改堆栈栏中选择"多边形"子对象,删除顶部和底部的多边形,创建筒身,如图3-7所示。

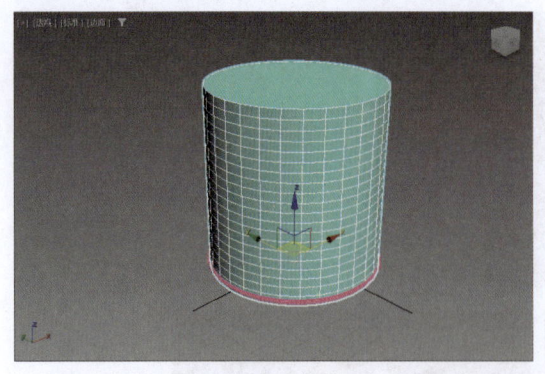

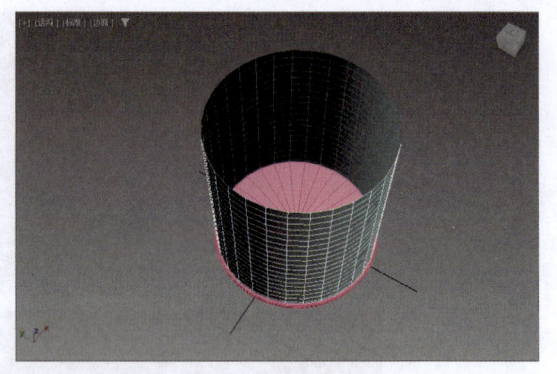

图 3-6 创建圆柱体　　　　　　　　　　图 3-7 创建筒身

步骤 05 在修改堆栈栏中选择"可编辑网格"选项，退出编辑操作。单击"修改器列表"，在列表中选择"细分"修改器，细分参数保持默认，效果如图3-8所示。

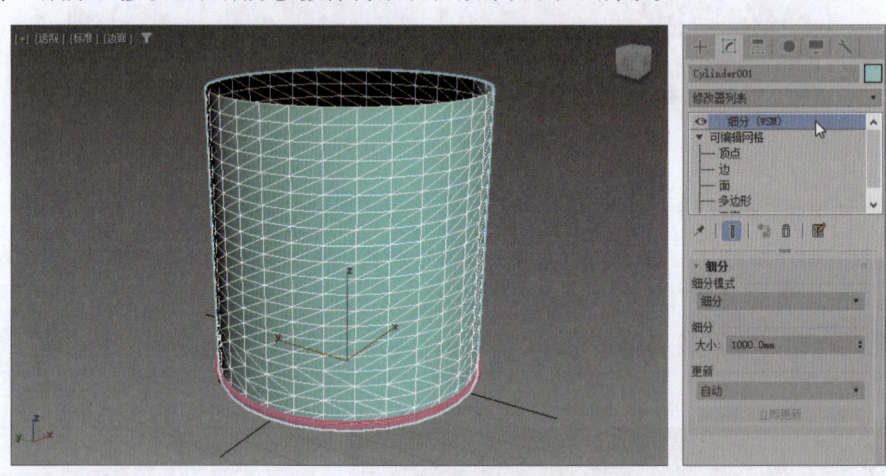

图 3-8 添加"细分"修改器的效果

步骤 06 单击"修改器列表"选项，在列表中选择"扭曲"修改器，"角度"设置为90，效果如图3-9所示。

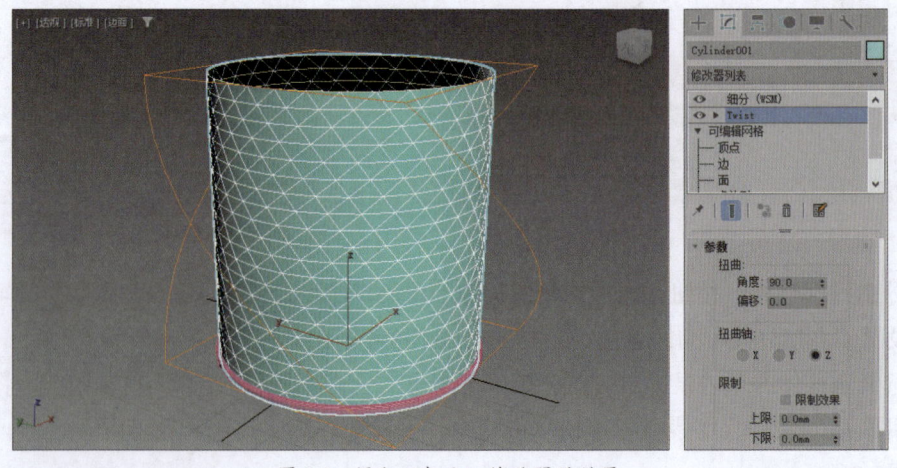

图 3-9 添加"扭曲"修改器的效果

步骤 07 按照以上方法,为筒身添加"晶格"修改器。在"参数"卷展栏中设置"支柱""节点"选项区域的参数,效果如图3-10所示。

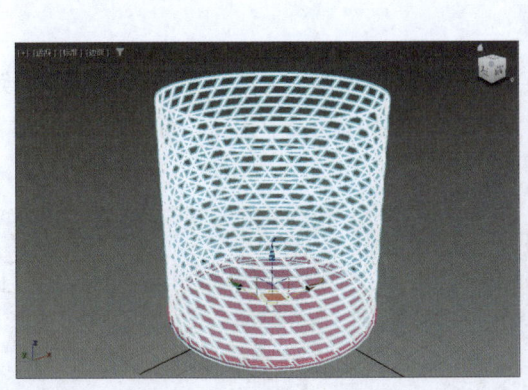

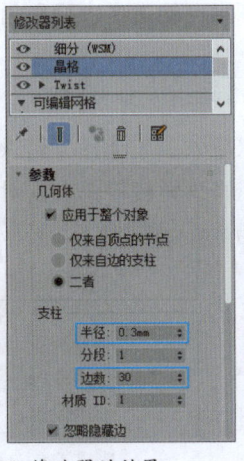

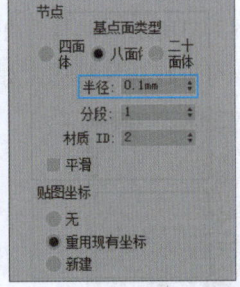

图 3-10 添加"晶格"修改器的效果

步骤 08 创建"半径1"为44 mm、"半径2"为1.5 mm的圆环体,设置"分段"为30、"边数"为20,并将其放置在笔筒顶部,如图3-11所示。

步骤 09 全选笔筒模型,按G键进行组合,并统一修改颜色,笔筒模型效果如图3-12所示。

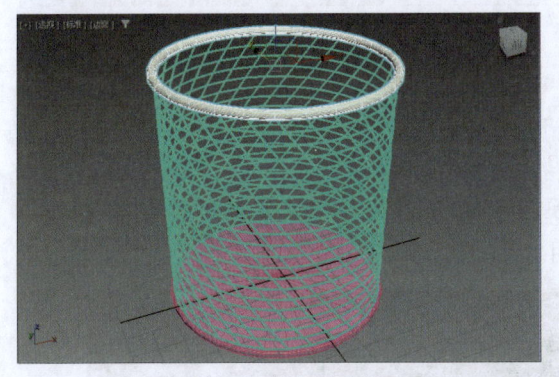

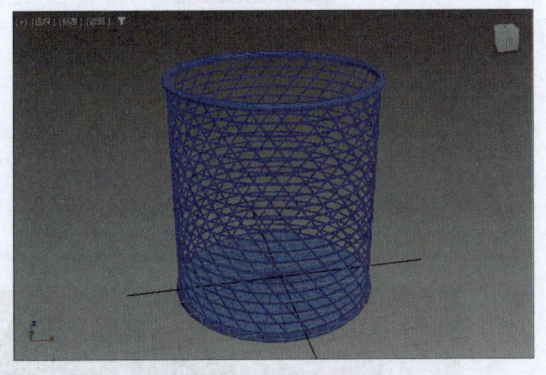

图 3-11 创建圆环体　　　　　　图 3-12 笔筒模型效果

3.2 可编辑多边形

编辑多边形是3ds Max常用的一种建模方式。它是将一个规则的模型对象转化为可编辑的多边形,并根据需要对其顶点、边、多边形、边界、元素进行编辑,从而生成新模型。

■ 3.2.1 多边形和网格的区别

编辑多边形和网格的思路很相似,但也有一定的区别。

编辑网格是针对模型表面的三角面进行编辑,更适合创建各类复杂表面和细节的对象,但是编辑网格需要存储大量的模型数据(如顶点和面),因此对计算机性能有一定的要求。此外,编辑和修改模型的过程也会更加烦琐。

编辑多边形是建立在简单模型（如基本体）的基础上，通过设置点、线、面就能创建复杂的三维模型。相对于编辑网格而言，存储的模型数据较少，系统渲染速度快，对模型的调整和修改会更加方便，所以利用可编辑多边形是创建复杂模型的首选方式。

■ 3.2.2 转换为可编辑多边形

右击模型对象，在快捷列表中选择"转换为"→"转换为可编辑多边形"选项即可转换，如图3-13所示。同样，在修改堆栈栏中右击对象名称，在快捷列表中选择"可编辑多边形"选项也可进行转换操作，如图3-14所示。

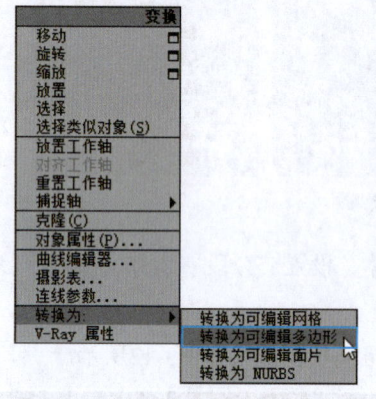

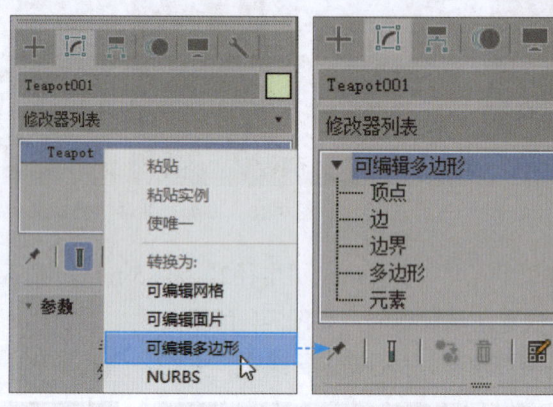

图 3-13　从快捷菜单中选择转换命令　　　　图 3-14　用修改堆栈转换

■ 3.2.3 多边形子对象

可编辑多边形也分为顶点、边、多边形、边界和元素5个子对象。其中，"边界"子对象指的是多边形模型中开放性的边或边界。例如，模型表面的孔洞边缘线，如图3-15所示。其他子对象的含义与编辑网格相同，在此不再重复说明。

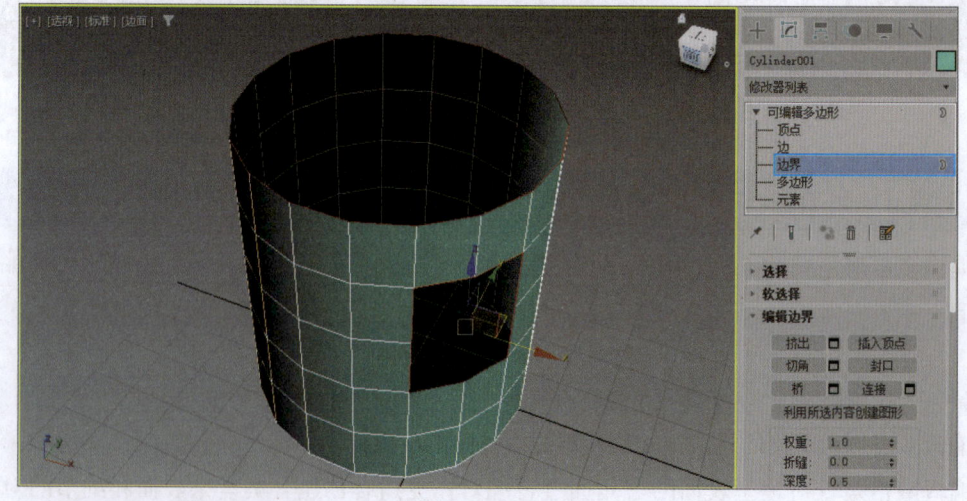

图 3-15　"边界"子对象

当选择某子对象时，可设置相应的卷展栏参数。

1. 编辑顶点

在"可编辑多边形"修改堆栈栏中选择"顶点"子对象，打开"编辑顶点"卷展栏，如图3-16所示。在此可对多边形顶点组件进行移除、挤出、焊接、切角等操作。

该卷展栏中主要选项说明如下。

- **移除**：移除多边形面上的顶点。
- **断开**：可将一个顶点拆分成多个顶点。
- **挤出**：可将顶点向外或向内挤出，使其产生锥形效果。
- **焊接**：将在一定距离范围内的两个或多个顶点，焊接为一个顶点。
- **切角**：将尖锐的顶点创建为圆角或斜坡状效果。
- **目标焊接**：选择一个顶点后，将其焊接到相邻的目标顶点。
- **连接**：在选中的对角顶点之间创建新的边。
- **权重**：设置选定顶点的权重，主要用于NURBS细分选项和"网格平滑"修改器中。

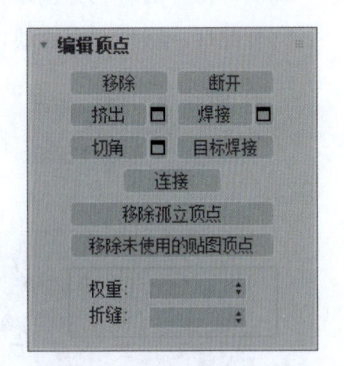

图 3-16 "编辑顶点"卷展栏

2. 编辑边

边是连接两个顶点的直线，它可以形成多边形的边。当选择"边"子对象后可打开"编辑边"卷展栏，如图3-17所示。该卷展栏中主要选项说明如下。

- **插入顶点**：手动在选择的边上任意添加顶点。
- **移除**：选择边以后，可以移除边，但与按Delete键删除不同。
- **分割**：沿着选定边分割多边形，对多边形中心的单条边应用时，不起任何作用。
- **挤出**：将选定的边向外或向内挤出。
- **焊接**：在一定范围内将选择的边进行自动焊接。
- **切角**：将选择的边进行切角处理，从而产生平行的多条边。
- **目标焊接**：选定边，并单击该按钮，会出现一条线，然后单击另外一条边即可进行焊接。
- **桥**：连接边，但只能连接边界的边，即只在一侧有多边形的边。
- **连接**：可以选择平行的多条边，并使用该工具生成垂直的边。
- **利用所选内容创建图形**：将选定的边创建为样条线图形。

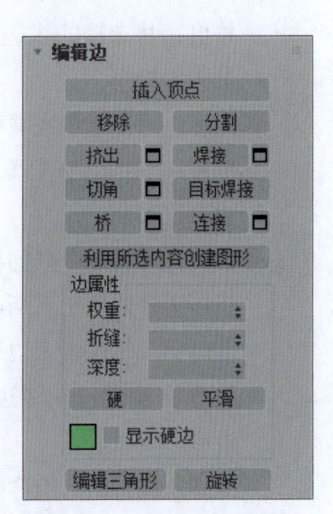

图 3-17 "编辑边"卷展栏

3. 编辑边界

选择"边界"子对象，打开"编辑边界"卷展栏，如图3-18所示。卷展栏中主要选项说明如下。

- **挤出**：将选定的边界线向外或向内挤出。
- **插入顶点**：在边界上添加新顶点。

- **切角**：沿着边界创建斜坡状或圆角的效果。
- **封口**：将模型上的缺口部分进行封口。

4. 编辑多边形/元素

"多边形"与"元素"的子对象是相互兼容的，在二者之间可切换，如图3-19和图3-20所示。

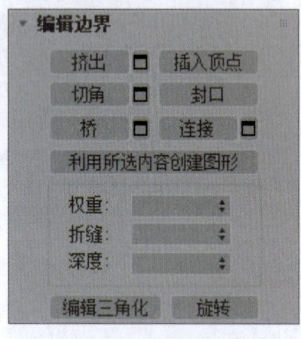

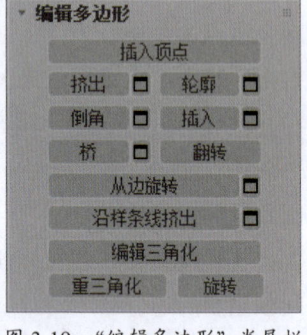

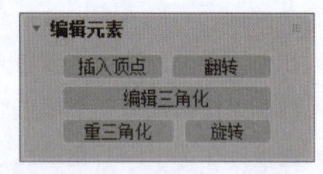

图3-18 "编辑边界"卷展栏　　图3-19 "编辑多边形"卷展栏　　图3-20 "编辑元素"卷展栏

- **插入顶点**：在选择的多边形或元素上手动添加顶点。
- **挤出**：将选择的多边形进行挤出，包括有组、局部法线和按多边形3种挤出方式，其效果各不相同。
- **轮廓**：用于增加或减少每组连续的选定多边形的外边。
- **倒角**：与挤出功能类似，但是比挤出更为复杂，可以挤出多边形，也可以向内和向外缩放多边形。
- **插入**：插入一个新的多边形。
- **桥**：选择模型正反两面对应的多边形，单击该按钮可制作出镂空的效果。
- **翻转**：反转选定多边形或元素的法线方向。
- **从边旋转**：选择多边形后，单击该按钮可沿着垂直方向拖动任何边，旋转选定的多边形。
- **沿样条线挤出**：沿样条线挤出当前选定的多边形。
- **编辑三角化**：通过绘制内部边来调整多边形或元素细分为三角形的方式。
- **重三角化**：对当前选定的一个或多个多边形或元素进行最优三角剖分。
- **旋转**：修改多边形或元素细分为三角形的方式。

■3.2.4　可编辑多边形的通用参数

转换为可编辑多边形对象后，无论选择哪个子对象都可在一些通用的卷展栏对多边形进行整体设置。这里主要介绍"选择""软选择""编辑几何体"3个通用卷展栏。

1. "选择"卷展栏

"选择"卷展栏用于选择不同的子对象、显示设置，创建和修改选定内容，同时还会显示与选定实体有关的信息,如图3-21所示。卷展栏中主要选项说明如下。

- **子对象**:包括顶点、边、边界、多边形和元素5个。选择方式等同于修改堆栈栏。
- **按顶点**:启用该选项后,只有选择所用的顶点才能选择子对象。
- **背面**:单击该按钮,系统会隐藏所有选定的多边形背面。
- **阻挡**:单击该按钮,系统会隐藏被其他物体挡住的部分。
- **按角度**:启用该选项后,可以根据面的转折度数来选择子对象。
- **收缩**:单击该按钮,在当前选择范围中向内减少一圈。
- **扩大**:单击该按钮,在当前选择范围中向外增加一圈,多次单击可以进行多次扩大。

图3-21 "选择"卷展栏

2. "软选择"卷展栏

"软选择"是指以选中的子对象为中心向四周扩散,以放射状方式来选择子对象。在对选择的对象进行变换时,该对象会以平滑的方式进行过渡。通过设置"衰减""收缩""膨胀"参数可控制所选区域的大小和控制力的强弱,如图3-22所示。勾选"使用软选择"复选框,可启动"软选择"功能。颜色越接近红色代表越强烈,接近蓝色则代表强度变弱。

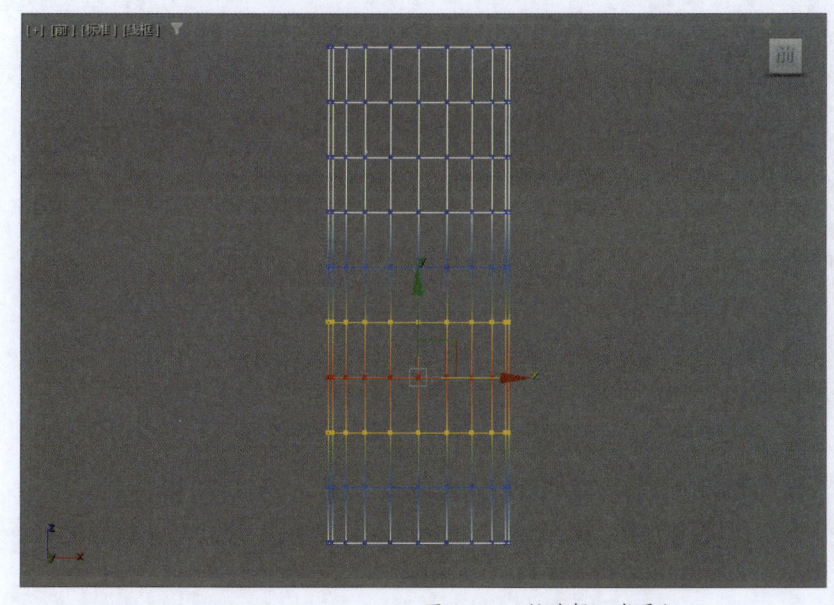

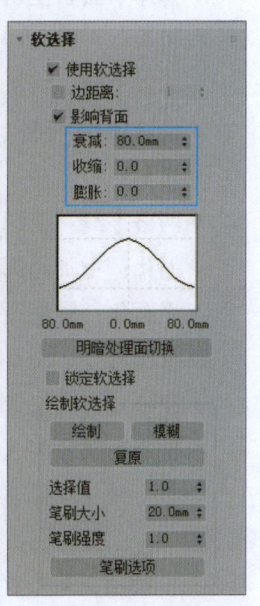

图3-22 "软选择"卷展栏

3. "编辑几何体"卷展栏

"编辑几何体"卷展栏用于更改多边形对象的全局控件,所有子对象都可以使用,如图3-23所示。该卷展栏主要选项说明如下。

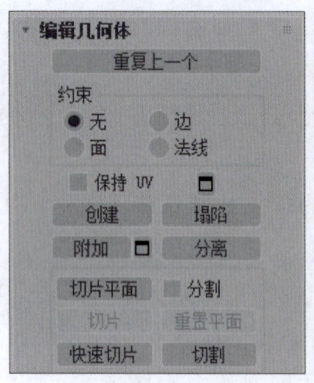

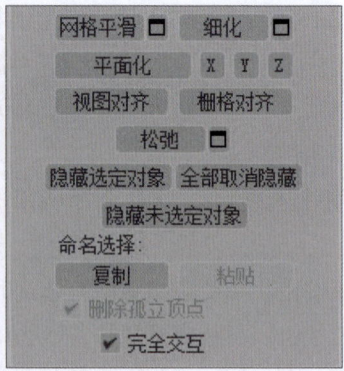

图3-23 "编辑几何体"卷展栏

- **重复上一个**：单击该按钮可以重复使用上一次使用的命令。
- **约束**：使用边、面和法线来约束子对象的变换效果。
- **保持UV**：启用该选项后，可在编辑子对象的同时不影响该对象的UV贴图。
- **创建**：创建新的几何体。
- **附加**：将场景中的其他对象附加到选定的可编辑多边形中。
- **塌陷**：类似于"焊接"工具，但是不需要设置阈值就能直接塌陷在一起。
- **分离**：将选定的子对象作为单独的对象或元素分离出来。
- **切片平面**：使用该工具可以沿某一平面分开网格对象。
- **切片**：可以在切片平面位置处执行切割操作。
- **重置平面**：将执行过"切片"的平面恢复到之前的状态。
- **快速切片**：可以将对象进行快速切片，切片线沿着对象表面可以更加准确地进行切片。
- **切割**：可以在一个或多个多边形上创建出新的边。
- **网格平滑**：使选定的对象产生平滑效果。
- **细化**：增加局部网格的密度，以便更好地处理对象的细节。
- **平面化**：强制所有选定的子对象成为平面图形。
- **视图对齐**：使对象中的所有顶点与活动视图所在的平面对齐。
- **栅格对齐**：使选定对象中的所有顶点与活动视图所在的平面对齐。
- **松弛**：使当前选定的对象产生松弛现象。

下面利用可编辑多边形功能和相关修改器创建浴缸模型。

步骤01 切换到顶视口，使用矩形工具创建780 mm×1 600 mm、"角半径"为360 mm的圆角矩形，在"插值"卷展栏中将"步数"设为20，如图3-24所示。

步骤02 切换到透视视口，在"修改"面板中单击"修改器列表"下拉按钮，选择"挤出"修改器。在其"参数"卷展栏中将"数量"设为560，将圆角矩形挤出实体模型，如图3-25所示。

步骤03 将挤出的实体转换为可编辑多边形。在其修改堆栈中选择"多边形"子对象，并选择实体顶部的面，如图3-26所示。

步骤 04 在"编辑多边形"卷展栏中单击"插入"按钮,将插入数量设置为25 mm,单击"✓"按钮,如图3-27所示。

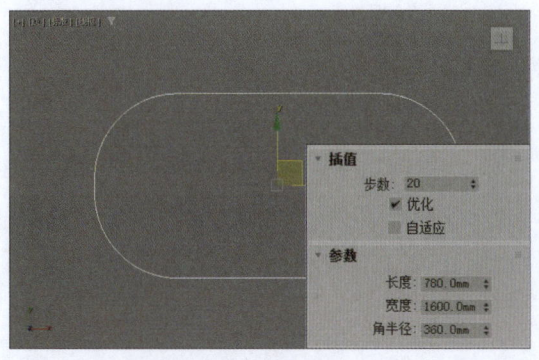

图 3-24 创建圆角矩形

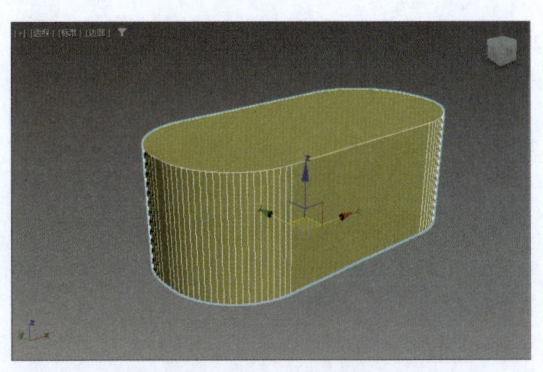

图 3-25 挤出实体模型

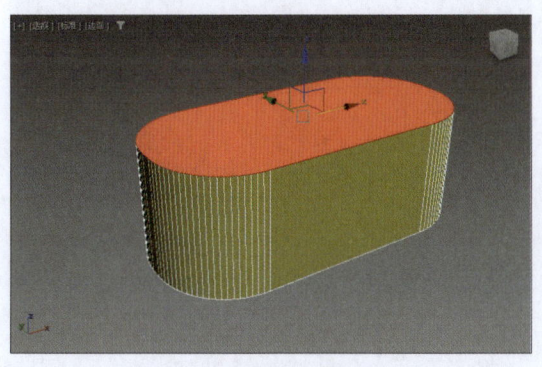

图 3-26 转换为可编辑多边形

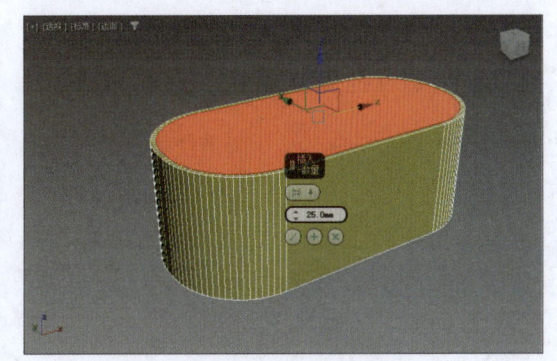

图 3-27 设置插入数量

步骤 05 单击"挤出"按钮,将高度设置为-445 mm,单击"✓"按钮,如图3-28所示。

步骤 06 在修改堆栈栏中选择"顶点"子对象,切换到前视口,选择顶点,如图3-29所示。

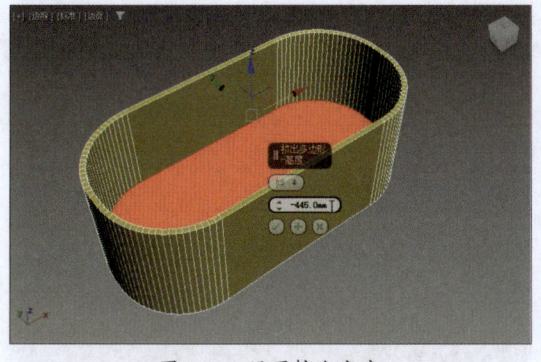

图 3-28 设置挤出高度

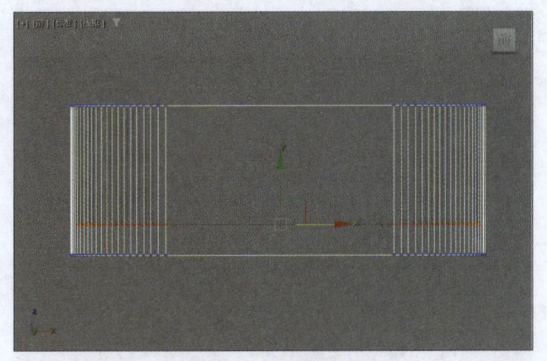

图 3-29 选择顶点

步骤 07 切换到顶视口,选择"选择并缩放"工具,向内均匀缩放顶点,如图3-30所示。

步骤 08 切换到前视口,选择主体模型底部所有顶点,如图3-31所示。

步骤 09 切换到顶视口,选择"选择并缩放"工具,向内均匀缩放顶点,创建浴缸主体模型,如图3-32所示。

步骤10 切换到透视视口。在修改堆栈栏中选择"边"子对象,双击选择边沿处的主体边线,如图3-33所示。

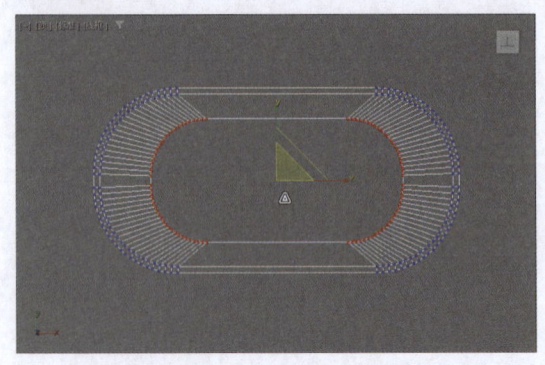

图 3-30　向内均匀缩放顶点

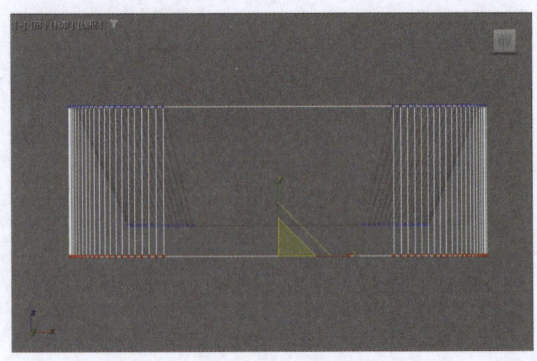

图 3-31　选择主体模型底部所有顶点

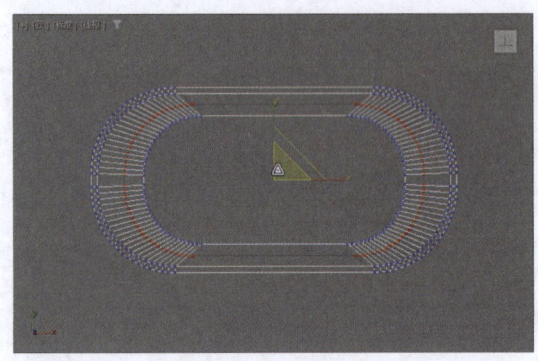

图 3-32　缩放顶点

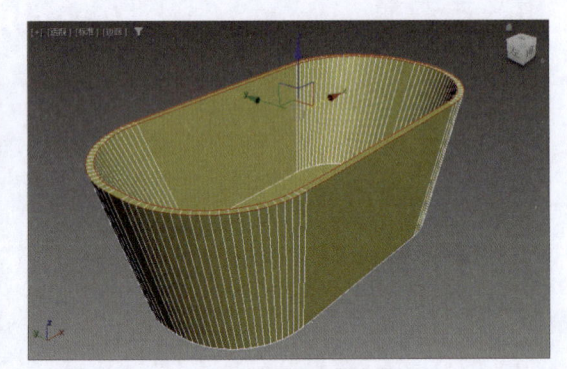

图 3-33　选择主体边线

步骤11 在"编辑边"卷展栏中单击"切角"按钮,设置切角量为5 mm、分段为5,如图3-34所示。

步骤12 切换到前视口,按住Alt键以减选的方式选择浴缸内侧底部的一圈边线,如图3-35所示。

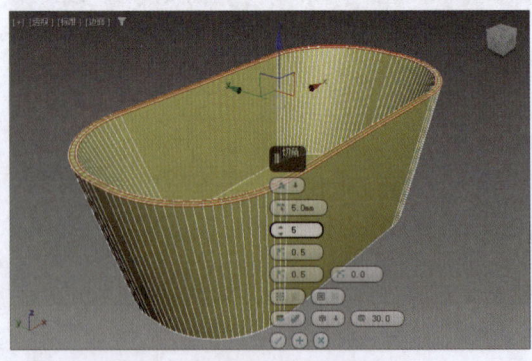

图 3-34　倒角边线

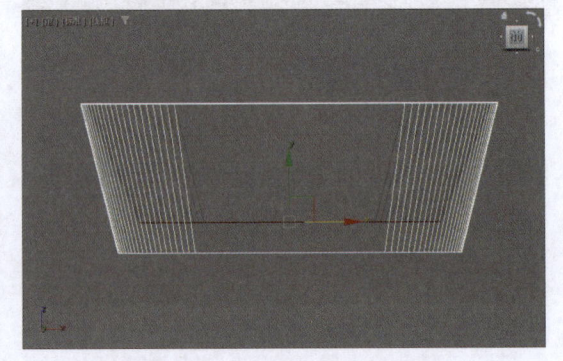

图 3-35　选择浴缸内侧底边线

步骤13 切换到透视视口,单击"切角"设置按钮,将"切角"方式设为三角形,设置数量为200、分段为5,对浴缸内侧底边线进行倒角,如图3-36所示。

步骤14 通过减选方式选择浴缸外侧底边线,如图3-37所示。

图 3-36　倒角内侧底边线进行倒角　　　　　图 3-37　选择浴缸外侧底边线

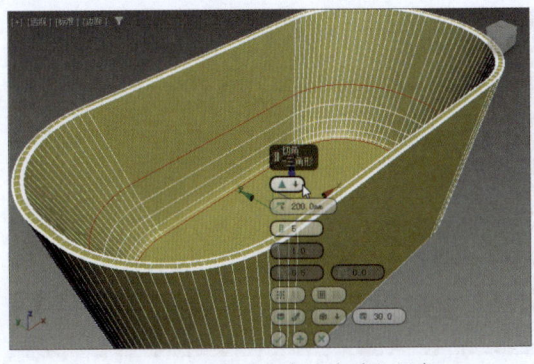

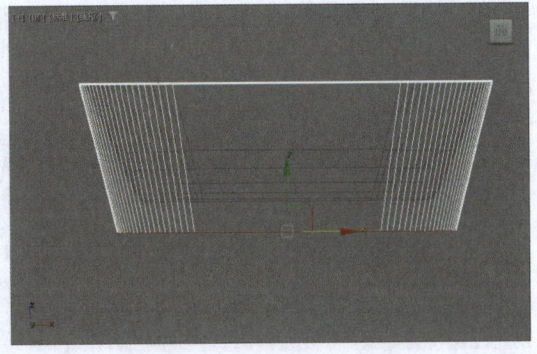

步骤 15 单击"切角"按钮,设置切角量为100 mm、分段为5,制作出外部切角效果,如图3-38所示。

步骤 16 创建半径为30 mm、高度为30 mm的圆柱体作为浴缸水筛,放置在浴缸底面合适位置。浴缸模型完成效果如图3-39所示。

图 3-38　倒角外侧底边线　　　　　　　　　图 3-39　浴缸模型效果

3.3　常用修改器

修改器主要用于对模型进行各种变形、修改和增强,以创建复杂的造型,是建模过程中不可或缺的工具。通过配合使用不同的修改器,可以做出很多传统建模方式无法达到的效果。

■3.3.1　挤出

使用挤出修改器可以将二维线段挤出带有厚度的三维实体。选择所需对象,在"修改"面板中单击"修改器列表"下拉按钮,选择"挤出"选项,即可为该对象添加挤出修改器,挤出效果如图3-40所示。

在挤出"参数"卷展栏中可设置挤出的参数,如图3-41所示。下面将对挤出"参数"展卷栏中的主要选项进行说明。

- **数量**：设置挤出实体的厚度。
- **分段**：设置挤出厚度上的分段数量。

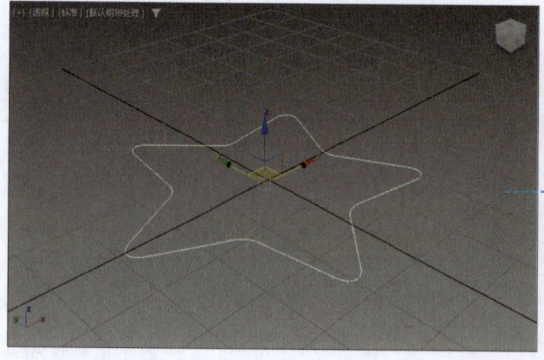

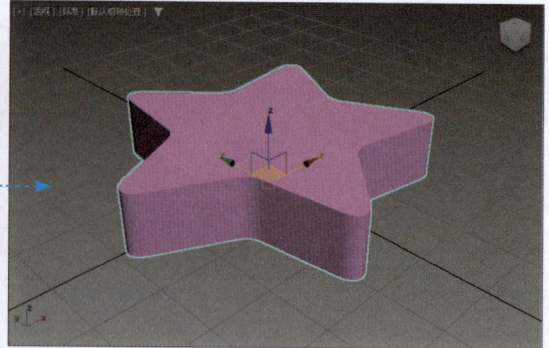

图 3-40　挤出效果

- **封口**：该选项组用于设置在挤出实体的顶面和底面上是否封盖实体。"封口始端"在顶端加面封盖物体，"封口末端"在底端加面封盖物体。
- **变形**：用于变形动画的制作，保证点面数恒定不变。
- **栅格**：对边界线进行重新排列，通过精简点和面来优化模型。
- **输出**：指定挤出实体的模型类型。
- **生成贴图坐标**：为挤出的三维实体生成贴图材质坐标。勾选该复选框，将激活"真实世界贴图大小"功能。
- **真实世界贴图大小**：贴图大小由绝对坐标尺寸决定，与对象相对尺寸无关。
- **生成材质ID**：自动生成材质ID，顶面材质ID为1、底面材质ID为2、侧面材质ID则为3。
- **使用图形ID**：勾选该复选框，将使用线形的材质ID。
- **平滑**：将挤出的实体平滑显示。

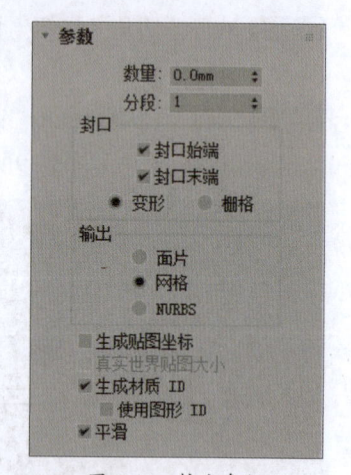

图 3-41　挤出参数

> **提示**：如果线段为封闭的，即可挤出带有底面积的三维实体，若绘制的线段不是封闭的，挤出的实体则是片状的。

■3.3.2　车削

使用车削修改器可将二维样条线旋转一圈，从而生成三维实体。在修改器列表中选择"车削"，即可为对象添加该修改器。用户可在修改器"参数"卷展栏中设置旋转角度，创建实体，如图3-42所示。

下面将对车削修改器的"参数"卷展栏中的主要选项进行说明，如图3-43所示。

- **度数**：设置车削实体的旋转度数，其范围为0°～360°。
- **焊接内核**：将中心轴向上重合的点进行焊接精减，得到结构相对简单的模型。
- **翻转法线**：将模型表面的法线方向进行反转。

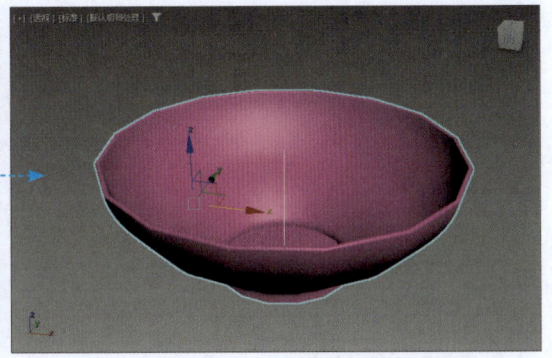

图 3-42 使用车削修改器创建实体

- **分段**：创建旋转实体时设定的车削线数量，值越高，生成的实体表面越光滑。
- **封口**：用于设置挤出实体的顶面和底面是否封盖实体。
- **方向**：设置实体在进行车削旋转时所沿用的坐标轴。
- **对齐**：控制曲线旋转时的对齐方式。
- **输出**：设置生成实体模型的类型。

下面利用车削修改器创建罗马柱模型。

步骤 01 新建文件，切换到前视口，使用线工具绘制罗马柱外轮廓线，如图3-44所示。

步骤 02 在修改堆栈栏中选择"顶点"子对象，选择轮廓线顶部的顶点，如图3-45所示。

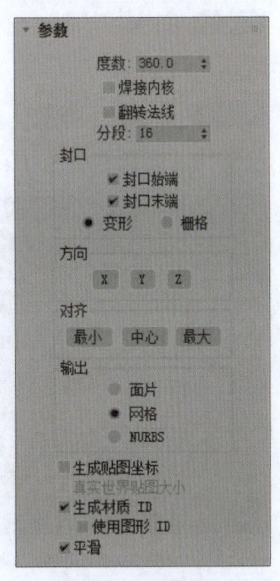

图 3-43 车削参数

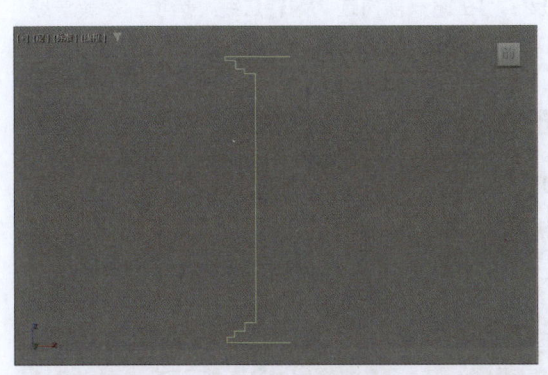

图 3-44 绘制外轮廓线　　　　图 3-45 选择顶点

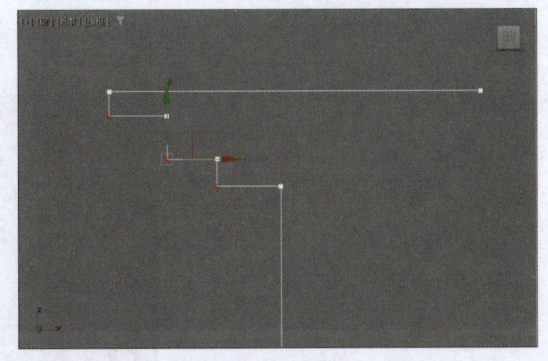

步骤 03 在"修改"面板的"几何体"卷展栏中单击"圆角"按钮，将光标移至顶点处，按住鼠标左键拖至合适位置，释放鼠标即可完成顶点的圆角处理，如图3-46所示。

步骤 04 按照同样的方法，将轮廓线底部顶点也进行圆角处理，如图3-47所示。

图 3-46　顶部顶点圆角处理　　　　　　　图 3-47　底部顶点圆角处理

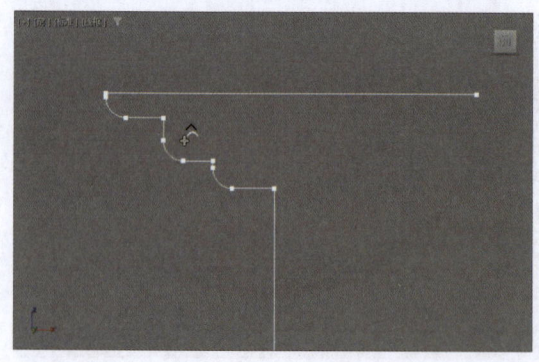

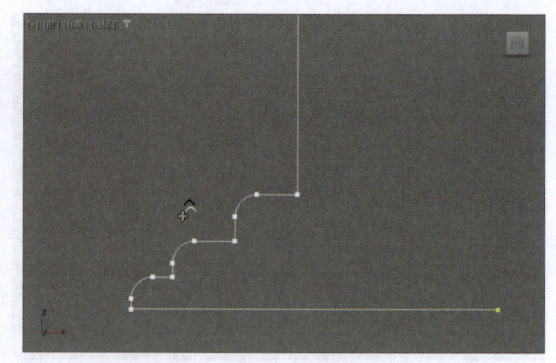

步骤 05 选中轮廓线，在"修改器列表"中选择"车削"修改器，为其添加车削效果，如图3-48所示。

步骤 06 在车削"参数"卷展栏中勾选"翻转法线"选项，并将"对齐"设为"最大"，其他保持默认，如图3-49所示。

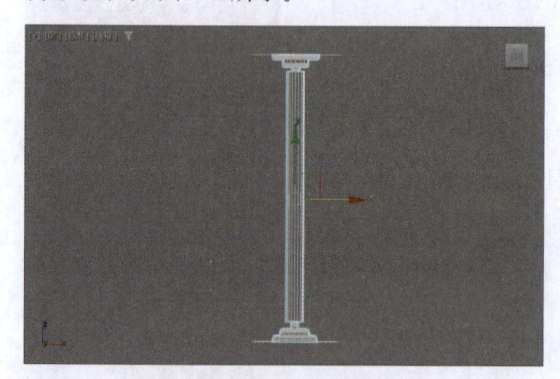

图 3-48　添加车削修改器的效果　　　　　图 3-49　设置车削参数

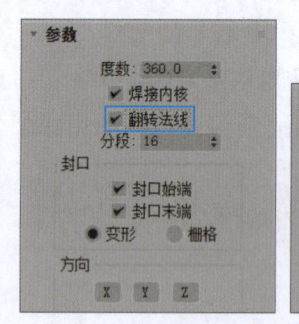

提示：生成的实体模型如果显示黑色，说明法线反了，在此只需勾选"翻转法线"选项，翻转法线即可。如果生成的实体是正常显示，则无须勾选该选项。

步骤 07 设置完成后即可查看罗马柱的实体效果，如图3-50所示。

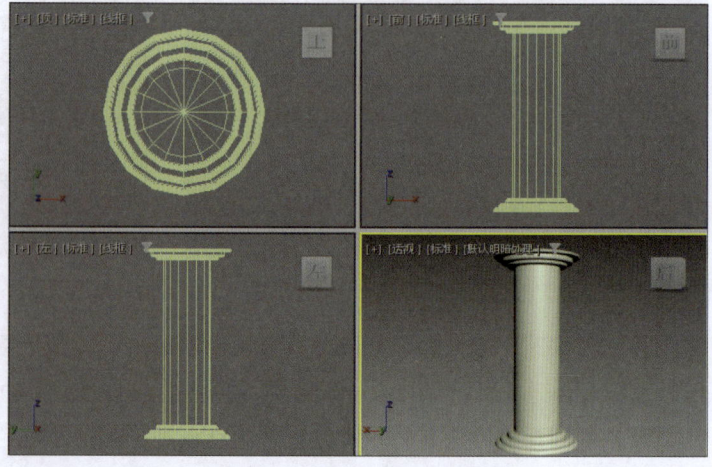

图 3-50　罗马柱的实体效果

3.3.3 FFD

FFD修改器是用于多边形对象变形的主要工具之一，它通过调整控制点的位置来平滑地改变对象的形状。在"修改器列表"中选择"FFD"，将其添加到选定对象。在修改堆栈中选择"控制点"子对象，并在视口中选择相应的控制点进行移动，从而实现对象的变形。FFD 4×4×4修改器效果如图3-51所示。

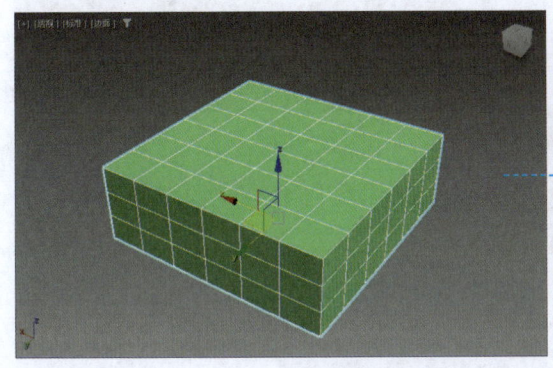

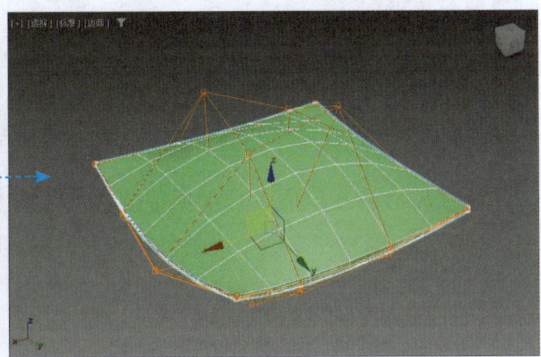

图 3-51　FFD 4×4×4修改器效果

系统提供了5种"FFD"修改器，包含FFD2×2×2、FFD3×3×3、FFD4×4×4、FFD（圆柱体）、FFD（长方体）。前3种修改器主要区别修改精细的高与低。数值小，精细程度就低，反之亦然。FFD（圆柱体）是基于圆柱体模型进行修改；FFD（长方体）是基于长方体模型进行修改。

> **提示**：这5种FFD修改器中，只有FFD（长方体）和FFD（圆柱体）可以修改控制点数，添加后可在"参数"卷展栏中单击"设置点数"按钮即可修改。其他3种修改器的控制点数是恒定的，不可修改。

FFD修改器的参数卷展栏如图3-52所示，其中主要选项说明如下。

- **晶格**：只显示控制点形成的矩阵。
- **源体积**：显示初始矩阵。
- **仅在体内**：只影响处在最小单元格内的面。
- **所有顶点**：影响对象的全部节点。
- **重置**：回到初始状态。
- **与图形一致**：转换为图形。
- **内部点/外部点**：仅对受"与图形一致"功能影响的对象内部/外部点起作用。
- **偏移**：设置偏移量。

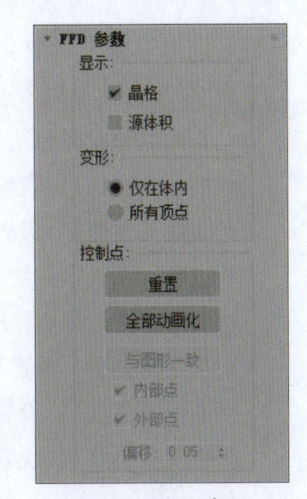

图 3-52　FFD"参数"卷展栏

3.3.4 晶格

使用晶格修改器可以将实体快速转换为框架结构。在"修改器列表"中选择"晶格"，将其添加到选定对象，效果如图3-53所示。

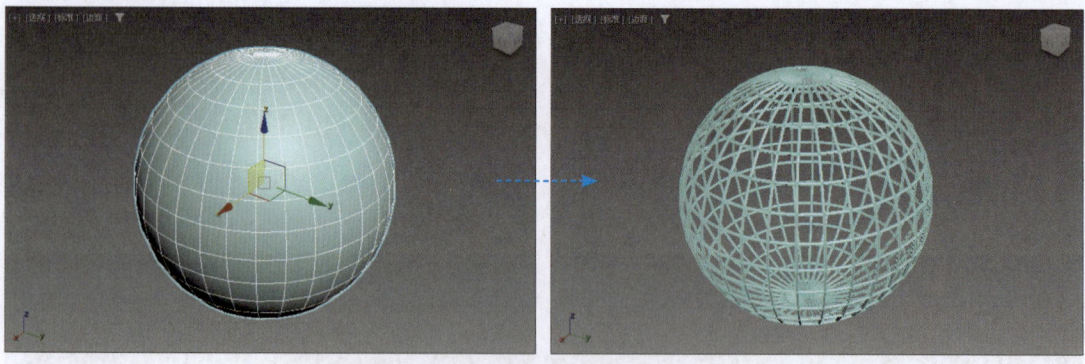

图 3-53　晶格修改器效果

添加晶格修改器后，可根据需要在其"参数"卷展栏中设置"支柱""节点"的参数，如图3-54所示。晶格"参数"卷展栏主要选项说明如下。

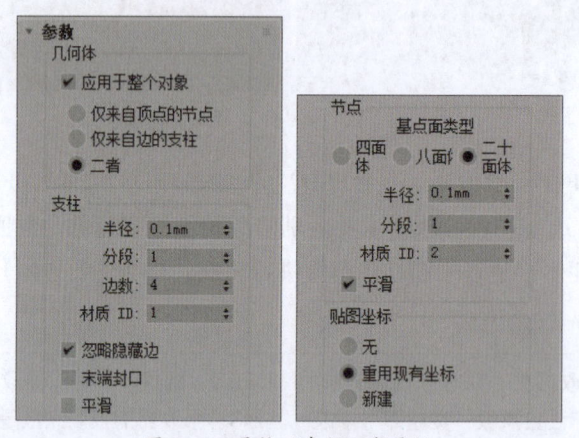

图 3-54　晶格"参数"卷展栏

- **应用于整个对象**：勾选该复选框后可选择晶格显示的物体类型，在该复选框下包含"仅来自顶点的节点""仅来自边的支柱""二者"，它们分别表示晶格是以顶点、支柱以及顶点和支柱的元素来显示。
- **半径（支柱）**：设置模型框架的半径大小。
- **分段（支柱）**：设置框架结构的分段值。
- **边数**：设置框架结构的边数，数值越大，框架越平滑，默认为四边形。
- **平滑**：使晶格实体的框架平滑显示。
- **基点面类型**：设置基点面的类型，包括四面体、八面体和二十面体。
- **半径（节点）**：设置框架节点的半径大小。
- **分段（节点）**：设置框架节点的分段值。

■3.3.5　弯曲

使用弯曲修改器可以对模型对象进行弯曲变形处理，还可以设置弯曲的角度和方向。在"修改器列表"中选择"弯曲"，将其添加到选定对象，效果如图3-55所示。

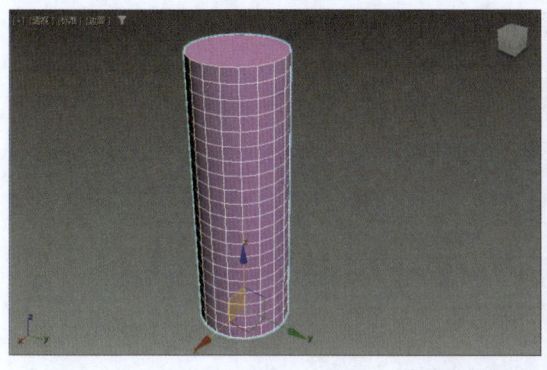

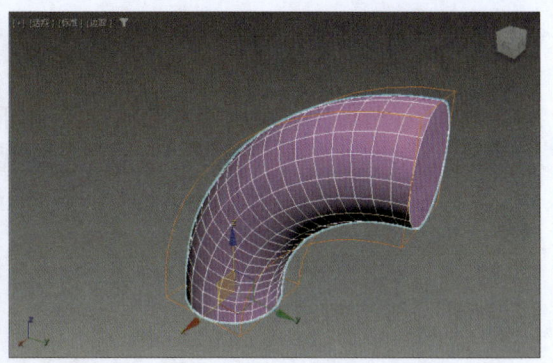

图 3-55 弯曲修改器效果

添加弯曲修改器后,可在"参数"卷展栏中设置"弯曲""弯曲轴"等参数,如图3-56所示。弯曲修改器的"参数"卷展栏主要选项说明如下。

- **弯曲**:控制实体的角度和方向值。
- **弯曲轴**:控制弯曲的坐标轴向。
- **限制**:限制实体弯曲的范围。勾选"限制效果"复选框,将激活"限制"命令,可在"上限""下限"选项框中设置限制范围。

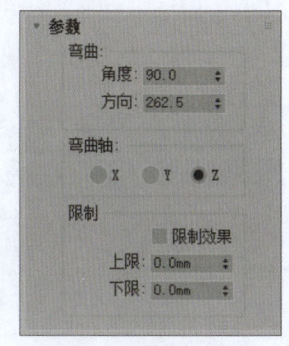

图 3-56 弯曲"参数"卷展栏

3.3.6 壳

使用壳修改器可以将片状对象生成一定的厚度,使其转换为实体模型。在"修改器列表"中选择"壳",将其添加到选定对象,效果如图3-57所示。

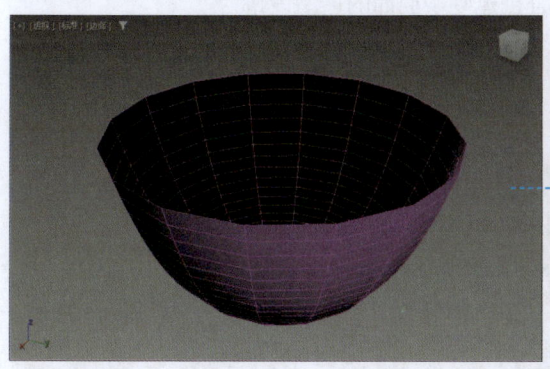

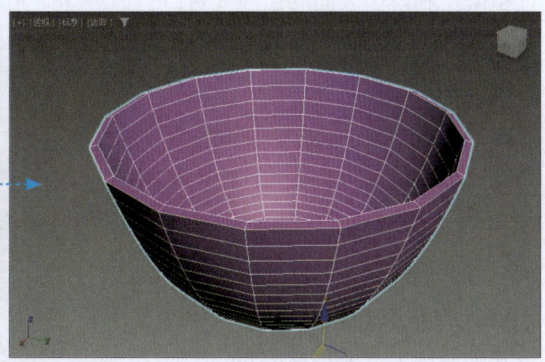

图 3-57 壳修改器效果

添加壳修改器后,可在"参数"卷展栏中设置"内部量""外部量"等参数,如图3-58所示。

壳修改器的"参数"卷展栏主要选项说明如下。

- **内部量/外部量**:将内部曲面向内移动,或将外部曲面向外移动。
- **分段**:设置挤出壳的细分值。

- **倒角边**：勾选该选项后，指定倒角样条线，系统会使用该样条线定义边的剖面和分辨率。默认设置为禁用。
- **倒角样条线**：单击此按钮，然后选择打开样条线以定义边的形状和分辨率。
- **自动平滑边**：通过"角度"参数来实现基于角度的自动平滑处理。
- **角度**：控制边面之间的角度小于设定值时应被自动平滑，从而使模型表面在视觉上更光滑。

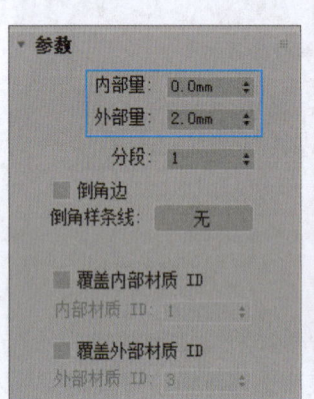

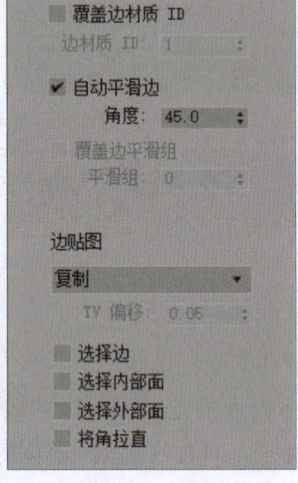

图 3-58 壳"参数"卷展栏

3.4 了解NURBS建模

NURBS建模也被称为曲面建模，它是通过曲线组成曲面，再由曲面生成三维实体模型。通过精确控制模型表面的曲线度可以修改模型，适合创建复杂曲面的造型轮廓。

■3.4.1 认识NURBS对象

NURBS对象包含曲线和曲面两种。NURBS建模就是创建NURBS曲线和NURBS曲面的过程，如图3-59所示。使用NURBS功能可以让曲面结构变得更为圆滑、流畅，这种流畅程度是其他建模方式难以实现的。

图 3-59 "NURBS 曲面""NURBS 曲线"面板

1. NURBS曲面

NURBS曲面包含点曲面和CV曲面两种。点曲面是通过点来调整模型的形状，每个点始终位于曲面的表面上，通过调整这些点的位置，可以精确地改变曲面的外形，如图3-60所示。CV曲面是通过顶点来调整模型的形状，这些控制点形成了围绕曲面的控制晶格，而不是直接位于曲面上，通过操控外部晶格，可以精确地改变和调整曲面的外形，如图3-61所示。

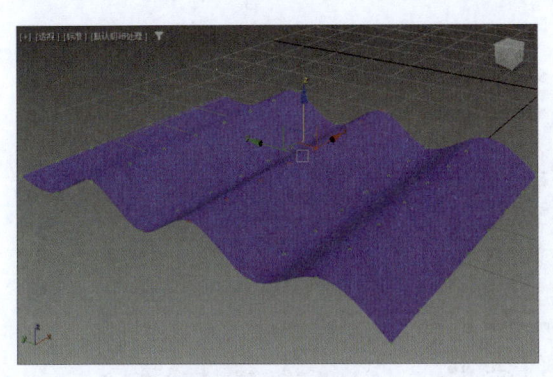

图 3-60　点曲面 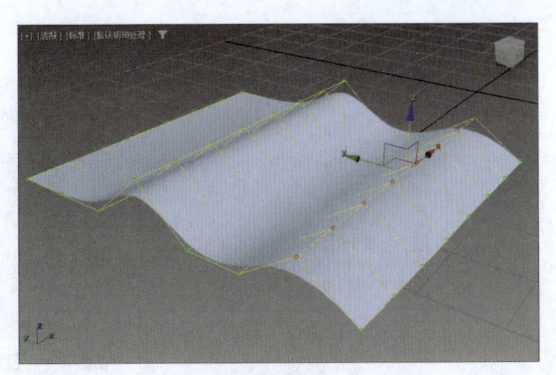　　　　　　　　　　　　　图 3-61　CV 曲面

2. NURBS曲线

NURBS曲线包含点曲线和CV曲线两种。点曲线是通过点来调整曲线的形状，每个点始终位于曲线上，如图3-62所示。CV曲线是通过控制顶点来调整曲线的形状，这些控制顶点不直接位于曲线上，如图3-63所示。

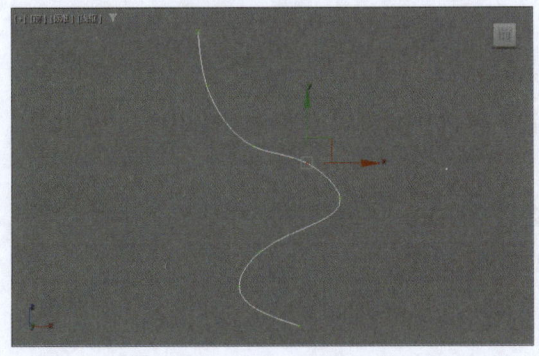

图 3-62　点曲线 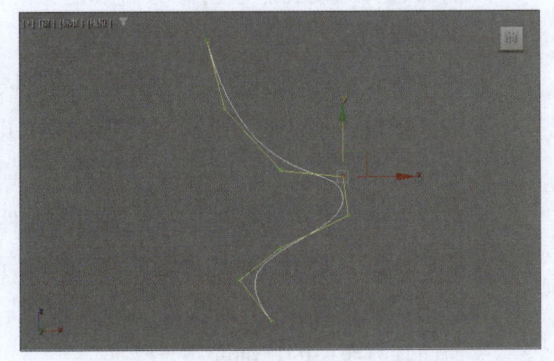　　　　　　　　　　　　　图 3-63　CV 曲线

■ 3.4.2　编辑NURBS对象

创建NURBS对象后，可以设置"修改"面板中的相关卷展栏参数，使创建的曲面造型更符合要求，如图3-64所示。

1. "常规"卷展栏

"常规"卷展栏中包含了附加、导入和NURBD工具箱等。单击"NURBS创建工具箱"按钮，可打开NURBS工具箱，如图3-65所示，利用这些工具可以创建各种复杂的曲面或曲线。

2. 曲面近似

通过"曲面近似"卷展栏中的参数，可以渲染和显示视口，控制NURBS模型中曲面子层级的近似计算方式，如图3-66所示。

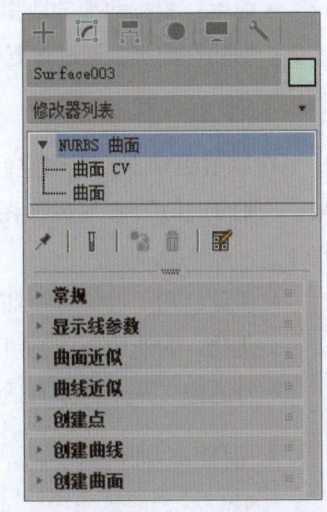

图 3-64　NURBS 对象的相关卷展栏

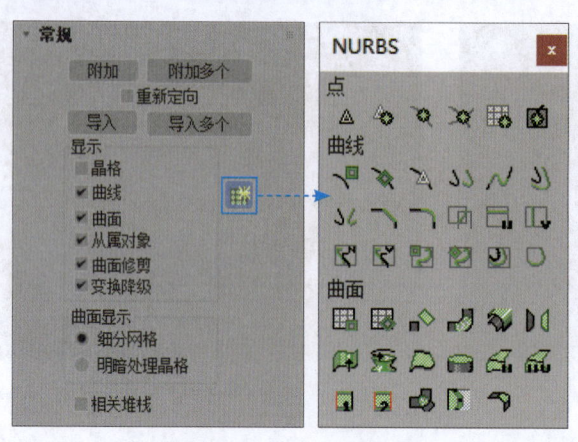

图 3-65 "常规"卷展栏

"曲面近似"卷展栏主要选项说明如下。
- **基础曲面**：该设置会影响选择集中的整个曲面。
- **曲面边**：该设置影响由修剪曲线定义的曲面边缘的细分程度。

图 3-66 "曲面近似"卷展栏

- **置换曲面**：只有在选中"渲染器"的时候才启用。
- **细分预设**：通过低、中、高质量层级的预设，可以快速设置曲面的细分程度，以达到所需的渲染质量。
- **细分方法**：如果选择视口，该组中的控件会影响NURBS曲面在视口中的显示；如果选择"渲染器"，这组控件还会影响渲染器显示曲面的方式。
- **规则**：通过设置"U向步数""V向步数"参数，可在曲面上均匀地增加细节，确保整个曲面具有统一的精细度和光滑度。
- **参数化**：通过设置"U向步数""V向步数"参数，可生成自适应细化。
- **空间**：生成由三角形面组成的统一细化。
- **曲率**：根据曲面的曲率生成可变的细化。
- **空间和曲率**：通过设置"边""距离""角度"参数，使空间方法和曲率方法完美结合。

3. 曲线近似

在模型级别上，近似空间影响模型中的所有曲线子对象。"曲线近似"卷展栏如图3-67所示，主要选项的说明如下。

- **步数**：用于近似每个曲线段的最大线段数。
- **优化**：勾选该复选框可以优化曲线。
- **自适应**：基于曲率自适应分割曲线。

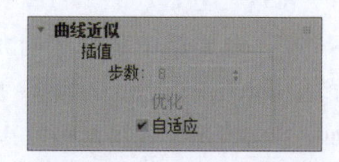

图 3-67 "曲线近似"卷展栏

4. 创建点/曲线/曲面

"创建点""创建曲线""创建面"卷展栏中的工具与NURBS工具箱中的工具相对应，主要用来创建点、曲线、曲面对象，如图3-68所示。

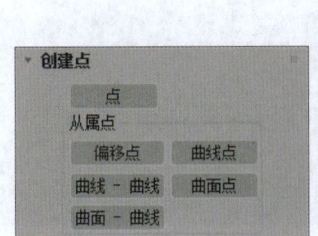

图 3-68 "创建点""创建曲线""创建曲面"曲面卷展栏

课堂演练 创建电视柜组合模型

本实例将使用可编辑多边形的相关功能来绘制电视柜组合模型,其中将运用到多边形建模、各类修改器、基本体建模等命令。

步骤01 使用"长方体"命令创建450 mm×1 820 mm×450 mm的长方体,作为电视柜主体模型,如图3-69所示。

步骤02 将该长方体转换成可编辑多边形,并在修改堆栈中选择"边"子对象,选择长方体的两条边线,如图3-70所示。

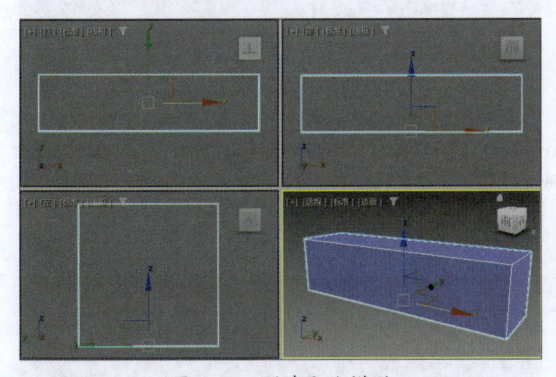

图 3-69 创建主体模型

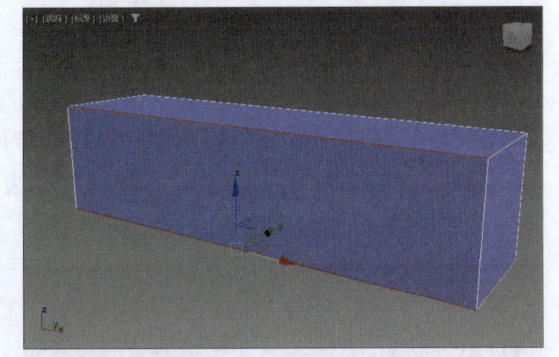

图 3-70 选择两条边线

步骤03 在"修改"面板的"编辑边"卷展栏中单击"连接"按钮,将连接边分段数设为2,添加两条连接线,如图3-71所示。

步骤04 切换到前视口。选中左侧连接线,右击"选择并移动"工具,在"移动变换输入"窗口中设置X轴偏移值为-150,如图3-72所示。

步骤05 按照同样方法,将右侧连接线向X轴偏移150,如图3-73所示。

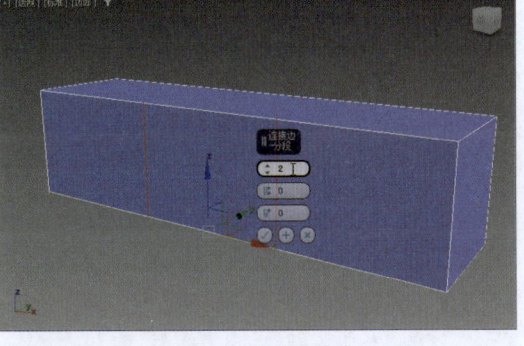

图 3-71 添加连接线

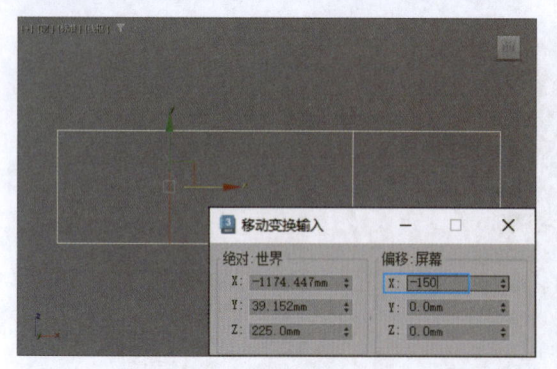

图 3-72 移动左侧连接线

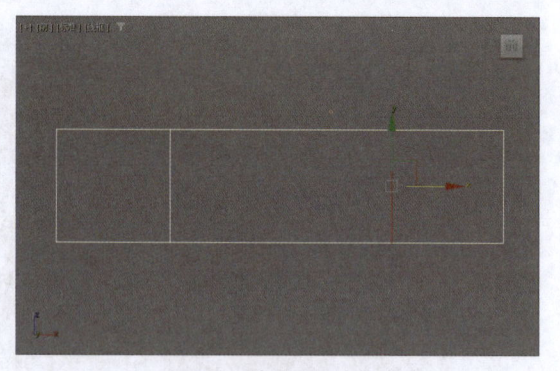

图 3-73 移动右侧连接线

步骤 06 切换到透视视口,选择"多边形"子对象,选择主体模型中两侧的面,如图3-74所示。
步骤 07 在"编辑多边形"卷展栏中单击"插入"按钮,将数量设为10,如图3-75所示。

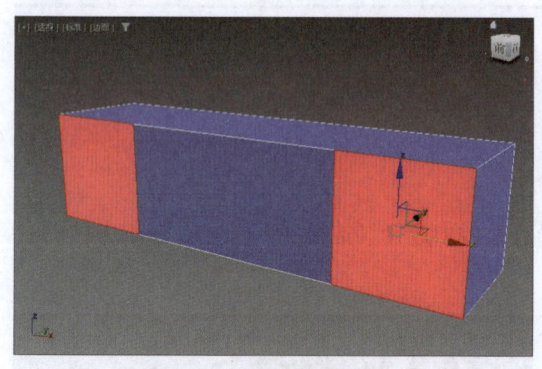

图 3-74 选择面

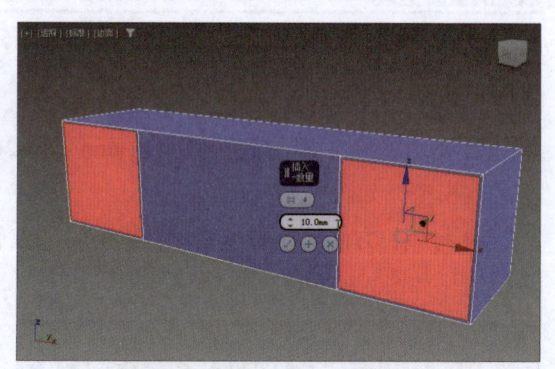

图 3-75 设置插入数量

步骤 08 单击"挤出"按钮,将该面向外挤出20 mm,创建柜门,如图3-76所示。
步骤 09 切换到前视口,在修改堆栈中选择"边"子对象,选择柜体的两条连接线,如图3-77所示。

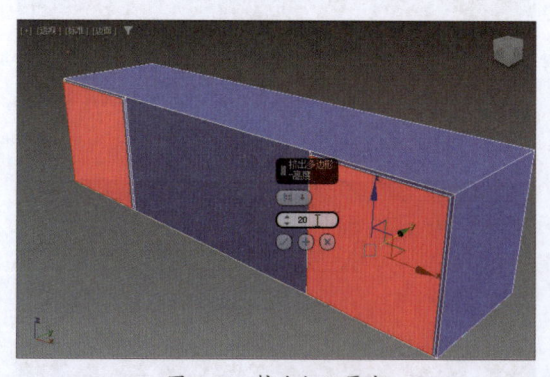

图 3-76 挤出柜门厚度

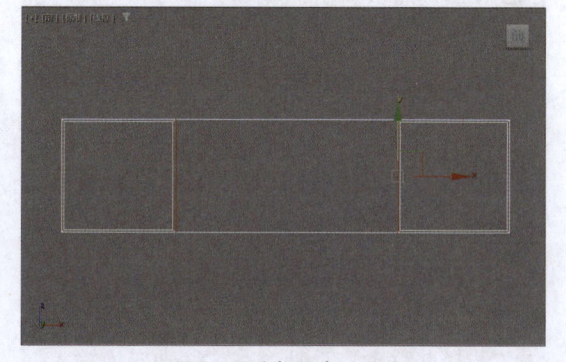

图 3-77 选择两条连接线

步骤 10 在"编辑边"卷展栏中单击"连接"按钮,添加一条水平连接线,如图3-78所示。
步骤 11 选择添加的水平连接线,将连接线向y轴偏移-50,如图3-79所示。

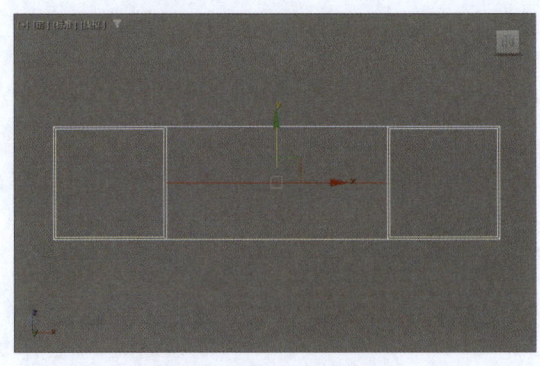

图 3-78　添加水平连接线

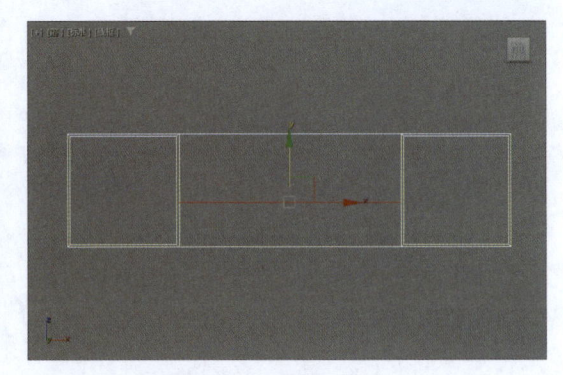

图 3-79　偏移水平线

步骤12 选择连接线，如图3-80所示。

步骤13 单击"插入"按钮，添加一条垂直连接线，如图3-81所示。

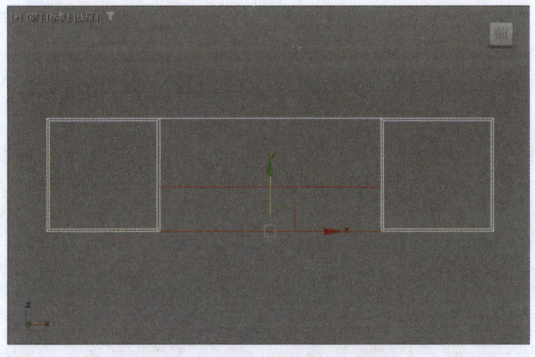

图 3-80　选择连接线

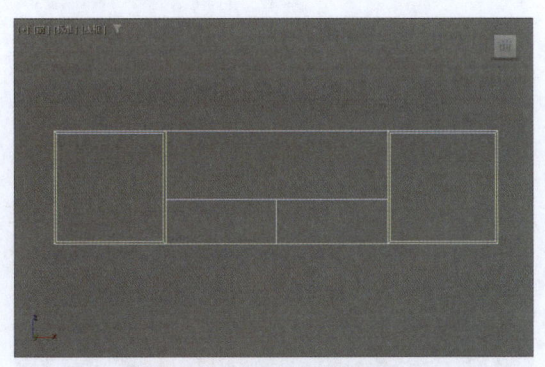

图 3-81　插入垂直连接线

步骤14 切换到透视视口，在修改堆栈中选择"多边形"子对象，选择如图3-82所示的面。

步骤15 在"编辑多边形"卷展栏中单击"插入"按钮，将数量设为20，如图3-83所示。

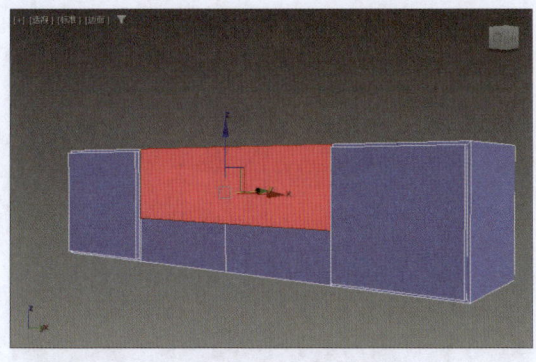

图 3-82　选择面

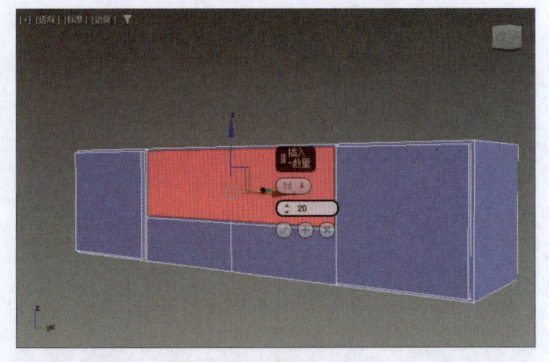

图 3-83　设置插入数量

步骤16 单击"挤出"按钮，将该面向内挤出-400 mm，如图3-84所示。

步骤17 选中柜体底部两个面，单击"插入"按钮，将数量设为10，如图3-85所示。

· 75 ·

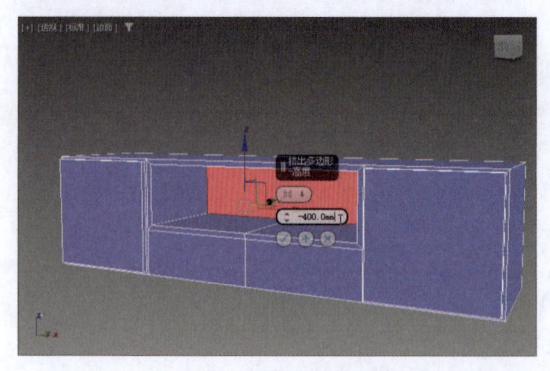

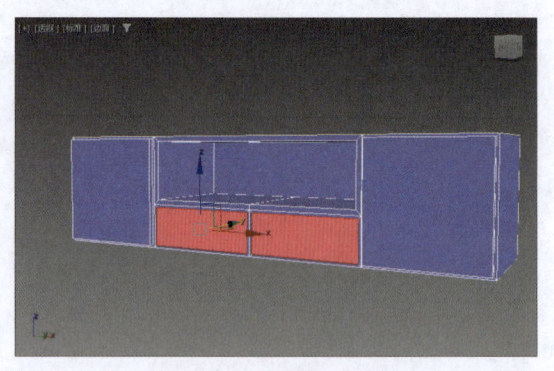

图 3-84 向内挤出面　　　　　　　　　　　图 3-85 设置插入数量

步骤18 单击"挤出"按钮,将该面向外挤出20 mm,创建两个抽屉面板,如图3-86所示。

步骤19 创建液晶电视模型。单击"切角长方体"命令,创建一个650 mm×1 250 mm×30 mm、圆角为5 mm的圆角长方体,如图3-87所示。

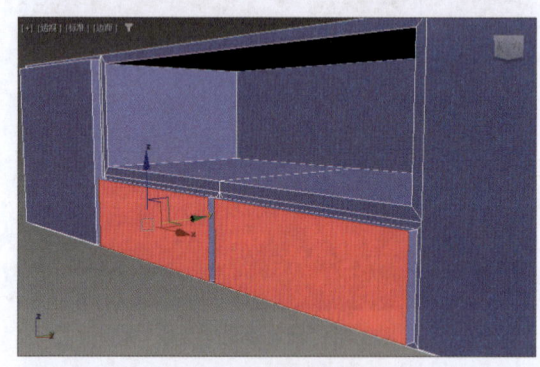

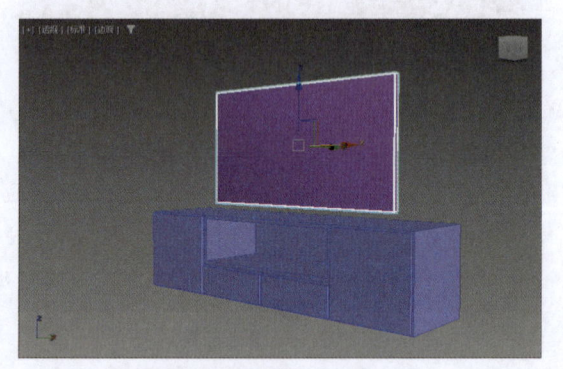

图 3-86 挤出抽屉厚度　　　　　　　　　　图 3-87 创建圆角长方体

步骤20 将该圆角长方体转换为可编辑多边形。选择"多边形"子对象,并选择长方体的面,如图3-88所示。

步骤21 在"编辑多边形"卷展栏中单击"插入"按钮,将数量设为10,然后单击"挤出"按钮,将该面向内挤出5 mm,创建液晶显示屏,如图3-89所示。

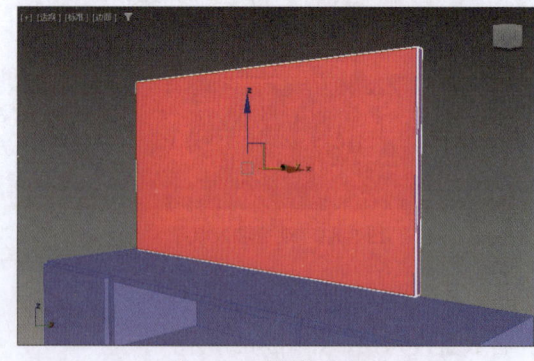

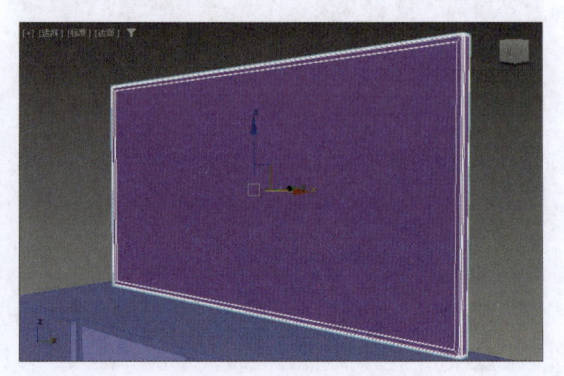

图 3-88 选择长方体面　　　　　　　　　　图 3-89 创建液晶显示屏

步骤 22 切换到左视口。使用"线"命令，创建一条封闭的样条线，作为电视底座，如图3-90所示。

步骤 23 选择轮廓线，为其添加挤出修改器，将数量设为30，将轮廓线挤出实体，如图3-91所示。

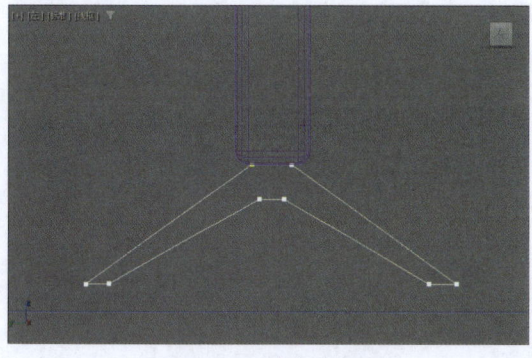

图 3-90　创建电视底座

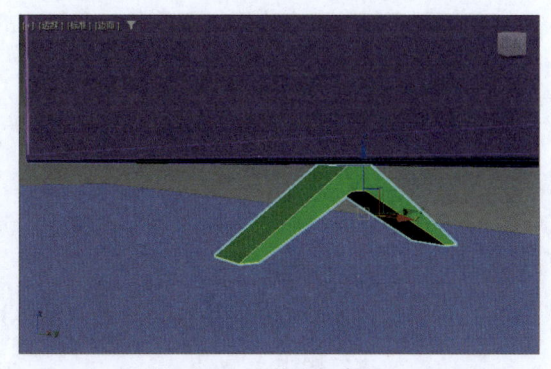

图 3-91　挤出轮廓线

步骤 24 调整好底座的位置，按Ctrl+V组合键实例复制底座模型，并调整其位置。至此，电视机模型创建完毕，效果如图3-92所示。

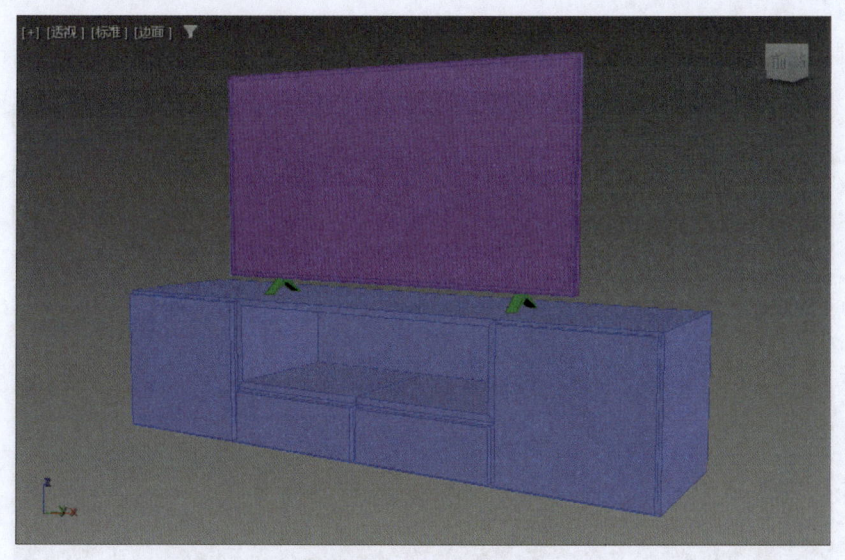

图 3-92　电视柜组合效果

课后作业

一、选择题

1. 关于挤出修改器，描述不正确的是（　　）。
   A. 封口末端用于在底端加面封盖物体
   B. 封口始端用于在顶端加面封盖物体
   C. 数量用于设置挤出厚度上的分段数量

D. 变形用于变形动画的制作，保证点面数恒定不变

2. 车削修改器的旋转角度范围可以是（　　）。

A. 0°～90°　　　　　　　　　　　B. 0°～180°

C. 0°～360°　　　　　　　　　　D. 0°～720°

3. 不属于可编辑多边形对象的子对象级别的是（　　）。

A. 顶点　　　　　　　　　　　　B. 边界

C. 多边形　　　　　　　　　　　D. 面片

二、填空题

1. 多边形建模与网格建模的思路很接近，其不同点在于网格建模_____，而多边形建模_____。

2. 可编辑多边形是在简单模型（如基本体）的基础上，通过对其_____、_____、_____进行操作。

3. 可编辑多边形分为_____、_____、_____、_____和_____ 5个子对象。

三、操作题

利用创建样条线、挤出修改器、实例复制等命令创建台历模型，效果如图3-93所示。

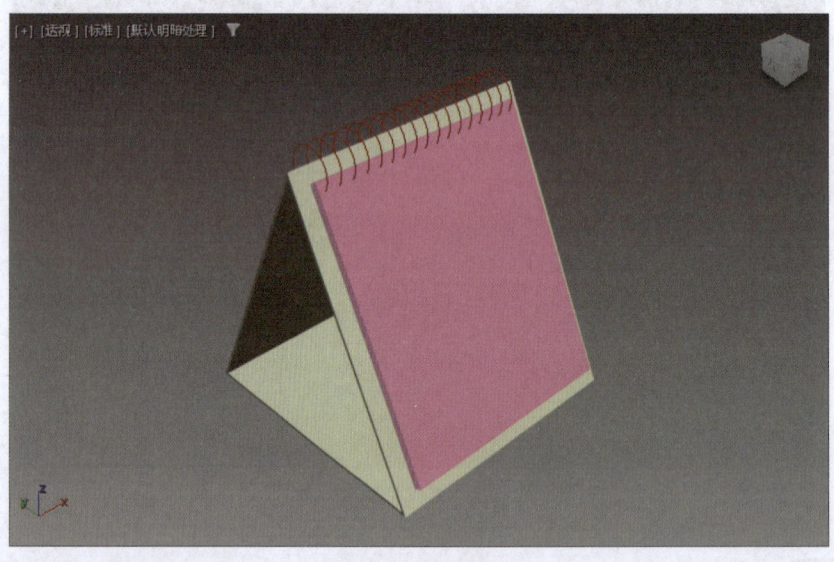

图 3-93　台历模型

操作提示

步骤01 利用创建样条线命令绘制台历和纸轮廓线，然后利用挤出修改器挤出台历实体。

步骤02 利用圆命令绘制圆扣轮廓线，然后在"渲染"卷展栏中勾选"在渲染中启用""在视图中启用"，生成圆扣实体。

步骤03 等距实例复制圆扣实体。

拓展阅读 明式圈椅数字化建模与文化再生

一、明式圈椅的文化内核

明式圈椅（图3-94）作为中国传统家具的巅峰之作，是文人雅士身份与品位的象征，其设计融合了儒家与道家思想的精髓。椅背的"S"形曲线暗合人体脊柱弧度，体现"天人合一"的自然观；整体造型"上圆下方"呼应了"天圆地方"的宇宙观，圆象征和谐圆满，方代表秩序与正气；椅圈与扶手的一体化设计，既符合实用功能，又蕴含"大道至简"的美学理念。此外，靠背的麒麟纹、云纹等雕刻，承载着祥瑞祈福的文化寓意；榫卯结构则彰显了"以巧制胜"的传统工艺智慧。

图 3-94　明式圈椅

二、数字化技术对文化传承的赋能

在文化遗产保护领域，数字化技术为明式圈椅的"活态传承"提供了新路径。通过三维激光扫描与逆向工程技术，可精确获取圈椅的几何数据与纹理细节，建立高精度数字档案，为后世留存工艺标准。这种技术不仅避免了传统测绘对文物的物理接触风险，还能通过低多边形模型实现文化遗产的虚拟展示，让公众在沉浸式体验中感知圈椅的线条韵律与文化内涵。例如，基于数字模型的虚拟修复可模拟不同历史时期的修复方案，辅助制定科学保护策略。

三、文化再生的创新实践

现代设计中，明式圈椅的数字模型成为创新再生的基石。设计师可依托数字原型进行局部重构，如调整椅圈弧度以适应人体工学需求，或在保留榫卯结构的基础上融入现代材料语言。这种"形神兼备"的改良既延续了传统工艺的非遗价值，又契合当代生活场景。例如，将圈椅的"天圆地方"符号转化为简约家居设计元素，或在公共空间中通过数字艺术装置演绎其哲学内涵。此外，数字化传播打破了地域限制，借助虚拟展厅、交互式教育项目，圈椅文化得以在全球范围内传播，成为讲好中国故事的重要载体。

四、未来展望：传统与科技的共生

明式圈椅的数字化再生，本质是文化基因的现代转译。技术手段需服务于文化内核的表达，而非简单替代手工技艺。未来可通过跨学科合作，探索圈椅数字模型在建筑、时尚等领域的跨界应用；同时，可建立开放、共享的文化遗产数据库，激发公众参与文化创新的热情。唯有在尊重传统的基础上拥抱技术，方能实现"器以载道"的永恒生命力。

模块 4

材质的创建

学习目标

【知识目标】
- 全面掌握材质的构成要素,熟悉材质编辑器的各项功能及操作原理。
- 深入了解3ds Max内置的物理材质、多维/子对象材质、Ink'n Paint材质、混合材质、双面材质、顶/底材质的特性、应用场景及参数体系。
- 系统学习VRay材质中的VRayMtl材质、VRay灯光材质及其他材质的属性、功能和渲染作用机制,建立完整的材质应用知识体系。

【技能目标】
- 熟练运用材质编辑器,根据不同的设计需求,快速且准确地调整各类材质参数,能够独立完成符合设计规范的材质制作。
- 针对不同的室内设计项目,灵活选择3ds Max内置材质,通过合理搭配与参数设置,实现逼真的材质效果。
- 熟练掌握VRay材质的使用技巧,确保在实际项目中高效完成高质量的材质渲染任务。

【素质目标】
- 培养严谨细致的工作态度,在材质参数调整过程中注重细节,追求材质表现的完美真实度,不断提升对设计品质的追求。
- 培养创新思维,在材质运用中敢于尝试新型组合与表现技法,通过材质创新为室内设计增添独特魅力。
- 增强团队协作意识,在实际项目中与建模师、灯光师等团队成员紧密配合,共同完成高品质的室内设计作品。

4.1 了解材质

材质不仅决定了模型表面的颜色、光泽和纹理，还影响着模型在光影下的表现效果。通过精确调整材质参数（颜色、质感、反射光、表面粗糙程度等），可让模型表现得更加生动和逼真。

4.1.1 材质的构成

材质用于描述对象与光线的相互作用，其主要属性是漫反射颜色、高光颜色和环境光颜色，这3种颜色形成了模型对象表面材质的效果。

- **漫反射颜色**：也称为对象的固有色，是指在良好的光照条件下，对象表面反射出来的颜色。
- **高光颜色**：反射亮点的颜色，高光颜色看起来比较亮，而且高光区的形状和尺寸可以控制。不同质地的对象，其高光区范围的大小及形状都会相应变化。
- **环境光颜色**：对象阴影处的颜色，它是环境光比直射光强的时候，对象反射的颜色。

通过使用这3种颜色以及对高光区的控制，可以创建出基本的反射材质。

4.1.2 材质编辑器

材质编辑器是设置材质的主要窗口。3ds Max为用户提供了精简材质编辑器和Slate材质编辑器两种材质编辑器的窗口。精简材质编辑器适合用于简单材质的创建与编辑，如图4-1所示。Slate材质编辑器则更适合复杂材质的创建，如图4-2所示。

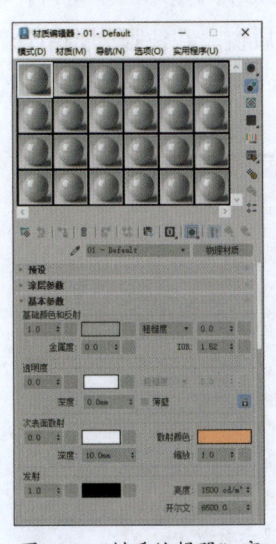

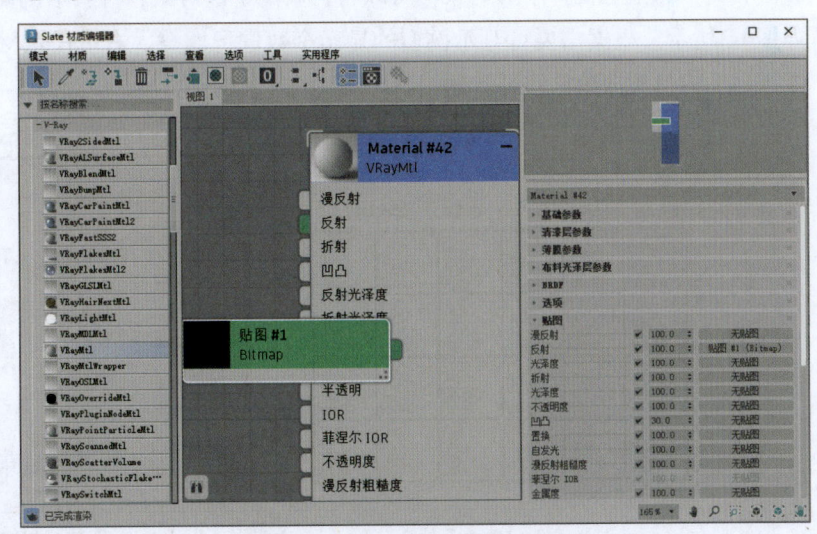

图 4-1 "材质编辑器"窗口　　　　图 4-2 "Slate 材质编辑器"窗口

> **提示**：本书中的精简材质编辑器是安装了VRay渲染器后所显示的效果，材质球比较明亮，且有明显的高光。若未安装VRay渲染器，材质球整体会比较灰暗。

用户可通过单击工具栏中的"材质编辑器"按钮或"slate材质编辑器"按钮来打开不同的材质编辑器，也可以按键盘上的M键快速打开材质编辑器。下面将对精简材质编辑器的使用方法进行介绍。

精简材质编辑器是由菜单栏、材质示例窗、工具栏和参数卷展栏4个部分组成。通过材质编辑器可将材质赋予到场景对象上。

1. 菜单栏

菜单栏位于材质编辑器顶端，包括"模式""材质""导航""选项""实用程序"5个菜单选项。

- **模式**：可以切换精简材质编辑器和Slate材质编辑器两种模式。
- **材质**：该菜单列表提供了一些常用的材质设置与编辑工具，包括"获取材质""从对象选取""指定给当前选择""放置到库"等。其功能等同于水平工具栏上的相关命令。
- **导航**：该菜单列表提供了材质层级设置的相关功能。
- **选项**：该菜单列表提供了一些材质设置的附加工具和显示选项。功能等同于垂直工具栏上的相关命令。
- **实用程序**：该菜单列表提供了设置辅助工具和材质管理工具，如渲染贴图、清理多维材质、复制贴图、重置或还原材质编辑器窗口等。

2. 材质示例窗

在材质示例窗中可以预览材质和贴图，每个示例窗会用一个材质球来显示当前材质和贴图。将材质球拖至视口中的对象，可以将材质赋予该对象。材质示例窗最多可显示24个窗口，如图4-3所示。根据需要可对示例窗的显示个数进行调整，右击任意材质窗，在快捷列表中选择需显示的材质窗数量即可，如图4-4所示。

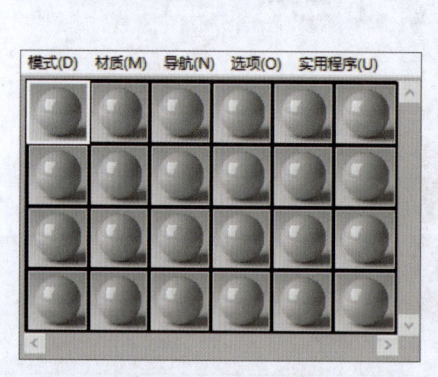

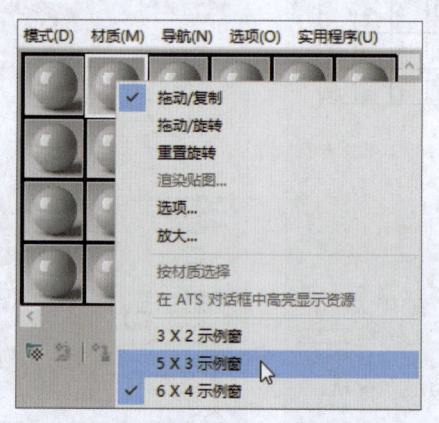

图 4-3　6×4 示例窗　　　　图 4-4　调整示例窗显示数量

> **提示**：当材质球用完后，可以通过替代方法来循环利用材质球。复制任意一个材质球来替代当前材质球，然后为替代的材质球重命名即可。如需找回被替代的材质球，可使用吸管工具吸取场景中的材质即可。

3. 工具栏

工具栏位于材质示例窗的下方和右侧，分为水平工具栏和垂直工具栏两种，主要用于管理和更改贴图及材质。下面将对工具栏中常用按钮的含义进行说明。

- **采样类型**：控制示例窗显示的对象类型，包括球体、圆柱体和立方体3种显示类型。
- **背光**：切换是否启用背景灯光。开启后可以观察由掠射光产生的高光反射效果，这种效果在金属表面尤为明显。
- **背景**：将多颜色的方格背景添加到活动示例窗中，该功能常用于观察透明材质的反射和折射效果。
- **采样UV平铺**：在活动示例窗中调整采样对象上的贴图重复次数，使用该功能可以设置平铺贴图显示，对场景中几何体的平铺没有影响。
- **视频颜色检查**：检查示例对象上的材质颜色是否超过安全NTSC和PAL阈值。
- **生成预览**：使用动画贴图可以向场景添加运动。
- **选项**：单击该按钮可以打开"材质编辑器选项"对话框。
- **按材质选择**：选定使用当前材质的所有对象。
- **材质/贴图导航器**：单击该按钮可打开"材质/贴图导航器"对话框。
- **获取材质**：单击该按钮可打开"材质/贴图浏览器"对话框，从中可选择所需材质或贴图。
- **将材质放入场景**：在编辑材质之后更新场景中的材质。
- **将材质指定给选定对象**：将当前材质球应用于场景中选定的对象。
- **重置贴图/材质为默认设置**：清除当前活动示例窗中的材质，使其恢复默认参数。
- **生成材质副本**：为选定的材质球创建材质副本。
- **使唯一**：使贴图实例成为唯一的副本，还可以使一个实例化的材质成为唯一的独立子材质。可以为该子材质提供一个新的材质名。
- **放入库**：将选定的材质添加到当前库中。
- **材质ID通道**：长按该按钮可以打开材质ID通道工具面板。
- **在视口中显示明暗处理材质**：使贴图在视图中的对象表面显示。
- **显示最终效果**：查看所处级别的材质，但不查看所有其他贴图和设置的最终结果。
- **转到父对象**：将当前材质向上移动一个层级。
- **转到下一个同级项**：在当前材质的同一层级中，移至下一个贴图或材质节点。
- **从对象拾取材质**：在场景中的对象上拾取材质。

4. 参数卷展栏

参数卷展栏位于水平工具栏的下方，该区域是3ds Max中使用最多的区域。根据材质类型与贴图类型的不同，参数卷展栏的内容也会不同。当使用物理材质类型时，参数卷展栏如图4-5所示。当使用VRay材质类型时，参数卷展栏如图4-6所示。

图 4-5　物理材质参数卷展栏　　　　　　　　图 4-6　VRay材质参数卷展栏

4.2　3ds Max内置材质

3ds Max内置材质包含了多种不同类型的材质，包括物理材质、多维/子对象材质、Ink'n Paint材质、混合材质、双面材质等，物理材质为默认的材质类型。下面将对这些常用材质类型进行介绍。

■ 4.2.1　物理材质

物理材质是基于现实世界中物体自身的物理属性设计的，它提供了油漆、木材、玻璃、金属等多个材质的模板，选择相应模板即可模拟出真实的材质质感，如图4-7所示。

图 4-7　物理材质类型

物理材质包含"预设""涂层参数""基本参数""各向异性""特殊贴图""常规贴图"6个参数卷展栏。

1."预设"卷展栏

通过该卷展栏可以访问"物理材质"预设，预设列表中提供了各种磨光、非金属材质、透明材质、金属和特殊材质的模板，以快速创建不同类型的材质，如图4-8所示。用户也可在此自定义预设材质。

图 4-8 "预设"卷展栏

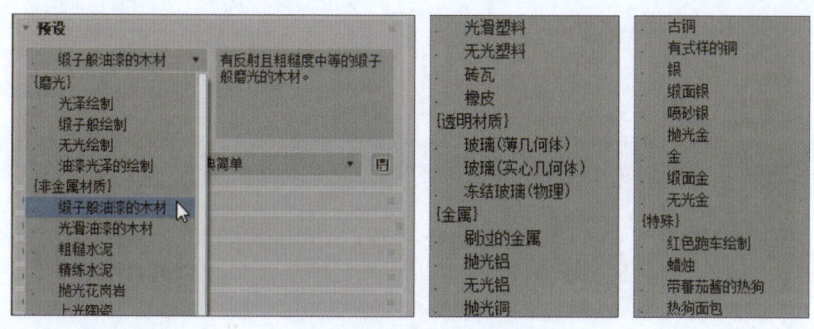

2. "涂层参数"卷展栏

通过该卷展栏可为材质添加透明涂层，并使透明涂层位于所有其他明暗处理效果之上，如图 4-9 所示。

3. "基本参数"卷展栏

该卷展栏包含了物理材质的常规设置，包括基础颜色和反射、透明度、次表面散射、发射等参数设置，如图 4-10 所示。

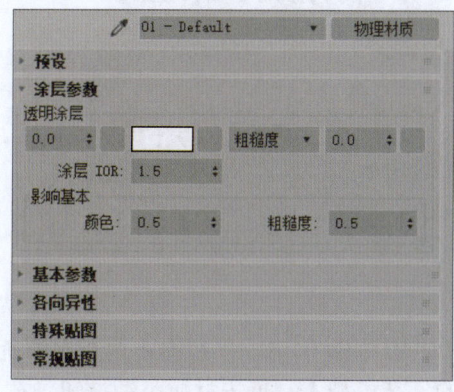

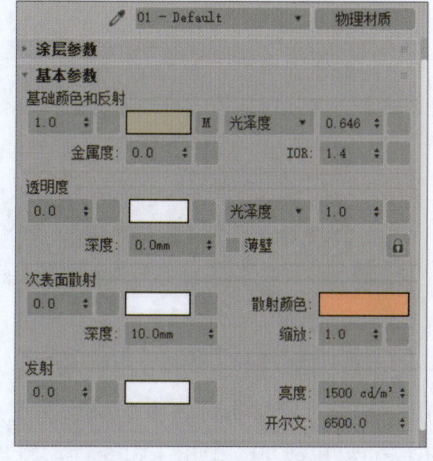

图 4-9 "涂层参数"卷展栏　　　　图 4-10 "基本参数"卷展栏

- **基础颜色和反射**：对于非金属材质，这个属性代表了物体本身的颜色，即漫反射颜色。对于金属材质，它直接体现了金属自身的颜色。
- **透明度**：控制材质的透明程度。
- **次表面散射**：也被称为半透明颜色，通常与基础颜色相同。
- **发射**：发射自发光的颜色，也受色温影响。

4. "各向异性"卷展栏

通过该卷展栏可在指定的方向上拉伸高光和反射，以提供有颗粒的效果，如图 4-11 所示。

5. "特殊贴图"卷展栏

通过该卷展栏可在创建物理材质时使用特殊贴图，单击"无贴图"通道按钮，可添加或更换贴图，如图 4-12 所示。

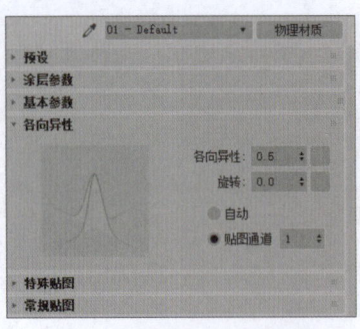

图 4-11 "各向异性"卷展栏　　　　图 4-12 "特殊贴图"卷展栏

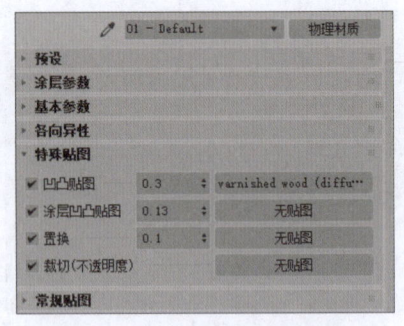

6. "常规贴图"卷展栏

通过该卷展栏可以在创建物理材质时根据材质需要选择不同类型的贴图，如图4-13所示。

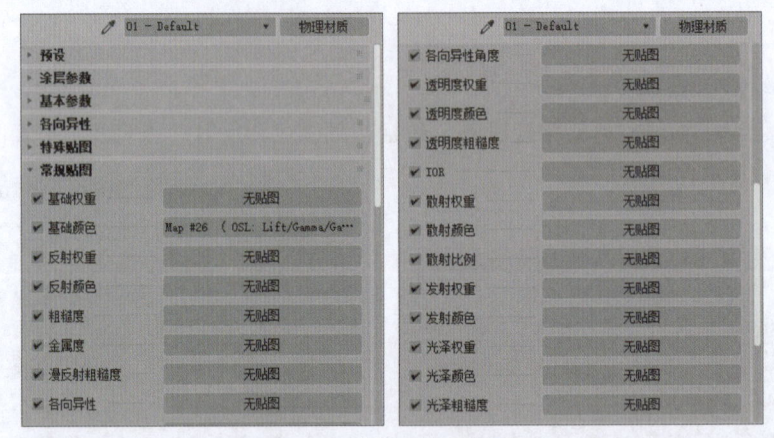

图 4-13 "常规贴图"卷展栏

■ 4.2.2　多维/子对象材质

使用多维/子对象材质可将多个材质按照对应的ID号分配给一个对象，使对象的各个表面显示出不同的材质效果，常用于包含许多贴图的复杂模型上。单击材质类型按钮，在"材质/贴图浏览器"中双击"多维/子对象"材质即可添加，如图4-14所示。

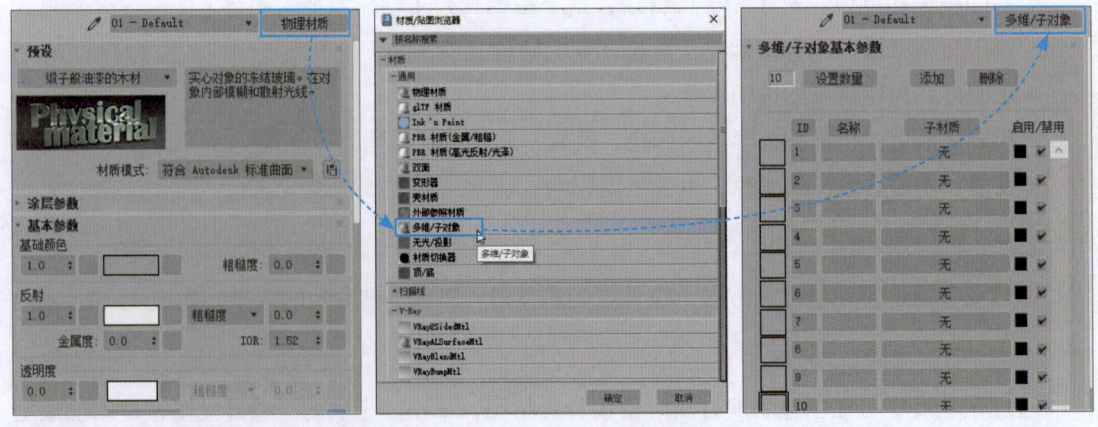

图 4-14　添加多维/子对象材质类型

在"多维/子对象基本参数"卷展栏中默认可添加10种材质，单击"设置数量"按钮可设置材质数量，如图4-15所示。

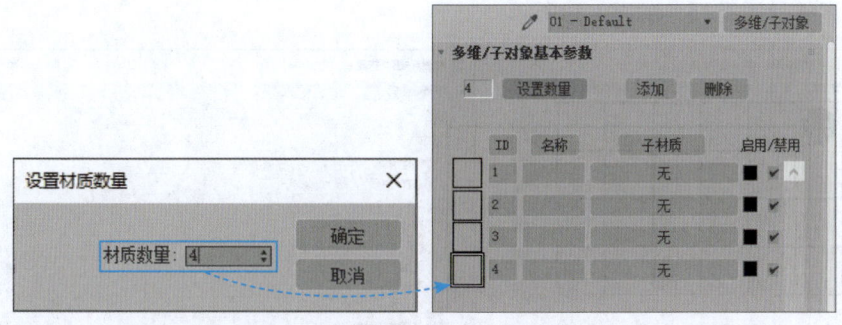

图 4-15 调整材质数量

"多维/子对象基本参数"卷展栏中常用选项说明如下。

- **设置数量**：单击该按钮，在弹出的对话框中可设置子材质的数量，默认为10。
- **添加**：单击该按钮，可将新子材质添加到列表中。
- **删除**：单击该按钮，可从列表中移除当前选中的子材质。
- **ID**：显示材质的序号。
- **名称**：可设置材质的名称。
- **子材质**：通过单击材质贴图通道按钮，可添加相应的材质贴图。

下面将以设置液晶电视的材质为例，介绍多维/子对象材质的具体使用方法。

步骤01 打开"电视"场景文件。按M键打开材质编辑器，选择一个材质球，单击"物理材质"按钮，在打开的"材质/贴图浏览器"对话框中双击选择"多维/子对象"材质，在弹出的"替换材质"对话框中选择"丢弃旧材质"选项，单击"确定"按钮，此时将显示"多维/子对象基本参数"卷展栏，如图4-16所示。

步骤02 单击"设置数量"按钮，打开"设置材质数量"对话框，将"材质数量"设为2，单击"确定"按钮，如图4-17所示。

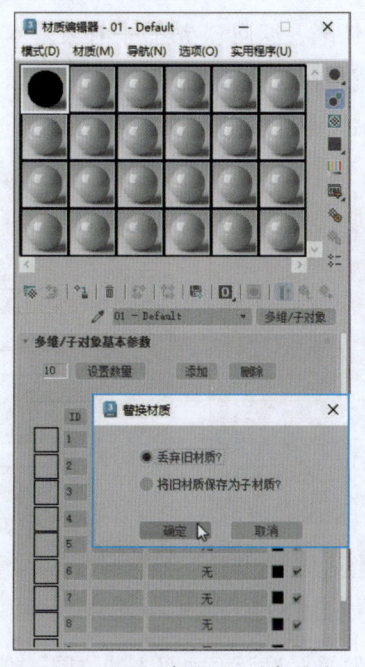

图 4-16 调用多维/子对象材质　　图 4-17 设置材质数量

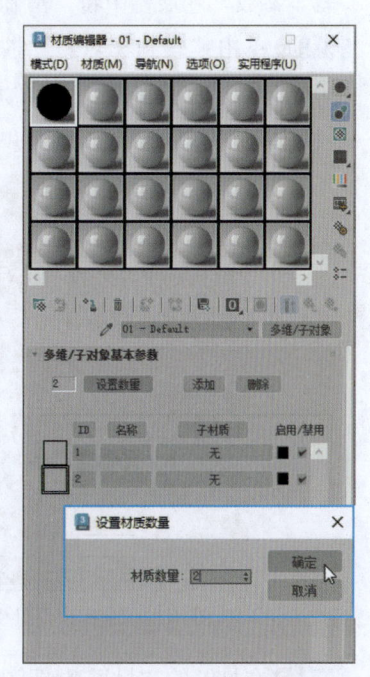

步骤03 为材质1和材质2分别进行重命名，如图4-18所示。

步骤04 单击材质1（壳）后的"子材质"通道按钮，在"材质/贴图浏览器"对话框中双击"物理材质"，调整材质类型，如图4-19所示。

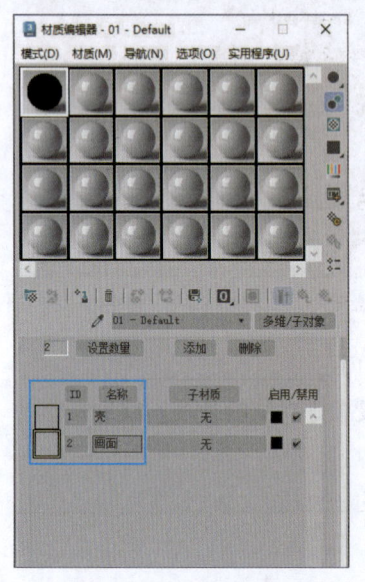

图 4-18 材质重命名　　　图 4-19 调用物理材质

步骤05 进入"（1）壳"材质面板。在"预设"卷展栏中选择"油漆光泽的绘制"材质，并在"基本参数"卷展栏中将"基础颜色和反射"的颜色设为黑色，如图4-20所示。

步骤06 单击"转到父对象"按钮，返回"多维/子对象基本参数"卷展栏。单击材质2（画面）的子材质通道按钮，同样调用物理材质，进入"（2）画面"材质面板。在"基本参数"卷展栏中单击"基础颜色"后的贴图通道按钮，如图4-21所示。

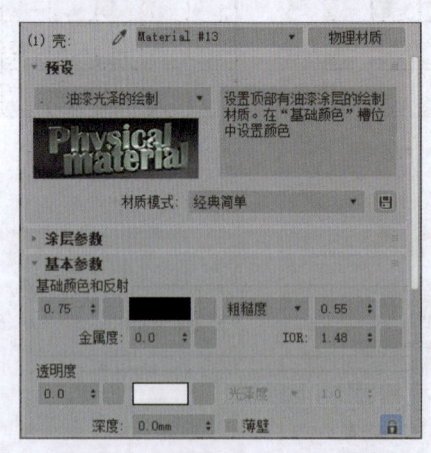

图 4-20 加载预设材质及调整颜色　　　图 4-21 单击贴图通道按钮

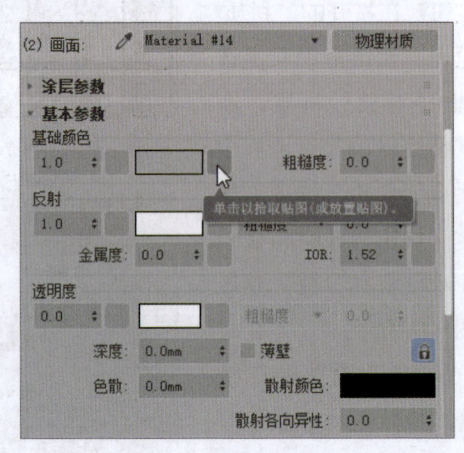

步骤07 在打开的"材质/贴图浏览器"对话框中双击"位图"选项，如图4-22所示。

步骤08 在打开的"选择位图图像文件"对话框中选择素材文件"画面.png"，单击"打开"按钮，如图4-23所示。

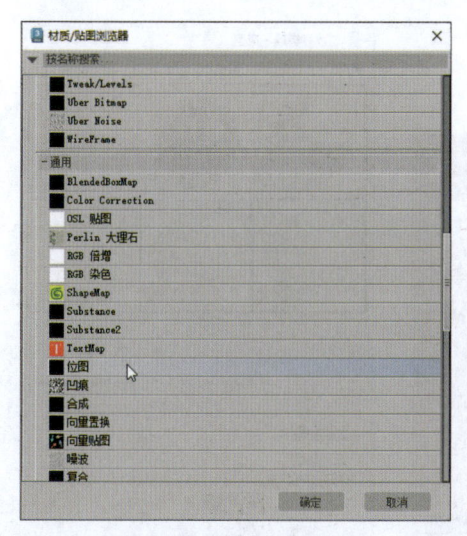

图 4-22 选择位图贴图　　　　　　　图 4-23 添加贴图文件

步骤 09 返回材质编辑器，单击"转到父对象"按钮，返回"多维/子对象基本参数"面板。在此，两个材质都已设置完成，如图4-24所示。

步骤 10 在视口中选择电视模型，并在修改堆栈中选择"多边形"子对象。选中电视画面，在"修改"面板的"多边形：材质ID"卷展栏中根据材质编辑器的ID数，设置相应的材质ID为2，如图4-25所示。

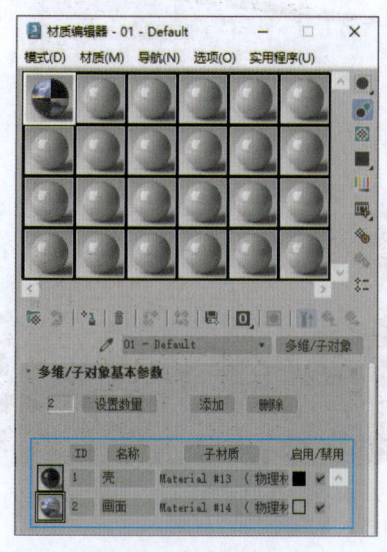

图 4-24 查看材质效果　　　　　　　图 4-25 设置材质 ID

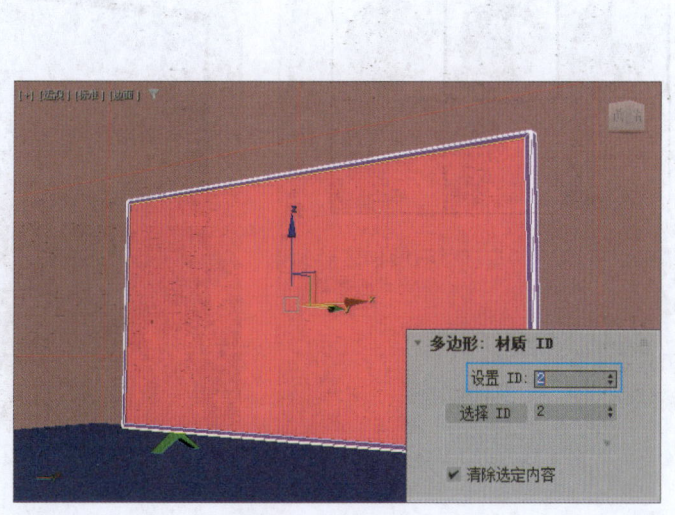

步骤 11 选中电视模型，在材质编辑器中单击"将材质指定给选定对象"按钮，将设置的多维材质赋予电视模型，如图4-26所示。

步骤 12 在材质编辑器中选择空材质球，单击"预设"下拉按钮，在列表中选择"刷过的金属"材质，并在"基本参数"卷展栏中将"基础颜色和反射"的颜色设为黑色，将其直接赋予电视底座模型，如图4-27所示。

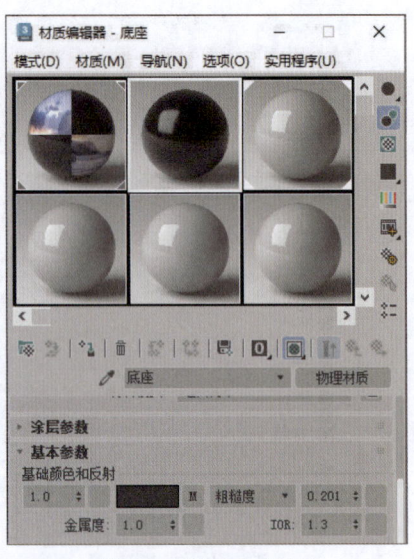

图 4-26 赋予材质　　　　　图 4-27 设置底座材质

步骤 13 依此方法，为场景中的桌面赋予"缎子般油漆的木材"预设材质，再为墙面赋予白墙材质，如图4-28所示。

步骤 14 按F9键快速渲染场景，渲染材质的效果如图4-29所示。

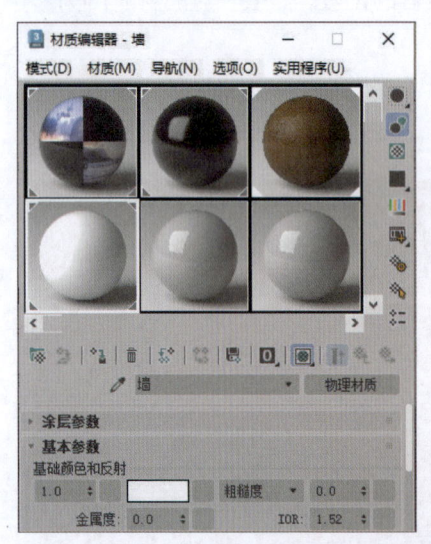

图 4-28 设置其他材质　　　　　图 4-29 渲染材质的效果

■ 4.2.3 Ink'n Paint材质

Ink'n Paint材质提供了一种带勾线的均匀填色方式，用于制作卡通材质效果。在"材质/贴图浏览器"中双击"Ink'n Paint"材质即可添加，如图4-30所示。

该材质包含"基本材质扩展"卷展栏、"绘制控制"卷展栏、"墨水控制"卷展栏和"超级采样/抗锯齿"卷展栏。下面将对常用的"绘制控制"卷展栏和"墨水控制"卷展栏中的主要参数进行说明。

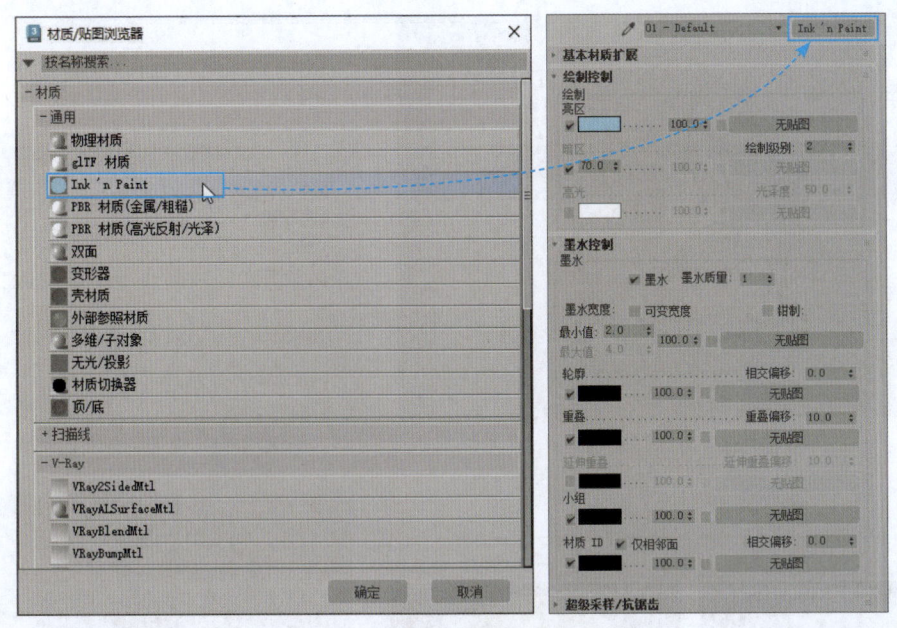

图 4-30 添加 Ink'n Paint 材质类型

- **亮区**：为对象中的亮区填充颜色，默认为淡蓝色，也可在后面的贴图通道中加载贴图。
- **暗区**：设置对象暗区面上的颜色百分比，默认为70。
- **高光**：设置反射高光的颜色，默认为白色。
- **墨水**：勾选该选项即可开启描边效果。
- **墨水质量**：影响笔刷的形状及其使用的示例数量。
- **墨水宽度**：设置描边的宽度。
- **最小/大值**：设置墨水宽度的最小/大像素值。
- **可变宽度**：勾选该选项后，可使描边的宽度在最大值和最小值之间变化。
- **钳制**：用于控制颜色或亮度的输出范围（0～1），避免过亮或过暗，保持画面平衡。
- **轮廓**：勾选该选项后，可使物体外侧生成轮廓线。
- **重叠**：在物体与自身的一部分相交迭时使用。
- **延伸重叠**：与重叠类似，多用在较远的物体表面上。
- **小组**：用于勾画物体表面光滑组部分的边缘。
- **材质ID**：用于勾画不同材质ID之间的边界。

下面将以设置卡通杯的材质为例，介绍Ink'n Paint材质的具体使用方法。

步骤01 打开"杯子"场景文件，如图4-31所示。

步骤02 选择花模型，按M键打开材质编辑器，将材质类型设为Ink'n Paint材质，进入"绘制控制"卷展栏。单击"亮区"色块，设置颜色（R:75，G:223，B:218），然后设置"绘制级别"为4，其他保持默认，如图4-32所示。

步骤03 按照同样的方法设置另一个杯子的"亮区"颜色，设置的材质球效果如图4-33所示。

步骤04 将该材质分别赋予杯子模型上，然后按F9键渲染视口，材质渲染效果如图4-34所示。

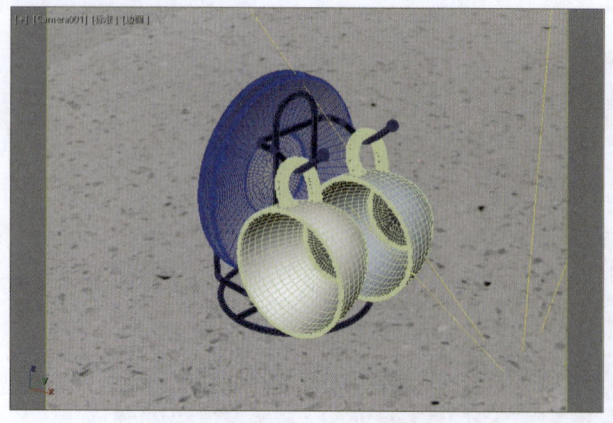

图 4-31 打开"杯子"场景文件

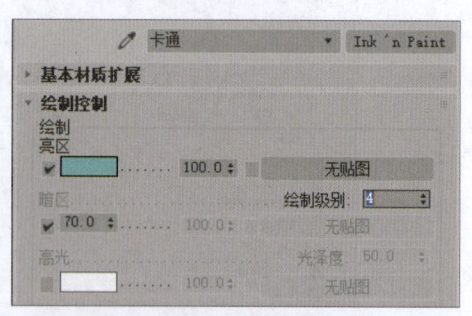

图 4-32 设置亮区颜色和级别

图 4-33 材质球效果

图 4-34 材质渲染效果

4.2.4 混合材质

使用混合材质可将两种不同的材质按特定百分比融合在一起，通过"遮罩"通道来指定混合的位置和效果，常用于制作刻花镜、织花布料和部分带有锈迹的金属等复杂材质效果。在"材质/贴图浏览器"中双击"混合"材质即可添加，如图4-35所示。

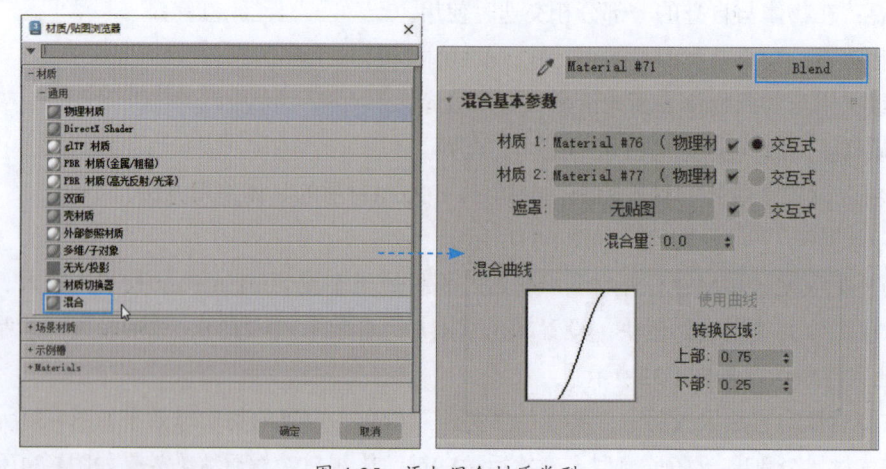

图 4-35 添加混合材质类型

> **提示**：当渲染器设为VRay渲染器后，3ds Max混合材质不可用。只有在3ds Max为默认渲染器的状态下才可调用混合材质。

"混合基本参数"卷展栏的主要选项说明如下。

- **材质1和材质2**：设置各种类型的材质。默认材质为标准材质，单击后方的选项框，在弹出的材质面板中可以选择更多材质。
- **遮罩**：使用各种程序贴图或位图设置遮罩。在遮罩图像中，较黑的区域对应材质1，较亮较白的区域对应材质2。
- **混合量**：决定两种材质混合的百分比。当参数为0时，将完全显示材质1；当参数为100时，则将完全显示材质2。
- **混合曲线**：调整两种颜色在混合时的过渡平滑度或锐利度。只有在指定遮罩贴图后，才会对材质的混合效果产生影响。

4.2.5 双面材质

当需要为模型正反两面设置不同的材质时，可以使用双面材质来操作。在"材质/贴图浏览器"对话框中双击"双面"材质选项即可添加，如图4-36所示。

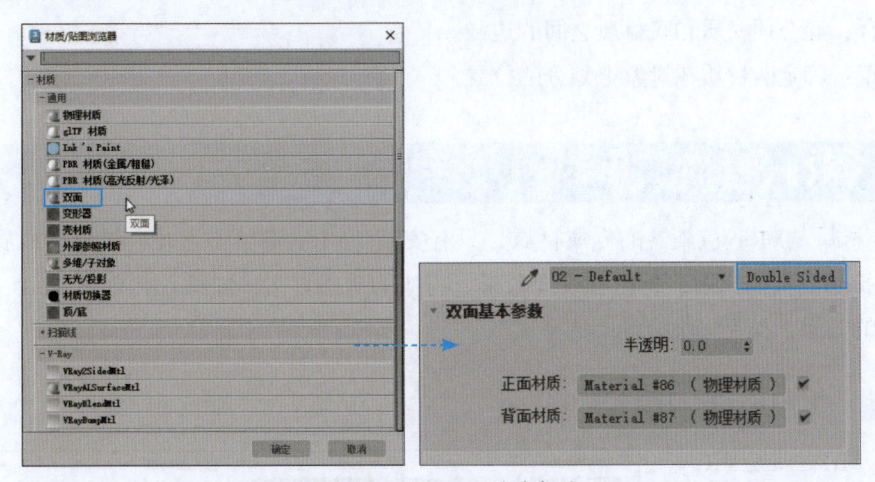

图4-36 添加双面材质类型

"双面基本参数"卷展栏的主要选项说明如下。

- **半透明**：设置模型内部与外部材质的透明程度。值为100时为全透明，在外部能看到内部的材质；值为50时，内部材质显示比率会降低。
- **正面材质/背面材质**：创建并设置正面或背面的材质。

4.2.6 顶/底材质

使用"顶/底"材质可为对象的顶部和底部指定不同的材质，并允许这两种材质进行混合，从而实现一种类似"双面"材质的效果。在"材质/贴图浏览器"对话框中双击"顶/底"材质选项即可添加。添加该材质后，其参数卷展栏如图4-37所示。"顶/底基本参数"展卷栏的主要选项说明如下。

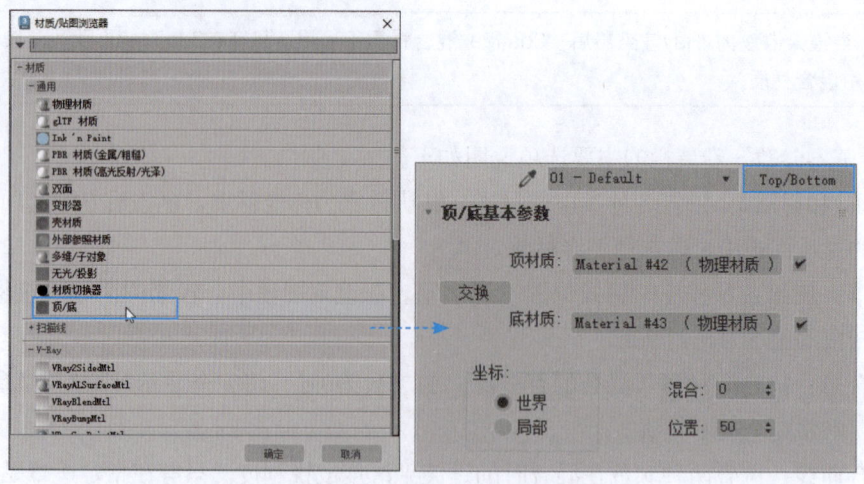

图 4-37　添加顶 / 底材质类型

- **顶材质**：设置各种类型的顶面材质。
- **底材质**：设置各种类型的底面材质。
- **交换**：顶材质和底材质相互交换。
- **坐标**：控制对象如何确定顶和底的边界。
- **混合**：混合顶材质和底材质之间的边缘。
- **位置**：确定两材质在对象上划分的位置。

4.3　VRay材质

　　VRay材质是VRay渲染器的专属材质，只有安装了VRay渲染器后才会显示该材质。VRay材质可模拟超真实的反射、折射和纹理效果，材质的质感真实、细腻，具有很多3ds Max材质难以达到的效果，深受三维设计师的喜爱。

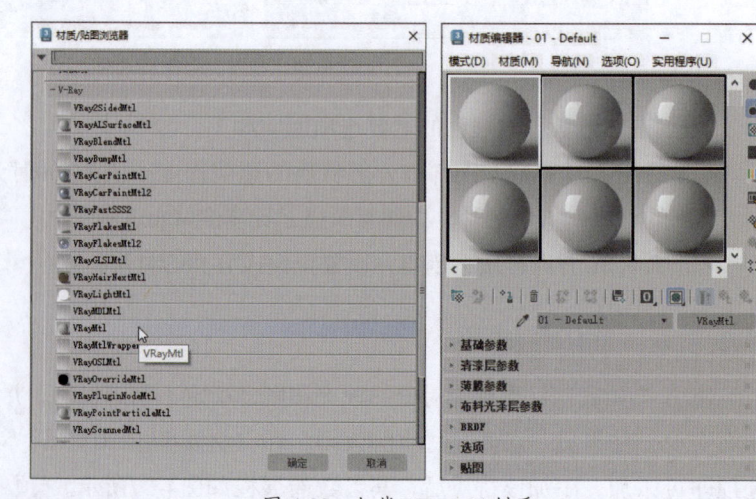

■ 4.3.1　VRayMtl材质

　　VRayMtl材质是VRay渲染器的标准材质。在"材质/贴图浏览器"对话框中双击"VRayMtl"选项后即可进入VRayMtl材质卷展栏，如图4-38所示。下面将对该材质的主要参数卷展栏进行介绍。

图 4-38　加载 VRayMtl 材质

1. 基础参数

"基础参数"卷展栏主要用于设置材质的基本属性,如漫反射、反射、折射、半透明和自发光等,如图4-39所示。

- **漫反射**:调整材质的固有色,单击后面的通道按钮 ■,可添加材质贴图。
- **粗糙度**:数值越大,粗糙效果越明显,常用于模拟绒布材质效果。
- **凹凸贴图**:添加凹凸纹理贴图,并设置凹凸的参数值。
- **反射**:反射颜色用于控制反射强度,颜色越深反射越弱,颜色越浅反射越强,如图4-40所示。
- **光泽度**:是指物体高光的亮度和模糊度,参数越高,高光越明显,反射越清晰。

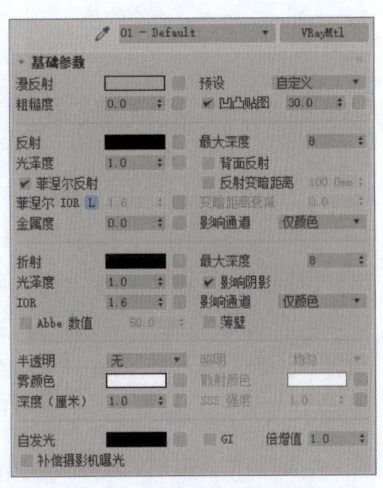

图 4-39 "基础参数"卷展栏

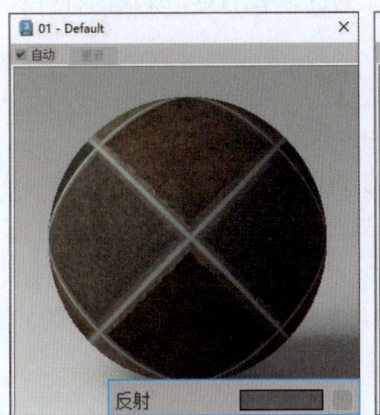

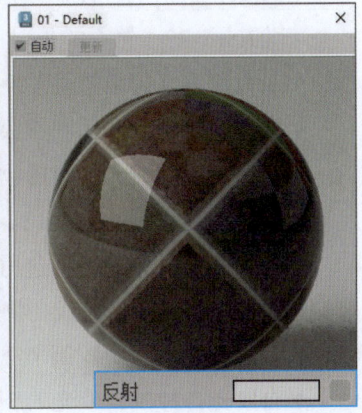

图 4-40 不同反射颜色所产生的效果

- **菲涅尔反射**:选择该选项后可增强反射物体的细节变化。
- **菲涅尔IOR**:设置菲涅尔的折射率。一般来说,水材质的折射率为1.33,玻璃材质的折射率为1.6,金属材质的折射率为20~35。
- **金属度**:设置金属的属性。当值为1时,该材质为金属导体;当值为0时,该材质为绝缘体。
- **最大深度(反射)**:是指反射次数,值为1时,反射1次;值为2时,反射2次。以此类推,反射次数越多,细节越丰富,一般而言,反射5次即可。大的物体需要丰富的细节,可多反射几次,但小的物体细节再多反射也观察不到,反而会增加计算量。
- **背面反射**:勾选后可增加背面反射的效果。
- **反射变暗距离**:控制暗淡距离的数值。
- **折射**:设置物体折射程度,黑色为不透明,白色为全透明。折射程度也可由贴图决定,图4-41所示为不同折射颜色的材质球。

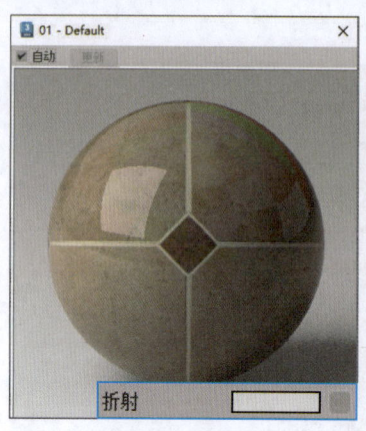

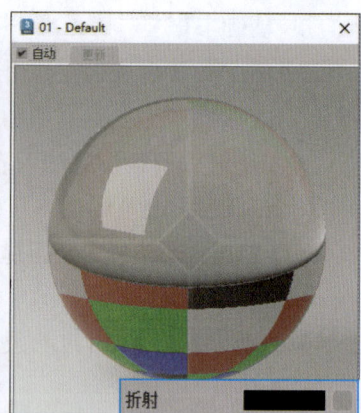

图4-41 不同折射颜色所产生的效果

- **光泽度（折射）**：控制折射表面的光滑程度。值越高，表面越光滑；值越低，表面越粗糙。降低"光泽度"的值可以模拟磨砂玻璃的效果。
- **IOR**：折射的程度。数值越大，材质效果越色彩斑斓。水的折射率1.333，玻璃的折射率为1.5~1.77，钻石的折射率为2.417。
- **最大深度（折射）**：是指折射次数。
- **影响阴影**：勾选后阴影会随着烟雾颜色而改变，使透明物体的阴影更加真实。
- **半透明**：控制光线穿透物体的程度，以及光线在物体内的传播方式。
- **雾颜色**：设置雾的颜色，用于为透明物体添加朦胧的色调效果。例如，在设置玻璃材质和水波纹材质等时都会用到该选项。
- **深度**：用于控制光线在物体内部被追踪的深度，也可以将其理解为光线的最大穿透能力。
- **散射颜色**：用于控制半透明效果的颜色。
- **自发光**：控制自发光的颜色。
- **GI**：控制是否开启全局照明。
- **倍增值**：控制自发光的强度。

2. BRDF

"BRDF"（双向反射分布函数）卷展栏（图4-42）主要用于控制模型表面的反射特性。当反射颜色不是黑色时，该功能才有效果。"BRDF"卷展栏的主要选项说明如下。

- **反射类型**：提供了Phong（冯氏）、Blinn（布林）、Ward（沃德）和Microfacet GTR（GGX）4种双向反射分布类型。
- **使用光泽度**：精确控制材质表面微观不平整程度对光反射行为的影响。当光泽度值接近1时，表示材质表面极其光滑，反射效果接近镜面反射效果，高光区域集中且边界

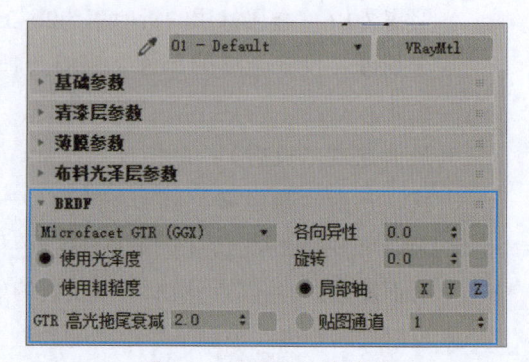

图4-42 "BRDF"卷展栏

清晰；当光泽度值较低时，表明材质表面较为粗糙，反射效果更加模糊和扩散，反射光会在更大范围内散射分布。
- **使用粗糙度**：启用该选项时，材质的反射属性不再表现为理想化的镜面反射，而是呈现出不同程度的模糊或散射效果。
- **GTR高光拖尾衰减**：细化材质的反射尾部衰减特性，以更准确地匹配真实世界的材质在不同场景下的表现。
- **各向异性**：控制高光区域的形状。
- **旋转**：控制高光形状的角度。
- **局部轴**：控制高光形状的轴线，也可以通过贴图通道来设置。

3. 贴图

"贴图"卷展栏包含了每种贴图类型的通道按钮，单击这些按钮后会打开"材质/贴图浏览器"对话框。这里提供了多种贴图类型，可应用于不同的贴图方式，如图4-43所示。下面将对常用的贴图通道进行说明。

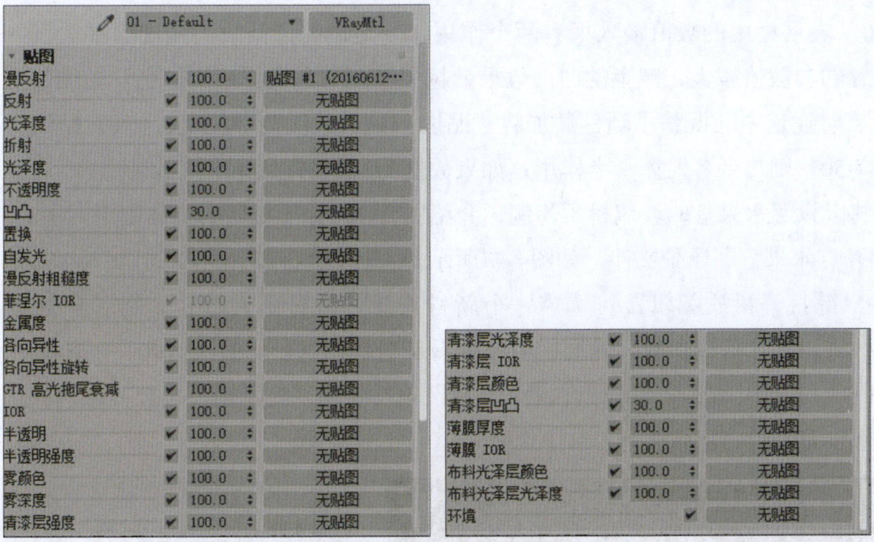

图 4-43 "贴图"卷展栏

- **漫反射**：指定材质的表面颜色或纹理贴图。
- **反射**：控制材质表面反射特性的贴图通道。在这个通道上指定一个贴图时，该贴图会决定材质表面反射光线的颜色和强度分布。
- **光泽度**：指定材质表面光泽度变化的贴图通道。光泽度决定了材质表面反射的清晰度和聚焦程度。当为光泽度指定一个贴图时，材质表面的各个点将会依据贴图的灰度或颜色信息表现出不同的光滑度效果。
- **折射**：指定材质的折射特性及其颜色变化的贴图通道。为折射指定贴图时，该贴图将影响光线在材质内部传播时的颜色和透明度。
- **不透明度**：用于指定材质的透明度级别。不透明度贴图可控制模型各部分的可见性。通过贴图的灰度值或颜色信息，可实现材质表面不同程度的透明或半透明效果。
- **凹凸**：用于模拟材质表面的不平整度或立体细节。为凹凸指定一个贴图时，贴图中的白色代表突出部位，黑色代表凹陷部位，中间的灰度值则代表过渡区域。通过这种方式，即使模型本身的几何结构不变，也能让渲染结果呈现出表面起伏不平、有细微纹理的感觉。
- **置换**：用于实现真正的几何体表面细节改变，而不是仅仅通过凹凸贴图模拟表面细节。为置换指定一个贴图时，系统会根据贴图的灰度或颜色信息动态地改变模型的实际几何形态。

> **提示**：凹凸贴图通道是一种灰度图，用表面灰度的变化来描述目标表面的凹凸变化，这种贴图是黑白的。置换贴图通道是根据贴图图案灰度分布情况对几何表面进行置换，较浅的颜色向内凹进，较深的颜色向外突出，是一种真正改变物体几何表面的方式。

- **环境**：主要针对上面的一些贴图而设定，如反射、折射等，但在其贴图的效果上加入了环境贴图效果。

"贴图"卷展栏中的数值输入框有两个作用。一是调整凹凸效果强度的参数值，例如，凹凸通道设置的参数值越大，产生的凹凸效果就越强烈。二是调整通道颜色和贴图的混合比例，例如，漫反射通道中既调整了颜色又加载了贴图：如果数值为100，表示只有贴图产生作用；如果数值为50，则二者各发挥一半作用；如果数值为0，只有颜色产生效果。

下面将以设置水果盘的玻璃材质为例，介绍VRayMtl标准材质的具体使用方法。

步骤01 打开"水果盘"场景文件，如图4-44所示。

步骤02 按M键打开材质编辑器。选择一个新材质球，将材质重命名，然后将材质类型设为VRayMtl材质。在"基础参数"卷展栏中设置漫反射颜色（R:100，G:100，B:100）、反射颜色（R:60，G:60，B:60）和折射颜色（白色），并设置反射的"光泽度"参数，取消勾选"菲涅尔反射"选项，如图4-45所示。

图 4-44 "水果盘"场景文件　　　　图 4-45 设置材质参数

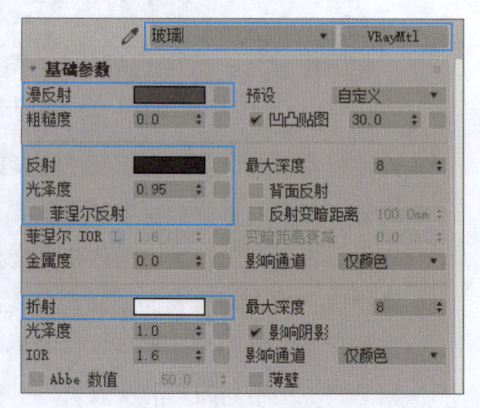

步骤03 在"BRDF"卷展栏中，设置反射类型为"Blinn"，其他为默认选项，如图4-46所示。

步骤 04 在"选项"卷展栏中,设置"截断"为0.01,取消勾选"雾系统单位缩放"选项,其他为默认选项,如图4-47所示。

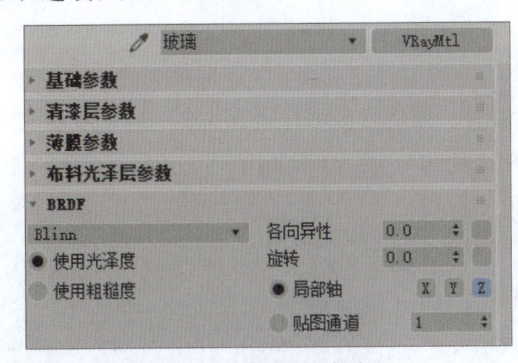

图 4-46 "BRDF"卷展栏　　　　　图 4-47 "选项"卷展栏

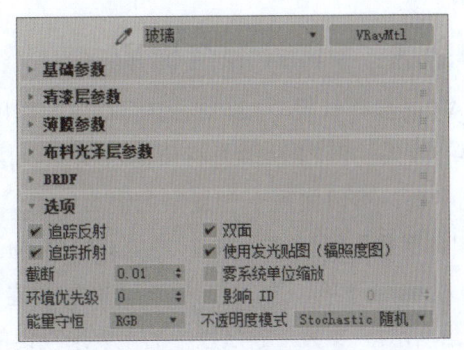

步骤 05 设置完成后,材质球已发生改变,如图4-48所示。

步骤 06 单击" "按钮,将该材质赋予水果盘上。按F9键,渲染透视视口,水果盘的效果如图4-49所示。

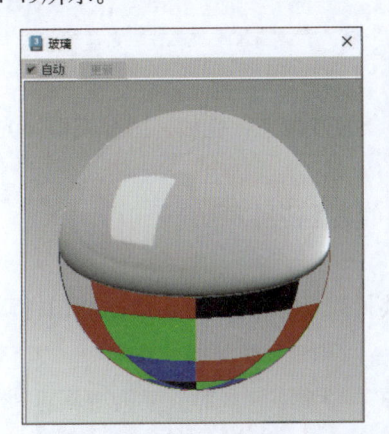

图 4-48 材质球效果　　　　　图 4-49 水果盘的效果

4.3.2 VRay灯光材质

使用VRay灯光材质能够模拟物体自发光的效果,从而影响场景中的其他物体。此功能常用来制作灯带、霓虹灯、屏幕等效果。在"材质/贴图浏览器"对话框中双击"VRayLightMtl"(VRay灯光材质)选项即可进入"灯光倍增值参数"卷展栏,如图4-50所示。"灯光倍增值参数"卷展栏中的主要选项说明如下。

- **颜色**:设置自发光材质的颜色,默认为白色,在后面的输入框输入数值可设置自发光的强度。数值越大,灯光越亮,反之则越暗,默认值为1.0。

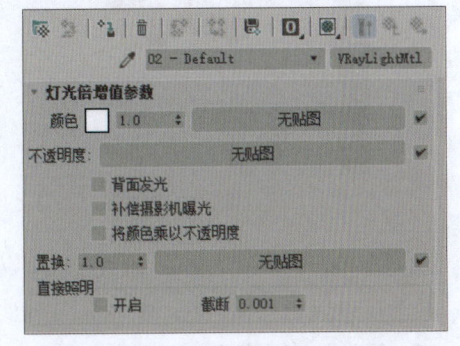

图 4-50 "灯光倍增值参数"卷展栏

- **不透明度**:给自发光的不透明度指定材质贴图,让材质产生自发光的光源。

- **背面发光**：设置自发光材质是否两面都产生自发光。
- **补偿摄影机曝光**：控制摄影机曝光补偿的数值。

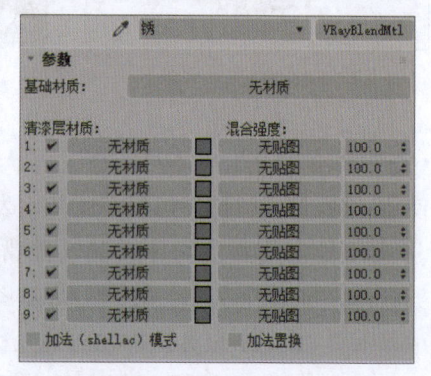

4.3.3 VRay混合材质

VRay混合材质与3ds Max混合材质的作用相同，都是将多种材质叠加在一起，从而实现一种混合效果。但VRay混合材质提供了更多混合选项和控制参数，可以实现更为复杂的混合效果。在"材质/贴图浏览器"对话框中双击"VRayBlendMtl"（VRay混合材质）选项，即可进入该材质参数卷展栏，如图4-51所示。"参数"卷展栏中的主要选项说明如下。

- **基础材质**：设置物体基层的材质。
- **清漆层材质**：设置基层材质表面上的材质。
- **混合强度**：设置两种以上材质的混合量。当颜色为黑色时，会完全显示基础材质的漫反射颜色；当颜色为白色时，会完全显示清漆层材质的漫反射颜色。也可以利用贴图通道来控制混合强度。
- **加法（shellac）模式**：用于将两种材质通过加法混合的方式进行叠加，适合模拟高光、复杂表面或特殊视觉效果。

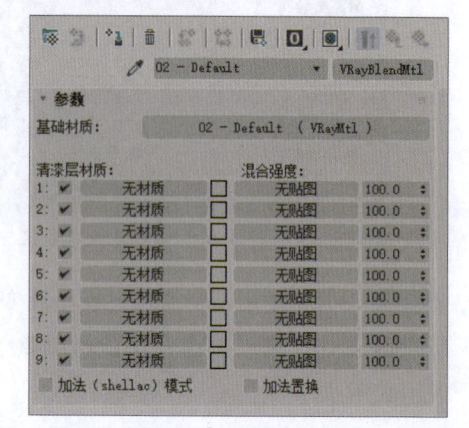

图 4-51 "参数"卷展栏

下面将以创建生锈螺丝效果为例，介绍VRay混合材质的具体使用方法。

步骤 01 打开"螺丝"场景文件，如图4-52所示。

步骤 02 按M键打开材质编辑器。选择一个材质球，并将其材质类型设为VRayBlendMtl材质，进入该材质的参数卷展栏，如图4-53所示。

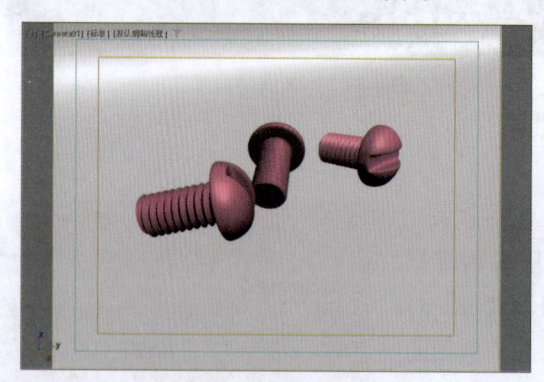

图 4-52 "螺丝"场景文件

图 4-53 设置 VRay 混合材质

步骤 03 单击"基础材质"通道按钮，为其添加VRayMtl材质类型。在"基础参数"卷展栏中设置漫反射颜色（R:185，G:185，B:185）、反射颜色（R:150，G:150，B:150）以及反射光泽度，取消勾选"菲涅尔反射"复选框，如图4-54所示。

步骤 04 返回上一层面板，单击"清漆层1"通道按钮，同样为其添加VRayMtl材质类型。在"基础参数"卷展栏中设置漫反射颜色（R:119，G:56，B:0），其他保持默认选项，如图4-55所示。

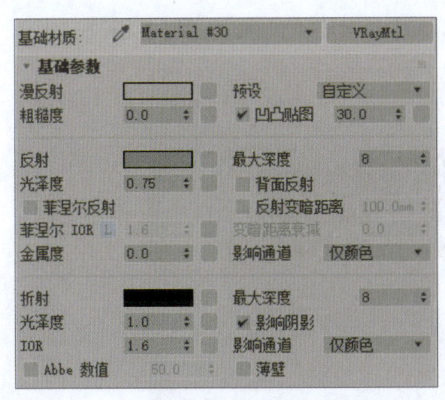

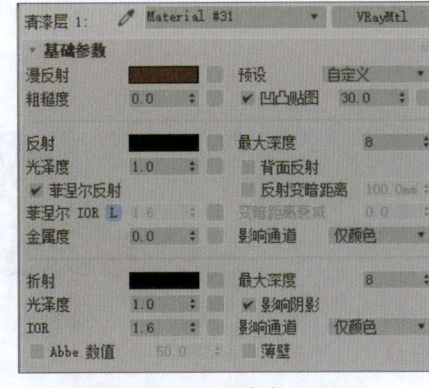

图 4-54 设置基础材质

图 4-55 设置清漆层材质

步骤 05 返回上一层面板，单击"混合强度"通道按钮，在"材质/贴图浏览器"对话框中双击"位图"选项，打开"选择位图图像文件"对话框，选择素材锈迹黑白贴图"44.jpg"，如图4-56所示。

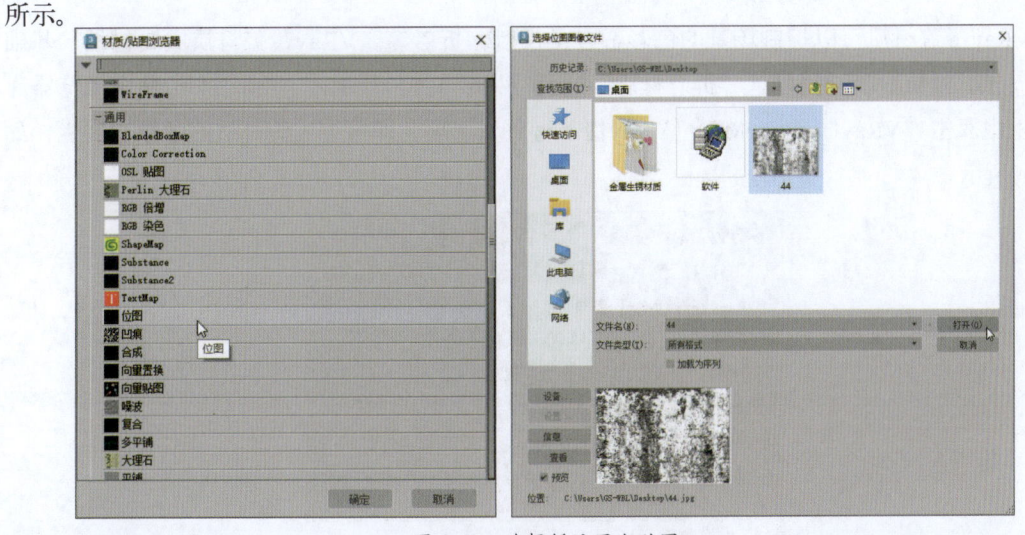

图 4-56 选择锈迹黑白贴图

步骤 06 单击"打开"按钮即可添加混合贴图，如图4-57所示。

步骤 07 设置的材质球效果如图4-58所示。

图 4-57 添加混合贴图

图 4-58 设置的材质球效果

步骤 08 将该材质赋予螺丝模型。按F9键渲染视口,生锈螺丝的效果如图4-59所示。

图 4-59 生锈螺丝的效果

■4.3.4 VRay覆盖材质

VRay覆盖材质可以控制场景的色彩融合、反射、折射等。VRay覆盖材质主要包括"基础材质""GI 材质""反射材质""折射材质""阴影材质"5种材质通道。在"材质/贴图浏览器"对话框中双击"VRayOverrideMtl"(VRay覆盖材质)选项,即可进入该材质的参数卷展栏,如图4-60所示。

图 4-60 "VRayOverrideMtl 参数"卷展栏

- **基础材质**:用于设置物体的基础材质。
- **GI材质**:设置物体的全局光材质,使用该参数时,灯光的反弹将依照当前材质的灰度进行控制,而不是基础材质。
- **反射材质**:设置物体的反射材质,即在反射中看到的物体的材质。
- **阴影材质**:控制物体在场景中的阴影效果。

■4.3.5 VRay车漆材质

VRay车漆材质通常用来模拟汽车漆的材质效果。在"材质/贴图浏览器"对话框中双击"VRayCarPaintMtl"(VRay车漆材质)选项,即可进入该材质参数卷展栏,如图4-61所示。

该卷展栏包含了"基础层参数""闪片层参数""清漆层参数""选项"和"贴图"5组选项。前3组比较常用,下面将对这3组中的主要选项进行说明。

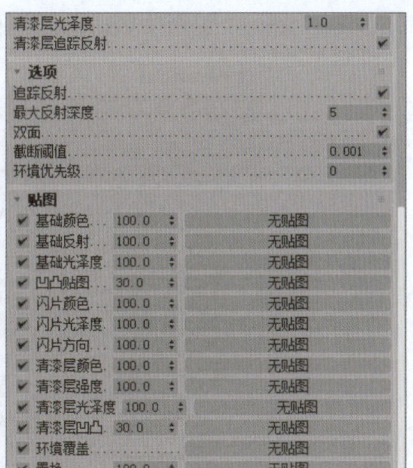

图 4-61　VRay 车漆材质卷展栏

- **基础颜色**：设置物体基础层的漫反射颜色。
- **基础反射**：设置物体基础层的反射参数。
- **基础光泽度**：设置物体基础层的反射光泽度。
- **基础层追踪反射**：不勾选时，基础层仅产生镜面高光，而没有反射光泽度。
- **闪片颜色**：金属闪片的颜色。
- **闪片光泽度**：金属闪片的光泽度。
- **闪片方向**：控制闪片与建模表面法线的相对方向。
- **闪片密度**：控制固定区域中的密度。
- **闪片缩放**：控制闪片结构的整体比例。
- **闪片尺寸**：控制闪片的颗粒大小。
- **闪片种子**：设置闪片的随机种子数量，从而创建不同随机分布的闪片效果。
- **闪片过滤**：设置以何种方式对闪片进行过滤。
- **闪片贴图尺寸**：设置闪片贴图的大小。
- **闪片映射类型**：设置闪片贴图的方式。
- **闪片贴图通道**：通过贴图定义闪片在车漆表面的分布，贴图的亮度值决定闪片的密度。
- **闪片追踪反射**：不勾选时，基础层仅产生镜面高光，而没有真实的反射。
- **清漆层颜色**：用于设置清漆层的颜色。
- **清漆层强度**：设置直接观察建模表面时清漆层的反射率。
- **清漆层光泽度**：控制清漆层的光泽度。
- **清漆层追踪反射**：不勾选时，基础层仅产生镜面高光，而没有真实的反射。

4.3.6　VRay其他材质

VRay材质类型非常多，除了上面介绍的几种材质，还有其他一些常用的材质类型，例如VRay2SidedMtl（VRay双面材质）、VRayBumpMtl（VRay凹凸材质）和VRayHairNextMtl

（VRay毛发材质）等，图4-62所示是VRay材质列表。下面将对部分VRay材质进行说明。

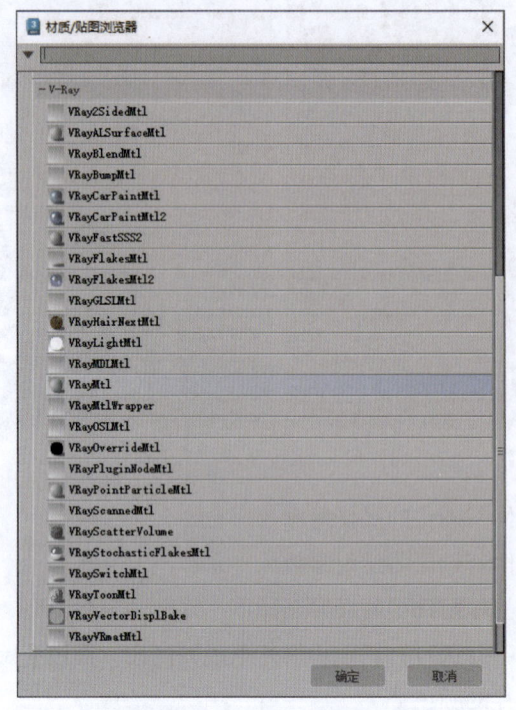

图 4-62 VRay 材质列表

- **VRay2SidedMtl（VRay双面材质）**：模拟带有双面属性的材质效果（与3ds Max双面材质用法相似）。
- **VRayALSurfaceMtl（VRay_AL皮肤材质）**：模拟物体真实皮肤的效果。
- **VRayBlendMtl（VRay混合材质）**：混合多种材质叠加的效果。
- **VRayBumpMtl（VRay凹凸材质）**：模拟材质凹凸的效果。
- **VRayCarPaintMtl/VRayCarPaintMtl2（VRay车漆材质/ VRay车漆材质2）**：用于模拟金属汽车漆的效果。
- **VRayFastSSS2（VRay快速SSS2）**：模拟半透明的SSS物体材质效果，如皮肤。其中，SSS表示次表面散射效果。
- **VRayFlakesMtl（VRay亮片材质）**：模拟和增强物体表面的亮片效果，常用于时尚设计、珠宝展示、汽车表面渲染等领域。
- **VRayHairNextMtl（VRay毛发材质）**：模拟毛发、草地、植物等具有毛发或纤维质感的物体。
- **VRayLightMtl（VRay灯光材质）**：模拟自发光的物体效果，如灯箱、电视屏幕、霓虹灯等。
- **VRayMtl（VRay标准材质）**：设置VRay材质的基本属性。
- **VRayOverrideMtl（VRay覆盖材质）**：覆盖场景中所有对象的默认材质，包括整体光照、阴影和其他渲染属性。

- **VRayPointParticleMtl（VRay点粒子材质）**：模拟点云或粒子系统的渲染效果，如火花、尘埃、烟雾、水滴等。
- **VRayToonMtl（VRay卡通材质）**：模拟卡通或动画风格的渲染效果，如卡通角色的皮肤、毛发、衣物等材质。

课堂演练 为浴镜添加多维材质

本案例将利用VRayMtl材质来对卫生间中的浴镜、洗手盆、淋浴房模型添加相应的材质。创建的材质包含多维材质、陶瓷材质和磨砂玻璃等。

步骤01 打开"浴室镜子"场景模型，如图4-63所示。

步骤02 制作镜子材质。按M键打开材质编辑器，选择一个材质球，将其设为多维/子对象材质，在"多维/子对象基本参数"卷展栏中设置"设置数量"为3，如图4-64所示。

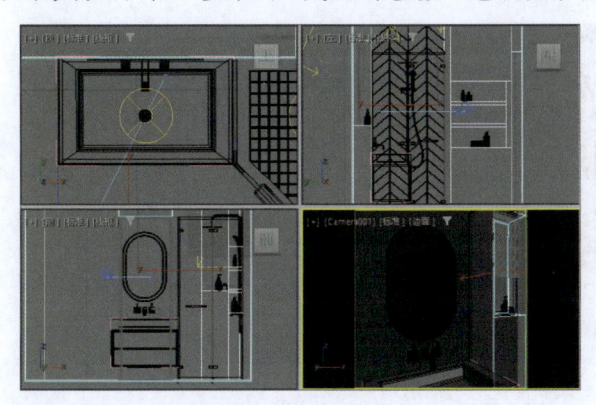

图 4-63 打开场景模型　　　　　　　　图 4-64 设置材质数量

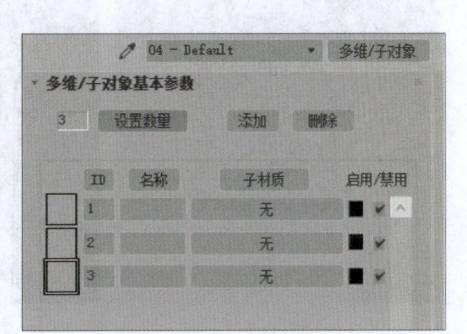

步骤03 设置3个材质的名称，如图4-65所示。

步骤04 单击"黑漆"子材质通道按钮，将材质类型设为VRayMtl。在"基础参数"卷展栏中设置漫反射颜色（R:10，G:10，B:10）、反射颜色（R:116，G:116，B:116）和反射的光泽度，如图4-66所示。

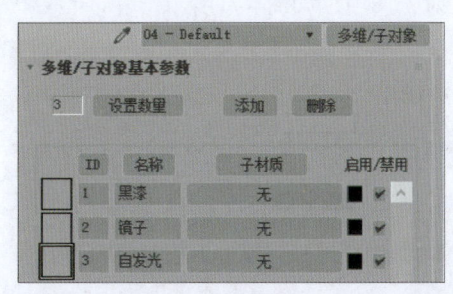

图 4-65 设置材质名称　　　　　　　　图 4-66 设置"黑漆"材质

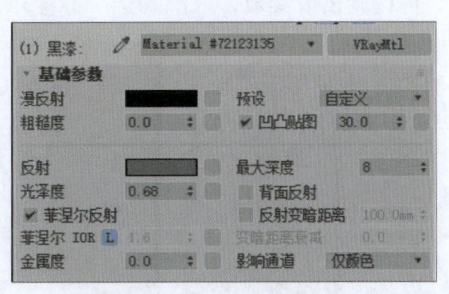

步骤05 返回"多维/子对象基本参数"卷展栏，单击"镜子"子材质通道按钮，将材质设为VRayMtl，在"基础参数"卷展栏中设置反射颜色（R:236，G:236，B:236），取消勾选"菲涅尔反射"选项，如图4-67所示。

步骤 06 返回"多维/子对象基本参数"卷展栏，单击"自发光"子材质通道按钮，将材质设为VRayLightMtl，在"灯光倍增值参数"卷展栏中设置灯光颜色和倍增值，其他保持默认选项，如图4-68所示。

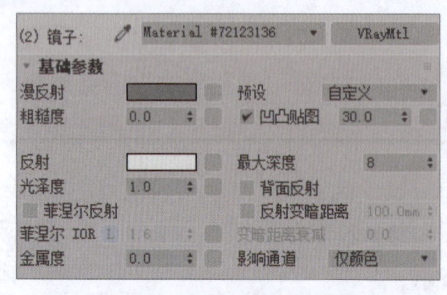

图 4-67 设置"镜子"材质

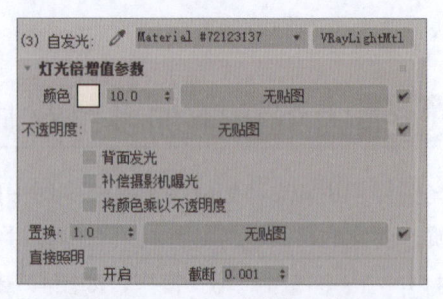

图 4-68 设置"自发光"材质

步骤 07 返回上一层面板。根据材质的ID为浴镜模型设置相应的材质ID，如图4-69所示。

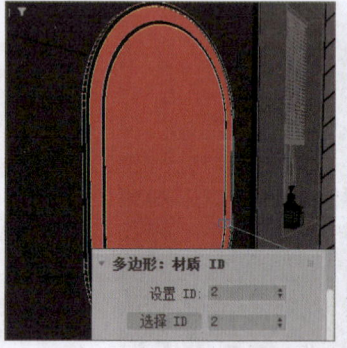

图 4-69 设置浴镜的材质 ID

步骤 08 设置完成后，将多维子对象材质赋予浴镜模型，按F9键渲染，浴镜的渲染效果如图4-70所示。

步骤 09 创建陶瓷水盆材质。选择一个材质球，为其重命名，将材质类型设为VRayMtl。在"基础参数"卷展栏中设置漫反射颜色（R:254，G:254，B:254）、反射颜色（黑色）和折射颜色（黑色），再设置反射参数，取消勾选"菲涅尔反射"选项，如图4-71所示。

图 4-70 浴镜的渲染效果

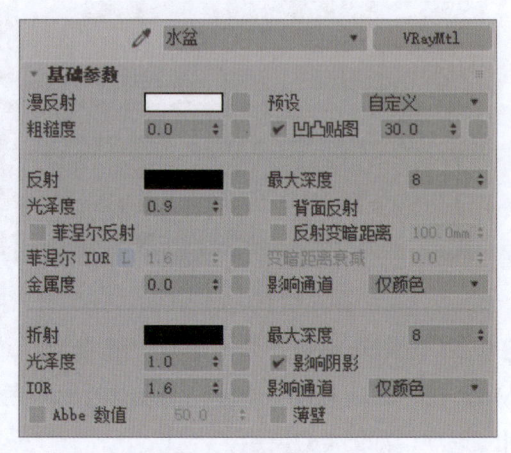

图 4-71 设置陶瓷水盆材质

步骤10 单击"反射"的通道按钮,在"材质/贴图浏览器"对话框中双击为"衰减"选项,如图4-72所示。

步骤11 在"衰减参数"卷展栏中,将"衰减类型"设为Fresnel,其他保持默认选项,如图4-73所示。

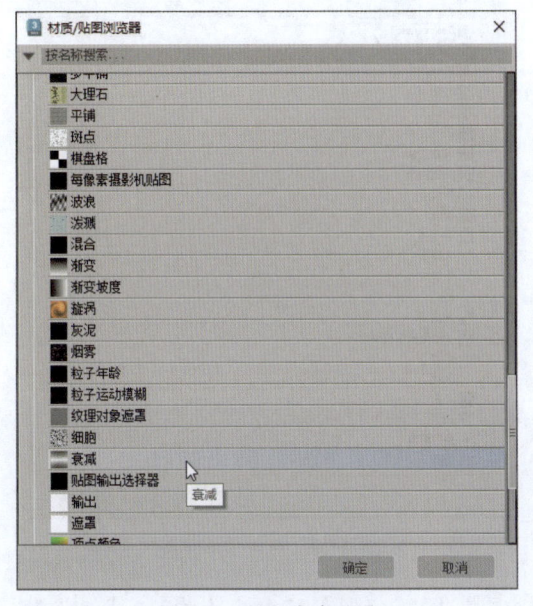

图 4-72 添加衰减贴图

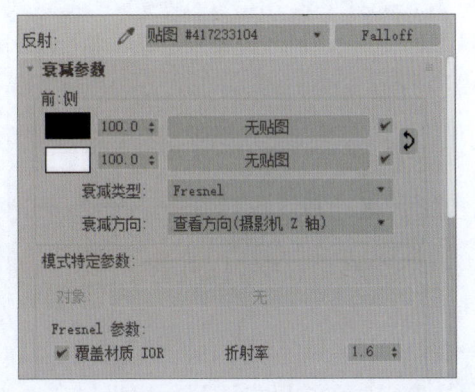

图 4-73 设置衰减类型

步骤12 返回上一层面板。将设置好的白色陶瓷材质赋予水盆模型,按F9键渲染,陶瓷水盆的渲染效果如图4-74所示。

步骤13 创建淋浴房磨砂玻璃材质。选择一个材质球,为其重命名。将材质类型设为VRayMtl。在"基础参数"卷展栏中,设置漫反射颜色(R:200,G:200,B:200)、反射颜色(白色)和折射颜色(白色),再设置反射参数和折射参数,如图4-75所示。

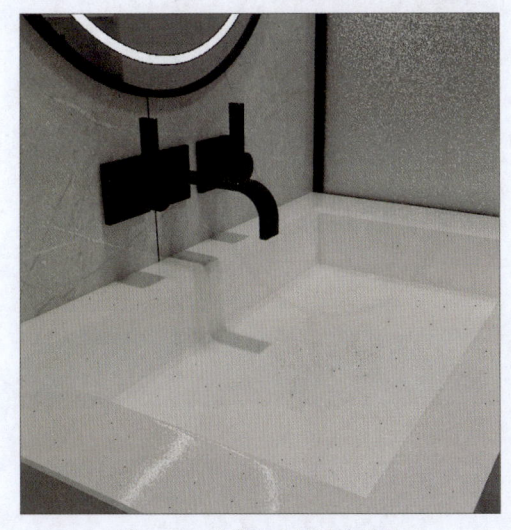

图 4-74 陶瓷水盆的渲染效果

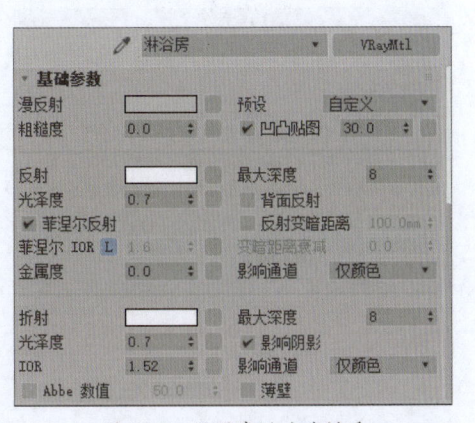

图 4-75 设置磨砂玻璃材质

步骤 14 在"BRDF"卷展栏中，将反射类型设为Blinn，其他保持默认选项。在"贴图"卷展栏中单击"凹凸"通道按钮，如图4-76所示。

步骤 15 在"材质/贴图浏览器"对话框中双击"噪波"贴图，如图4-77所示。

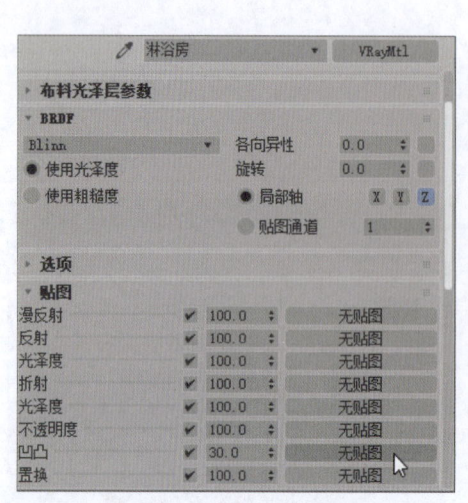

图 4-76 添加凹凸贴图

图 4-77 添加噪波贴图

步骤 16 在"噪波参数"卷展栏中设置"噪波类型"为"分形"、"大小"为2，其他为默认选项，如图4-78所示。

步骤 17 返回上一层面板。将磨砂玻璃材质赋予淋浴房模型。按C键切换到摄影机视口，按F9键渲染，淋浴房磨砂玻璃渲染的效果如图4-79所示。

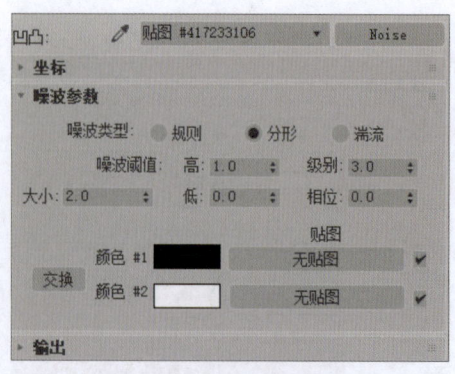

图 4-78 设置噪波参数

图 4-79 淋浴房磨砂玻璃渲染的效果

课后作业

一、选择题

1. 材质编辑器中最多可以显示的示例窗个数为（　　）。
   A. 9　　　　　B. 24　　　　　C. 12　　　　　D. 18
2. 混合材质是用两种不同的材质按照（　　）方式进行融合。
   A. 遮罩　　　　B. 混合　　　　C. 百分比　　　　D. 交互
3. 关于材质编辑器，描述不正确的是（　　）。
   A. 按字母G键可直接打开材质编辑器
   B. 材质示例窗最多可显示24个窗口
   C. 使用材质编辑器可以对物体进行贴图操作
   D. 使用材质编辑器可以改变物体的形状和亮度

二、填空题

1. 材质用于描述对象与光线的相互作用，其最主要的属性是_____、_____和_____。
2. _____是VRay渲染器的标准材质。
3. _____可以将多个子材质按照相对应的ID号分配给一个对象，使对象的各个表面显示出不同的材质效果。

三、操作题

利用VRayMtl材质为锅内胆创建不锈钢材质，效果如图4-80所示。

图 4-80　不锈钢材质效果

操作提示

步骤01 打开材质编辑器，选择一个材质球，设置材质类型为VRayMtl。

步骤02 设置漫反射颜色和反射颜色，再设置反射光泽度。

拓展阅读 福建土楼——中国传统建筑的材质与文化内涵

福建土楼（图4-81）作为中国传统民居建筑的瑰宝，以其独特的造型和精湛的建造技艺闻名于世。土楼的建筑材质主要为生土、木材、石材和青砖。生土是土楼墙体的主要材料，取材方便且成本低廉。在制作过程中，人们将生土与糯米、红糖、蛋清等混合，增强了墙体的坚固性和耐久性。这种独特的材质运用，不仅体现了当地居民对自然材料的巧妙利用，更反映了人与自然和谐共生的智慧。

图4-81 福建土楼

土楼内部的木结构（图4-82）展现了精湛的木工技艺。梁、柱、枋等木构件相互交织，构成了稳固的框架结构。这些木构件不仅具有实用功能，还通过精美的雕刻装饰，展现出丰富的文化内涵。例如，木雕图案中的龙凤、花鸟等元素，寓意着吉祥如意、繁荣昌盛，寄托了人们对美好生活的向往。

图4-82 土楼内部的木结构

中国传统建筑文化是中华民族智慧的结晶，承载着数千年的历史和文化记忆。在学习3ds Max材质相关知识的过程中，应深刻认识到传承和弘扬传统建筑文化的重要性。我们应从福建土楼等传统建筑中汲取灵感，将传统材质与现代设计理念相结合，实现传统建筑文化的创新性发展。这不仅有助于培养我们的文化自信，还能激发我们的创新精神和民族自豪感。

在现代建筑设计中，传统建筑材质的运用为建筑增添了独特的文化韵味。例如，在一些现代建筑的外立面设计中，将青砖、石材等传统材料与玻璃、钢材等现代材料相结合，营造出既具有历史底蕴又充满现代感的建筑风格。

在室内设计领域，传统材质的运用也十分广泛。例如，木材常用于打造温馨舒适的居住空间，通过不同的加工工艺和表面处理，展现出木材的天然纹理和质感。同时，传统色彩（如朱红、金黄等）也常被运用在室内装饰中，营造出庄重、典雅的氛围。

通过对中国传统建筑材质的了解，我们深刻认识到了传统建筑文化的深厚底蕴。在今后的学习和实践中，我们应积极传承和弘扬传统建筑文化，将传统材质与现代设计理念相结合，创造出更多具有中国特色的优秀建筑作品。

模块 5

贴图的设置

学习目标

【知识目标】
- 深入理解UVW贴图的概念、原理和作用,掌握其在材质纹理映射中的关键作用,并能根据不同的模型特性灵活地选用适当的UVW贴图坐标类型。
- 全面了解3ds Max标准贴图中各类贴图的特性,准确把握每种贴图的参数特性、功能差异及适用范围,建立完整的贴图应用知识体系。
- 系统掌握VRay贴图各类型的属性、功能、使用方法及在渲染过程中的特殊作用原理。

【技能目标】
- 熟练运用UVW贴图工具,根据不同模型的形状和结构,快速且准确地为模型分配合适的UVW贴图坐标。
- 依据不同的设计需求,灵活选择3ds Max标准贴图类型,通过合理调整参数,制作出丰富多样的材质纹理效果。
- 熟练掌握VRay贴图类型的使用技巧,确保在项目实践中高效完成渲染任务。

【素质目标】
- 培养精益求精的工匠精神,在UVW贴图和各类贴图的设置过程中,注重细节处理,追求材质纹理的完美呈现,不断提升设计作品的视觉品质。
- 培养创新意识,敢于尝试不同贴图的组合运用和参数调整,突破传统材质表现手法,创造出独特、新颖的材质纹理效果,为室内设计项目增添创意和个性。
- 强化团队沟通协作能力,在实际项目中,与建模、材质编辑、灯光布置等团队成员密切配合,共同实现兼具艺术性与商业价值的室内设计作品。

5.1 了解UVW贴图

贴图是利用图像文件（如JPG、PNG、BMP等）来表现模型材质的颜色、亮度、透明度、反射/折射、凹凸感、法线方向等多种属性，使模型表现得更加逼真。

为模型贴图后，通常需要对贴图坐标进行调整，以便正确显示贴图关系。此时，需要用到"UVW贴图"修改器的功能。

"UVW贴图"修改器用于指定对象表面的贴图坐标，以控制材质如何投射到对象表面。这里的贴图坐标是通过U、V、W 3个轴在局部坐标中表示的。默认情况下，模型对象都会生成一个默认的贴图坐标。当这些坐标不准确时，需要使用UVW贴图修改器进行手动调整，如图5-1所示。

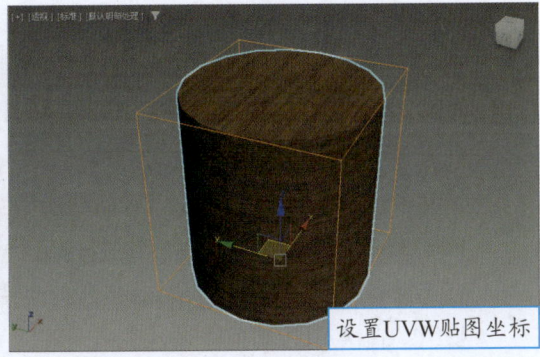

图 5-1 不同的贴图坐标

在"修改器列表"中选择"UVW贴图"选项，可为模型添加该贴图坐标。在"参数"卷展栏中选择合适的坐标类型并设置相应的参数，即可对当前对象的贴图状态进行调整，如图5-2所示。

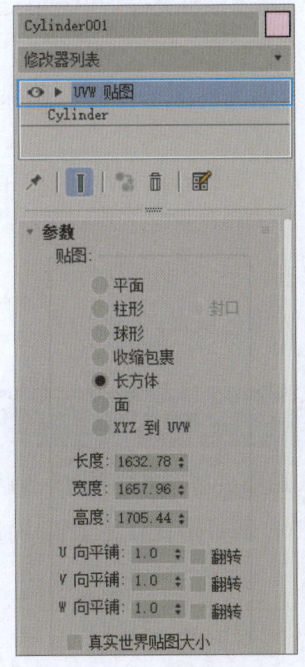

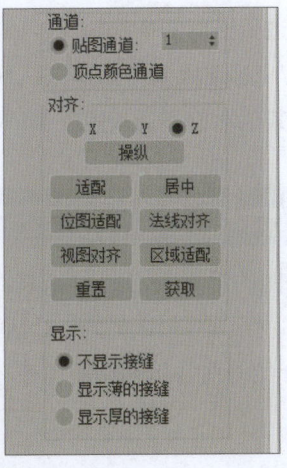

图 5-2 "UVW 贴图"参数

下面将对主要选项进行说明。
- **平面**：在对象上进行平面投影的贴图方式，这种方式类似于使用幻灯片进行投影。
- **柱形**：通过圆柱体投影的方式，将贴图包裹到对象上，这种方式会在位图的接缝处产生可见的线条，除非使用的是无缝贴图。
- **球形**：通过球体投影的方式，将贴图包裹到对象上。在球体顶部和底部，贴图边与球体两极交汇处能看到接缝和贴图基点。球形投影用于基本形状为球形的对象。
- **收缩包裹**：一种使用球形投影方式处理贴图的方法，它会裁剪掉贴图的各个角，并将它们汇聚到一个单一的基点上结合在一起，仅创建一个基点。收缩包裹贴图有助于隐藏贴图的基点。
- **长方体**：从长方体的6个侧面投影贴图。每个侧面的投影为一个平面贴图，且表面的效果取决于曲面法线。
- **面**：为对象的每个面应用贴图副本，使用完整矩形贴图来显示贴图。
- **XYZ到UVW**：将3ds Max程序坐标贴图应用到UVW坐标，从而将程序纹理贴到表面。如果表面被拉伸，程序贴图也被拉伸。
- **长度、宽度、高度**：指定UVW贴图的尺寸。
- **U向平铺、V向平铺、W向平铺**：指定UVW贴图的尺寸以便平铺图像。
- **真实世界贴图大小**：设置贴图在真实世界尺度下的尺寸。
- **操纵**：直接对UVW坐标进行手动调整。
- **适配**：自动调整贴图的UVW坐标，并适配到所需对象上。
- **居中**：将贴图的中心与所选对象的中心或指定点对齐。
- **位图适配**：自动调整贴图以适应对象的表面。系统会计算对象边界框的大小，并根据贴图的原始尺寸来确定一个缩放比例，使得贴图能够完整地填充在边界框内。
- **法线对齐**：将贴图与对象的法线方向对齐。
- **视图对齐**：根据当前视图的观察方向来调整贴图的位置，确保它在特定视角下显示正确。
- **区域适配**：选择一个对象表面的特定区域，并将贴图适配到这个区域，适用于只需对图像的某一部分进行贴图的情况。
- **重置**：将UVW坐标重置到原始或默认状态。
- **获取**：用于从其他对象或场景中复制UVW坐标设置。

5.2　3ds Max标准贴图

　　3ds Max标准贴图的种类很多，包括衰减贴图、噪波贴图、凹凸贴图、渐变贴图等。在材质编辑器中打开"材质/贴图浏览器"对话框，就可以在任意通道中添加所需贴图类型，如图5-3所示。本节将介绍一些常用的贴图类型。

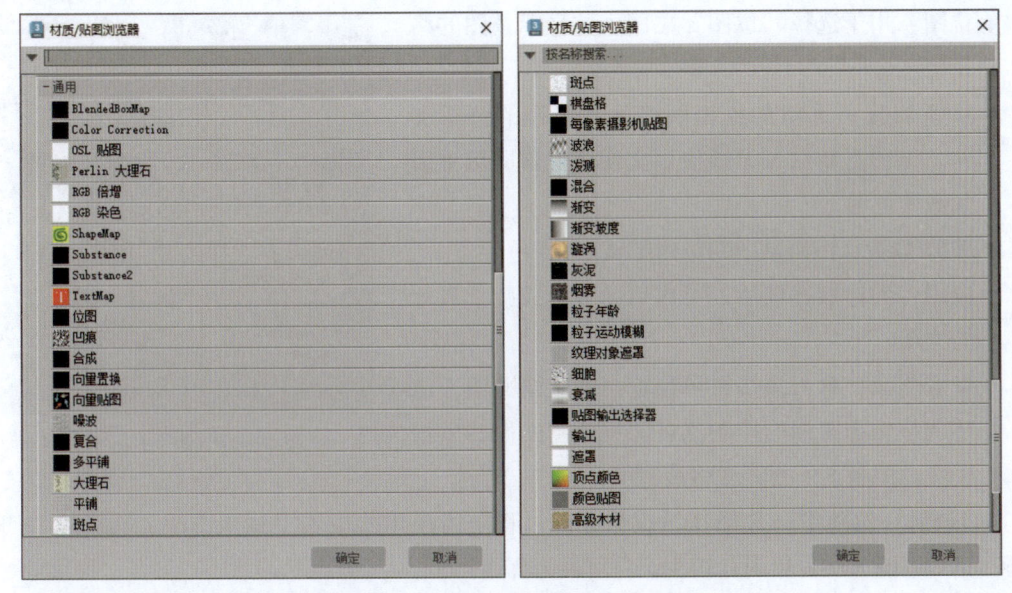

图 5-3 "材质/贴图浏览器"对话框

■5.2.1 位图贴图

位图贴图是将一张图片作为贴图赋予模型表面，使得模型更逼真，它是最常用的一种贴图类型。位图贴图支持多种格式，包括JPEG、BMP、PNG、TIFF和TGA等。

在"材质/贴图浏览器"对话框中双击"位图"选项，打开"选择位图图像文件"对话框，选择所需的贴图文件，单击"打开"按钮，如图5-4所示。

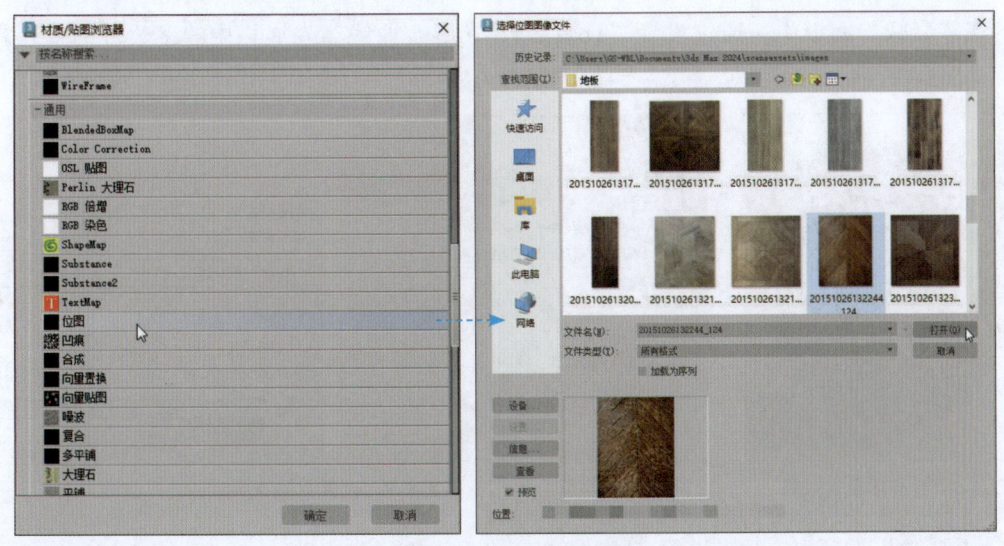

图 5-4 添加位图贴图

添加位图后，可在"位图参数"卷展栏中设置贴图的显示方式，如图5-5所示。下面将对主要选项进行说明。

- **位图**：用于选择"位图"贴图，并显示位图的路径信息。
- **重新加载**：重新加载相同名称和路径的位图文件。位图更新后，无须使用文件浏览器即可重新加载该位图。
- **裁剪/放置**：控制贴图的应用区域。
- **应用**：勾选该选项后，可应用已裁剪或减小尺寸的位图。
- **查看图像**：单击该按钮可预览当前位图贴图，通过调整位图四周的控制点可调整位图图像的显示区域，控制点外的区域将被裁掉。

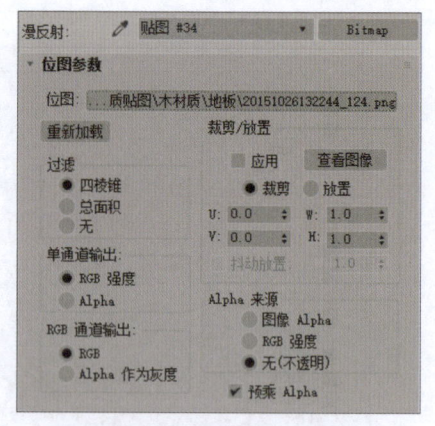

图 5-5 "位图参数"卷展栏

- **"过滤"选项组**：选择在抗锯齿处理过程中所使用的像素平均化方法，其中的"四棱锥"过滤方法占用内存较少，应用最为普遍。
- **"Alpha来源"选项组**：根据输入的位图确定输出Alpha通道的来源，一般保持默认设置即可。

■ 5.2.2 衰减贴图

衰减贴图是通过两个不同的颜色或贴图来模拟对象表面由深到浅或由浅到深的过渡效果，常用于绒布、织布材质。在"材质/贴图浏览器"对话框中双击"衰减"贴图选项，即可添加衰减效果，如图5-6所示。

在"衰减"面板中，通过设置"衰减参数""混合曲线"卷展栏中的参数可调整衰减效果，如图5-7所示。下面将对"衰减参数""混合曲线"卷展栏中的主要选项进行说明。

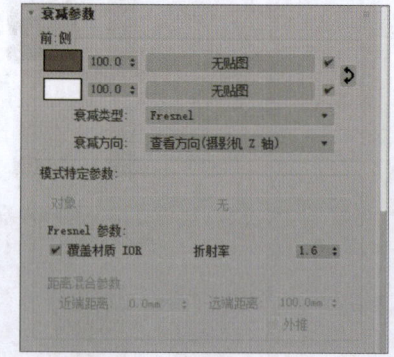

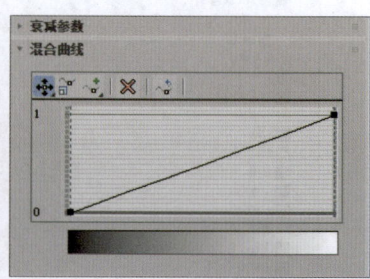

图 5-6 材质球衰减效果　　　　　图 5-7 设置衰减效果

- **"前:侧"选项组**：用来设置衰减过渡的颜色和贴图通道参数。
- **衰减类型**：设置衰减的方式，包含垂直/平行、朝向/背离、Fresnel、阴影/灯光、距离混合5种选项。不同的衰减方式，其渲染效果也不同。默认方式为"垂直/平行"。
- **衰减方向**：设置衰减的方向，默认为"查看方向（摄影机Z轴）"。一般选择默认选项即可。

- **对象**：通过选择对象或坐标系，确定衰减的方向和范围。
- **覆盖材质IOR**：允许更改为材质所设置的折射率。
- **折射率**：设置一个新的折射率。
- **近端距离**：设置混合效果开始的距离。
- **远端距离**：设置混合效果结束的距离。
- **外推**：勾选该选项后，效果会超出"近端""远端"设置的距离。
- **混合曲线**：通过调整曲线中的各控制点可调整衰减效果。

5.2.3 棋盘格贴图

棋盘格贴图是将两色的棋盘图案应用于模型表面，默认贴图是黑白方块图案，可自定义为其他颜色，常用于制作格状纹理、砖墙、地板砖或瓷砖这类有序的纹理。

在"材质/贴图浏览器"对话框中双击"棋盘格"贴图选项，即可添加该效果，如图5-8所示。在"棋盘格参数"卷展栏中可设置相关参数，如图5-9所示。

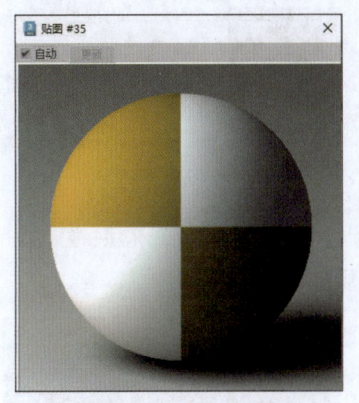

图 5-8 棋盘格贴图效果　　　　图 5-9 设置棋盘格参数

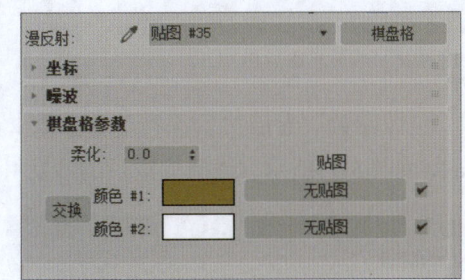

下面将对"棋盘格参数"卷展栏的主要选项进行说明。

- **柔化**：模糊方格之间的边缘，很小的柔化值就能产生明显的模糊效果。
- **交换**：单击该按钮可交换方格的颜色。
- **颜色**：设置方格的颜色，允许使用贴图代替颜色。
- **贴图**：选择要在棋盘格颜色区内使用的贴图。

下面将利用衰减、棋盘格和位图贴图功能创建沙发和抱枕材质，具体操作步骤如下。

步骤 01 打开"沙发"场景文件。按M键打开材质编辑器。选择一个材质球，将其重命名，将材质类型设为VRayMtl材质。在"基础参数"卷展栏中单击"漫反射"后的贴图通道按钮，如图5-10所示。

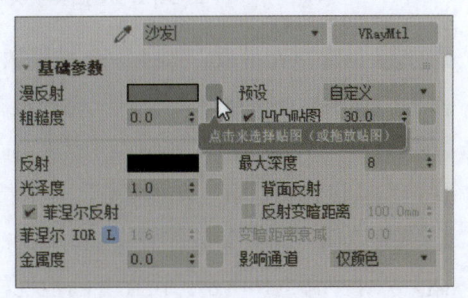

图 5-10 添加漫反射贴图

步骤 02 在"材质/贴图浏览器"对话框中双击"衰减"选项，进入"衰减参数"卷展栏。单击"前"的"无贴图"通道按钮，如图5-11所示。

步骤 03 在"材质/贴图浏览器"对话框中双击"位图"选项，打开"选择位图图像文件"对话框，选择素材文件"222.jpg"，单击"打开"按钮，如图5-12所示。

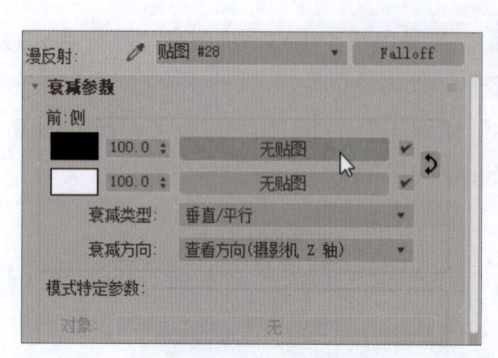

图 5-11 添加衰减贴图

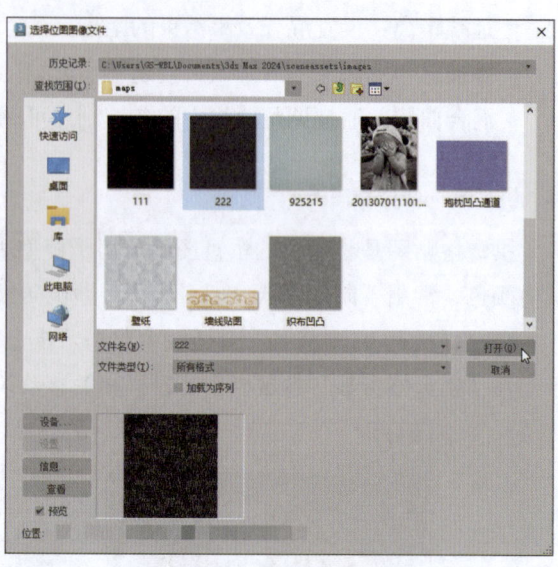

图 5-12 选择沙发布

步骤 04 进入"位图参数"卷展栏，保持默认参数，返回"衰减参数"卷展栏，设置"衰减类型"为Fresnel，如图5-13所示。设置完成后的沙发材质如图5-14所示。

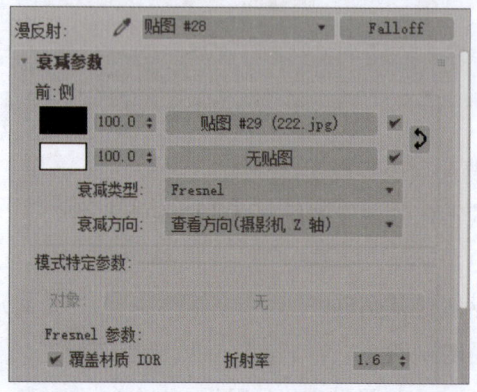

图 5-13 设置衰减类型

图 5-14 沙发材质

步骤 05 创建抱枕材质。选择一个材质球，并将其重命名，设置类型为VRayMtl材质，在"基础参数"卷展栏中单击"漫反射"贴图通道按钮，添加"衰减"贴图。

步骤 06 在"衰减参数"卷展栏中为"前"加载"棋盘格"贴图，进入"棋盘格参数"卷展栏，保持默认设置，返回"衰减参数"卷展栏，设置"衰减类型"为Fresnel，如图5-15所示。

步骤 07 返回"基础参数"卷展栏，单击"凹凸贴图"后的贴图通道按钮，为其添加凹凸位图贴图，效果如图5-16所示。设置好的抱枕材质如图5-17所示。

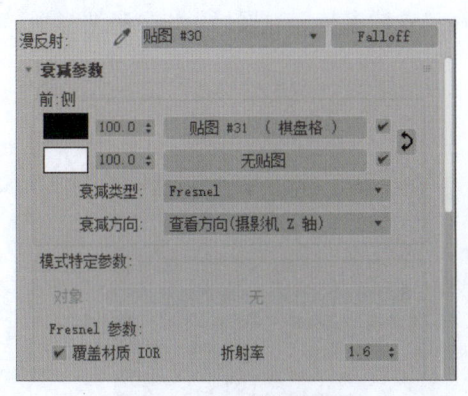

图 5-15　添加棋盘格贴图

图 5-16　凹凸位图贴图效果

步骤 08 将设置的材质分别赋予沙发和抱枕模型。选中抱枕模型，为其添加UVW贴图修改器，在"参数"卷展栏中将贴图类型设为"平面"，同时设置贴图的长度和宽度，如图5-18所示。

步骤 09 按F9键渲染视口，材质渲染效果如图5-19所示。

图 5-17　抱枕材质效果

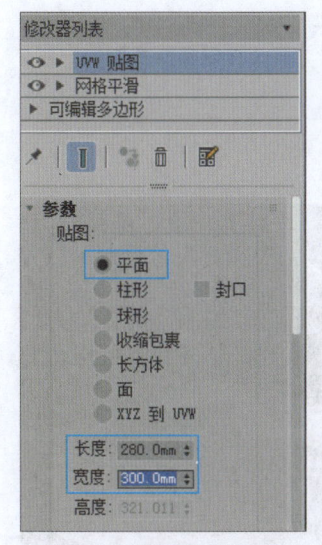

图 5-18　设置 UVW 贴图

图 5-19　材质渲染效果

· 119 ·

5.2.4 噪波贴图

噪波贴图是通过两种颜色的随机混合产生随机的噪波纹理，使用率比较高。它常用于无序贴图效果的制作，如水波纹、草地、墙面、毛巾等。在"材质/贴图浏览器"对话框中双击"噪波"贴图即可生成噪波效果，如图5-20所示。可在"噪波参数"卷展栏中设置噪波类型、噪波大小、颜色和阈值等参数，如图5-21所示。

图 5-20 噪波材质球效果

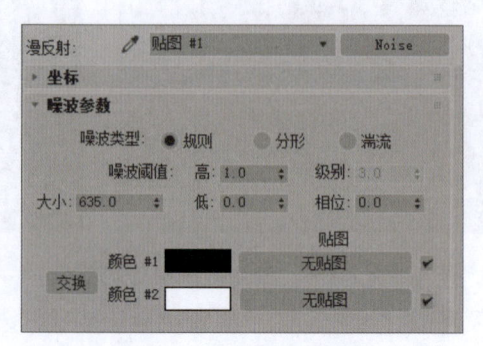

图 5-21 "噪波参数"卷展栏

"噪波参数"卷展栏的主要选项说明如下。

- **噪波类型**：有3种类型，分别是规则、分形和湍流。
- **大小**：设置噪波函数的比例，以控制噪波效果的尺度。
- **噪波阈值**：控制噪波效果的强度或影响程度，可精确调节噪波在模型表面的表现效果。
- **级别**：决定了在分形和湍流噪波中使用的分形能量和数量。
- **相位**：控制噪波函数的动画速度。
- **交换**：交换两个颜色或贴图的位置。
- **颜色#1/颜色#2**：通过所选的两种颜色来生成中间颜色值。

> **提示**：该贴图常与"凹凸"贴图结合使用，会产生对象表面的凹凸效果。它还可以与复合材质一起运用，制作出对象表面的灰尘感。

下面将利用噪波贴图来创建水材质，具体操作步骤如下。

步骤 01 打开"洗手池"场景文件。选中水池中的水模型，如图5-22所示。

步骤 02 按M键打开材质编辑器。选择一个材质球，并将其重命名。将材质类型设为VRayMtl类型，然后在"基础参数"卷展栏中设置漫反射颜色（R:84, G:169, B:194）、反射颜色（R:150, G:150, B:150）、折射颜色（白色）和雾颜色（R:223, G:239, B:243），如图5-23所示。

图 5-22 选中水模型

步骤 03 设置反射光泽度、折射IOR和雾的深度参数，如图5-24所示。

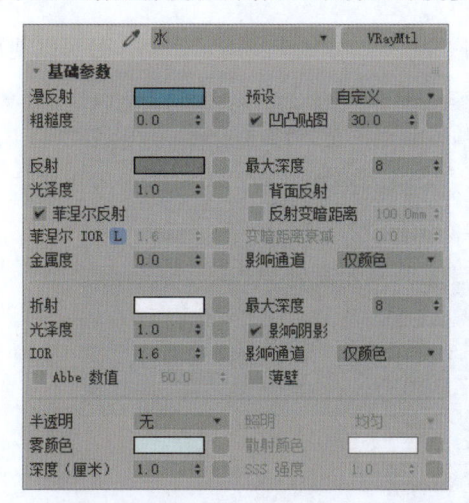

图 5-23 设置漫反射、反射、折射和雾颜色

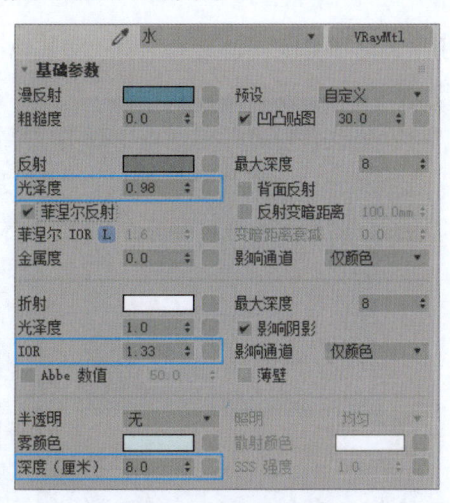

图 5-24 设置相关参数

步骤 04 在"贴图"卷展栏中单击"凹凸"通道按钮，为其添加"噪波"贴图，如图5-25所示。

步骤 05 在"噪波参数"卷展栏中，设置"噪波类型"设为"湍流"，设置"大小"为100，如图5-26所示。

图 5-25 添加噪波贴图

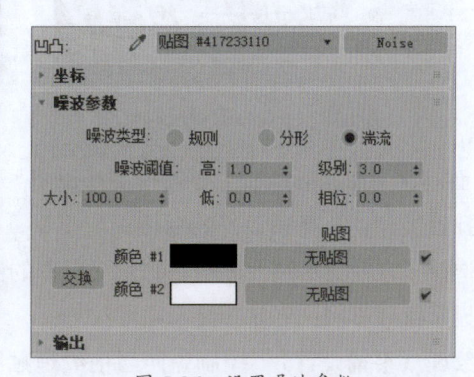

图 5-26 设置噪波参数

步骤 06 返回上一层面板，将设置好的材质赋予水模型，按F9键渲染视口，水材质效果如图5-27所示。

图 5-27 水材质效果

■5.2.5 平铺贴图

使用平铺贴图可以创建瓷砖、墙砖和其他平铺材质，如图5-28所示。制作时可以使用预置的建筑砖墙图案，也可以自定义图案。

在"材质/贴图浏览器"对话框中双击"平铺"贴图选项，即可添加平铺贴图效果。在"标准控制"卷展栏和"高级控制"卷展栏中可设置平铺的图案类型，也可以设置平铺的纹理颜色、砖缝的纹理颜色、砖缝间距等参数，如图5-29所示。

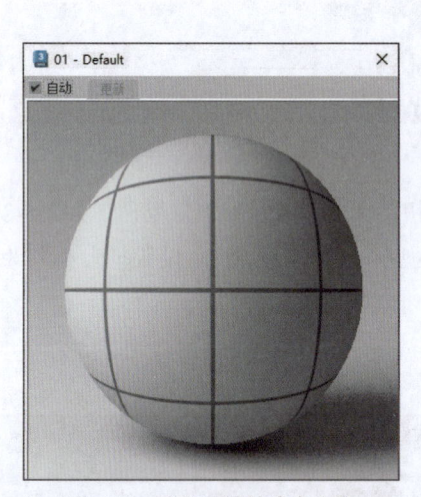

图 5-28　平铺贴图材质球效果　　　　图 5-29　设置平铺参数

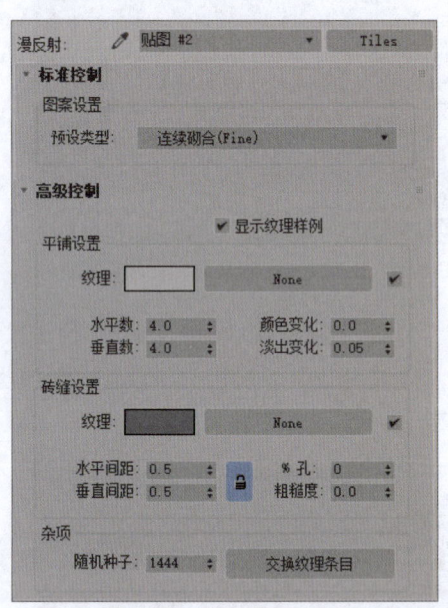

下面对这两个卷展栏的主要选项进行说明。

- **预设类型**：选择预设好的贴图图案类型，包含堆栈砌合、连续砌合、英式砌合等，也可选择"自定义平铺"选项来自定义贴图的图案。默认选项为堆栈砌合类型。
- **显示纹理样例**：更新并显示贴图纹理。
- **纹理（平铺设置）**：控制瓷砖当前纹理贴图的显示。单击"纹理"后的色块，可设置贴图颜色；单击"None"贴图通道，可添加平铺贴图。
- **水平/垂直数**：控制行与列的瓷砖数。
- **颜色/淡出变化**：控制瓷砖的颜色和淡出变化。
- **纹理（砖缝设置）**：控制砖缝的当前纹理贴图的显示。单击"纹理"后的色块，可设置砖缝颜色；单击"None"贴图通道，可添加砖缝贴图。
- **水平/垂直间距**：控制瓷砖间水平和垂直砖缝的大小。
- **粗糙度**：控制砖缝边缘的粗糙程度。

默认状态下，贴图的水平间距和垂直间距是锁定在一起的，可根据需要解开锁定来单独进行设置。

下面将利用平铺贴图来创建客厅地砖的材质效果，具体操作步骤如下。

步骤 01 打开"客厅"场景文件。按M键打开材质编辑器，选择一个材质球，将材质类型设为VRayMtl，在"基础参数"卷展栏中单击"漫反射"的贴图通道按钮，在"材质/贴图浏览器"对话框中双击"平铺"选项，进入"高级控制"卷展栏。

步骤 02 在"平铺设置"组的"纹理"选项中单击"None"按钮，添加位图贴图，然后设置平铺参数和砖缝参数，如图5-30所示。位图贴图效果如图5-31所示。

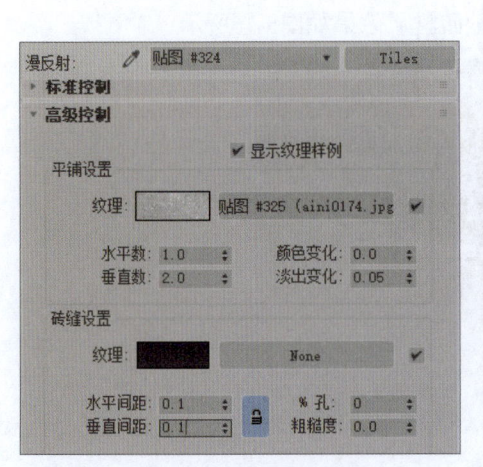

图 5-30　设置平铺参数　　　　　　　　图 5-31　位图贴图效果

步骤 03 返回"基础参数"卷展栏，将"漫反射"的贴图拖至"凹凸"贴图通道上，然后打开"实例（副本）贴图"对话框，选择"复制"，单击"确定"按钮，复制贴图，如图5-32所示。

步骤 04 进入凹凸贴图通道，在"高级控制"卷展栏中右击纹理贴图，选择"清除"选项，如图5-33所示。

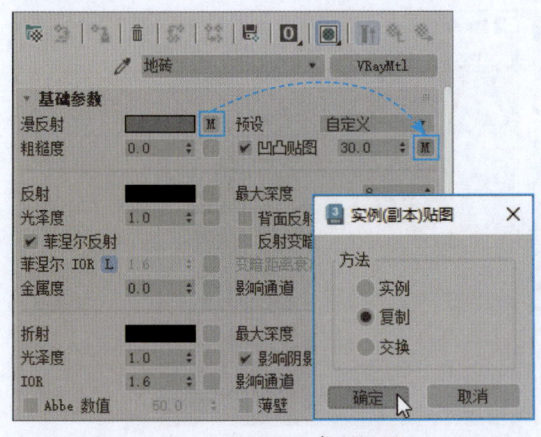

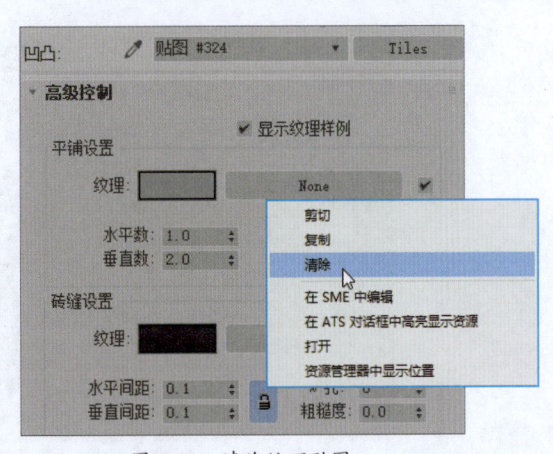

图 5-32　复制贴图　　　　　　　　图 5-33　清除纹理贴图

步骤 05 返回"基础参数"卷展栏，设置反射颜色及其参数，如图5-34所示。

步骤 06 在"BRDF"卷展栏中设置反射类型为Ward，如图5-35所示。

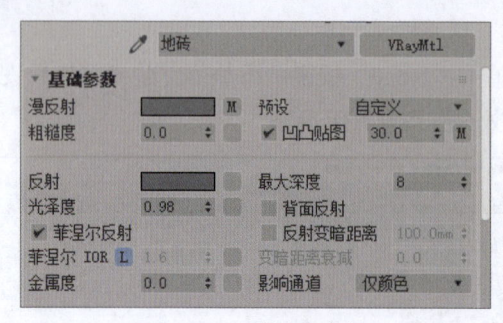

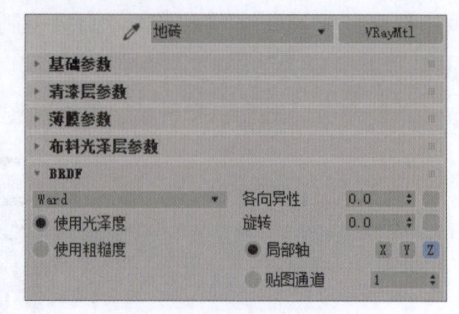

图 5-34　设置反射参数　　　　图 5-35　设置反射类型

步骤 07 将地砖材质赋予客厅地面。按F9键渲染视口，地砖材质效果如图5-36所示。

图 5-36　地砖材质效果

■5.2.6　渐变贴图

　　渐变贴图是指一种颜色过渡到另一种颜色，或是指定两种或三种颜色线性或径向渐变的效果。在"材质/贴图浏览器"对话框中双击"渐变"贴图选项，进入"渐变参数"卷展栏，可对三种渐变颜色、渐变类型进行设置，如图5-37所示。

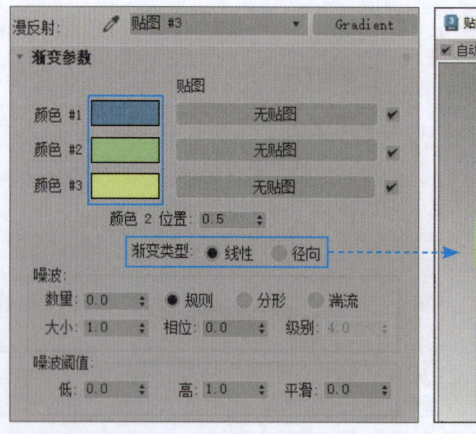

图 5-37　设置渐变贴图

"渐变参数"卷展栏的主要选项说明如下。

- **颜色#1~3**：设置渐变颜色。
- **贴图**：显示贴图而不是颜色。贴图采用混合渐变颜色相同的方式来混合到渐变中，可以在每个窗口中添加嵌套程序以生成更多的渐变色。
- **颜色2位置**：控制中间颜色的中心点。
- **渐变类型**：设置渐变显示的方法。

如果需要设置多种渐变色，可使用"渐变坡度贴图"功能来操作。该功能可以自由控制渐变色的数量、渐变位置、渐变类型。

在"材质/贴图浏览器"对话框中双击"渐变坡度"贴图选项，进入"渐变坡度参数"卷展栏，双击渐变栏中的滑块可设置渐变颜色，如图5-38所示。在空白处单击鼠标可添加新滑块，并设置其颜色，如图5-39所示。单击"渐变类型"下拉按钮，可选择渐变显示的方式，如图5-40所示。

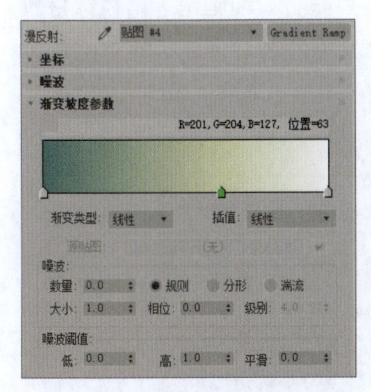

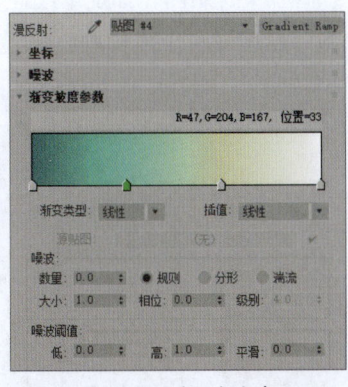

图 5-38 设置渐变色　　图 5-39 增加渐变色　　图 5-40 选择渐变类型

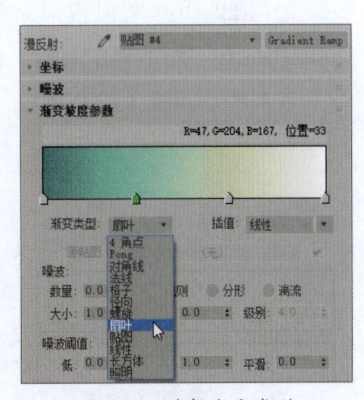

■5.2.7　泼溅贴图

泼溅贴图是在对象表面生成分形图案，能够模拟液体泼溅呈现的不规则纹理效果。在"材质/贴图浏览器"对话框中双击"泼溅"贴图即可生成泼溅状效果，如图5-41所示。在"泼溅参数"卷展栏中可对泼溅的形状大小、颜色及迭代次数等参数进行设置，如图5-42所示。

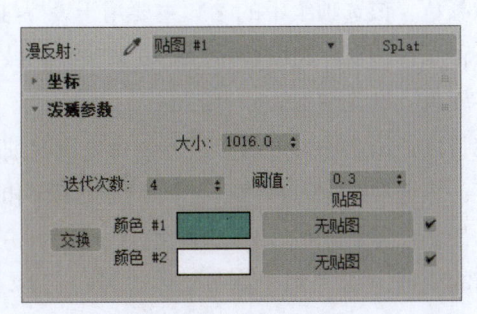

图 5-41 泼溅效果　　图 5-42 设置泼溅参数

- **大小**：调整泼溅的大小。
- **迭代次数**：计算分形的次数。数值越大，次数越多，泼溅越丰富，计算时间也会越长。
- **阈值**：设置颜色#1与颜色#2混合量的值。
- **交换**：交换两个颜色或贴图的位置。
- **颜色#1**：表示背景的颜色。
- **颜色#2**：表示泼溅的颜色。
- **贴图**：为颜色#1或颜色#2添加位图或程序贴图，以覆盖颜色。

> **提示**：在添加泼溅贴图时，需要注意贴图纹理的分辨率和尺寸，以确保在不同缩放比例下都能保持纹理清晰。

5.2.8 细胞贴图

使用细胞贴图可以模拟类似细胞形状的贴图，如皮革纹理、鹅卵石、细胞壁等。在"材质/贴图浏览器"对话框中双击"细胞"贴图即可生成细胞纹理效果，如图5-43所示。在"细胞参数"卷展栏中可设置细胞颜色、分界颜色、细胞特性和阈值等相关参数，如图5-44所示。

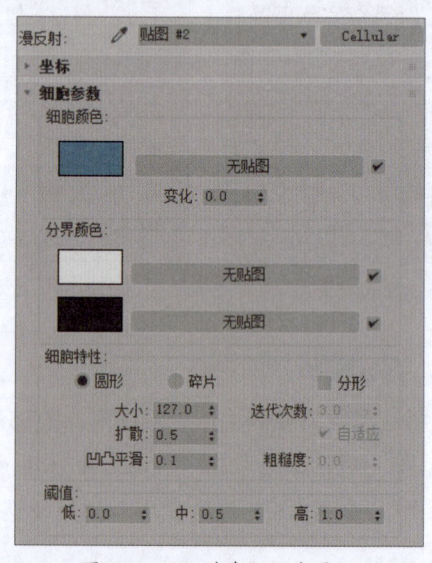

图 5-43　细胞材质效果　　　　图 5-44　"细胞参数"卷展栏

- **细胞颜色**：该选项组中的参数主要用于设置细胞的颜色。其中，颜色选项用于为细胞选择一种颜色，变化选项是通过随机调整红、绿、蓝颜色值来改变细胞的颜色。
- **分界颜色**：设置细胞的分界颜色。
- **细胞特性**：该选项组中的参数主要用来设置细胞的特征属性。
- **阈值**：该选项组中的参数用于限制细胞大小和分解颜色的界限。其中，"低"用于设定细胞的最小尺寸；"中"用于调整相对于第2种分界颜色的初始边界颜色大小，以平衡二者之间的比例；"高"用于调节整体边界的大小，影响整个细胞结构的尺度。

> **提示**：在"细胞特性"选项组中，"粗糙度"用于控制凹凸的粗糙程度。粗糙度为0时，每次迭代均为上一次迭代强度的一半，大小也为上一次的一半。随着粗糙度的增加，每次迭代的强度和大小都更接近上一次迭代的效果。当粗糙度为最大值1.0时，每次迭代的强度和大小均与上一次迭代相同。

下面将利用细胞贴图来制作皮材质，具体操作步骤如下。

步骤 01 打开"座椅"场景文件，如图5-45所示。

步骤 02 选中座椅模型，按M键打开材质编辑器，选择一个材质球，材质类型设为VRayMtl。在"基础参数"卷展栏中，设置漫反射颜色（R:91，G:37，B:6）和反射颜色（白色），然后设置反射光泽度参数，如图5-46所示。

图 5-45 "座椅"场景文件　　　　　图 5-46 设置基础参数

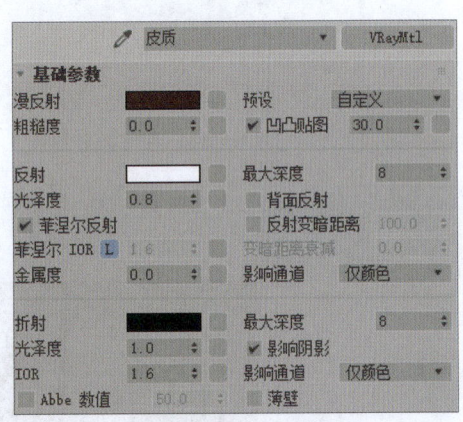

步骤 03 在"BRDF"卷展栏中，将反射类型设为Ward，其他保持默认选项，如图5-47所示。

步骤 04 在"贴图"卷展栏中单击"凹凸"通道按钮，添加细胞贴图，如图5-48所示。

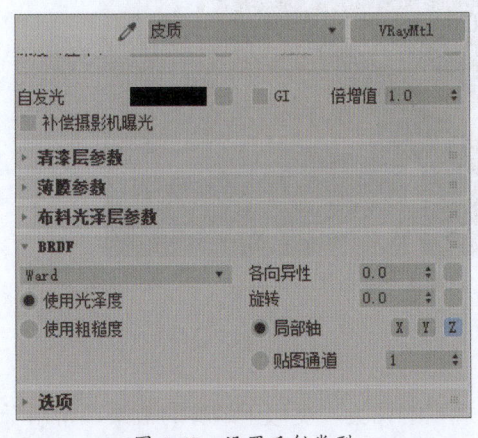

图 5-47 设置反射类型　　　　　图 5-48 添加细胞贴图

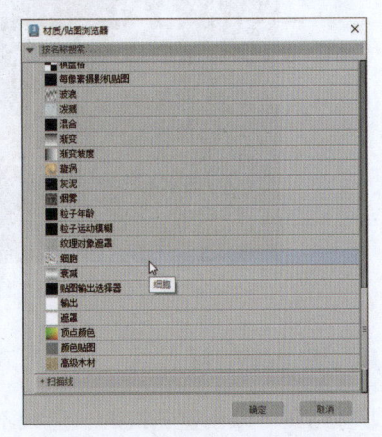

步骤 05 进入"细胞参数"卷展栏，在"细胞特性"选项组中将其"大小"设为3，其他保持默认选项，如图5-49所示。

步骤 06 返回上一层面板，在"贴图"卷展栏中将"凹凸"值设为20，然后将细胞贴图实例复制到"反射"贴图通道上，如图5-50所示。

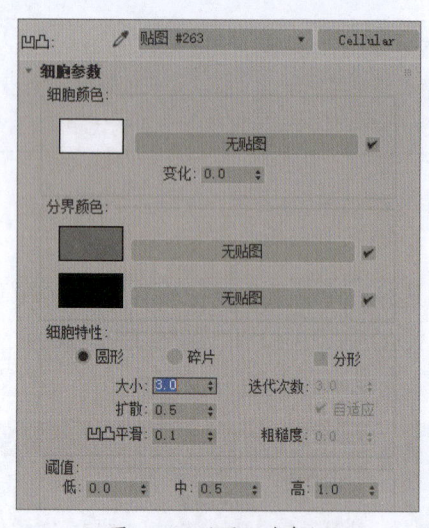

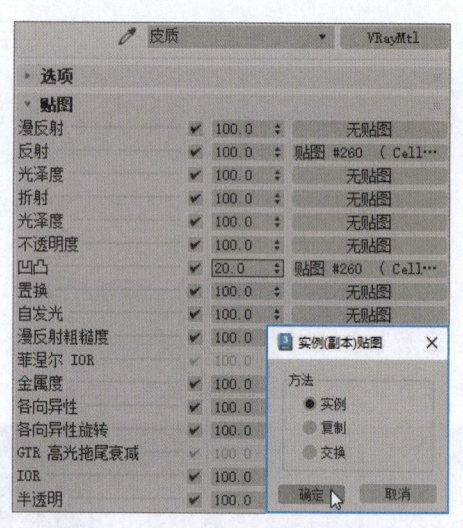

3ds Max+VRay室内效果图设计

图 5-49 设置细胞参数　　　图 5-50 设置凹凸值并复制细胞贴图

步骤 07 设置完成后，将皮材质赋予座椅模型。按F9键渲染视口，渲染皮材质效果如图5-51所示。

图 5-51 渲染皮材质效果

■5.2.9 烟雾贴图

利用烟雾贴图可以创建随机的、形状不规则的图案，类似于烟雾的效果，常用于制作光线中的烟雾或其他云状流动的效果。在"材质/贴图浏览器"对话框中双击"烟雾"贴图即可生成烟雾材质效果，如图5-52所示。可在"烟雾参数"卷展栏中对雾团的大小、颜色及迭代次数等参数进行设置，如图5-53所示。

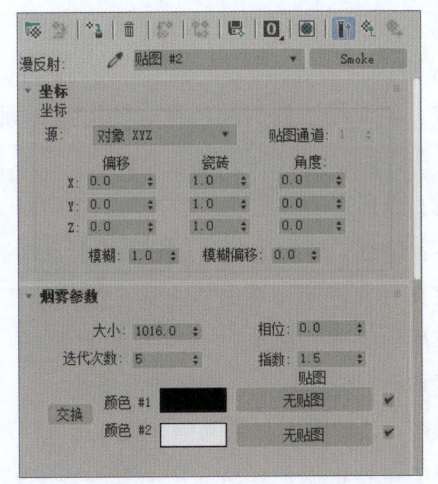

图 5-52　烟雾材质效果　　　　图 5-53　"烟雾参数"卷展栏

- **大小**：更改雾团的比例。
- **迭代次数**：控制烟雾的质量，参数越高，烟雾效果就越精细。
- **相位**：转移烟雾图案中的湍流。
- **指数**：使代表烟雾的颜色#2更加清晰、真实。
- **交换**：交换颜色。
- **颜色#1**：表示效果的无烟雾部分。
- **颜色#2**：表示烟雾。

5.2.10　Color Correction（颜色校正）贴图

利用颜色校正贴图可调整贴图的颜色，图5-54所示是材质颜色校正前后的效果对比。

图 5-54　材质颜色校正前后的效果对比

在"材质/贴图浏览器"对话框中双击"Color Correction"可进入相关参数卷展栏，如图5-55所示。在"基本参数"卷展栏中单击贴图通道按钮，可添加要调整的贴图，然后在"通道""颜色""亮度"卷展栏中调整颜色。下面将对主要选项进行说明。

- **法线**：将未经改变的颜色通道传递到"颜色"卷展栏中。
- **单色**：将所有的颜色通道转换为灰度明暗处理。
- **反转**：将红、绿和蓝色通道分别进行反向替换。
- **自定义**：允许使用卷展栏上其余控件将不同的设置应用到每一个通道。
- **色调切换**：使用标准色调谱更改颜色。
- **饱和度**：设置贴图颜色的强度或纯度。
- **色调染色**：根据色样值对所有非白色的贴图像素进行染色。
- **强度**：设置染色强度。
- **亮度**：调整贴图的总体亮度。
- **对比度**：调整贴图深、浅部分的区别，增强或减弱图像的视觉差异。

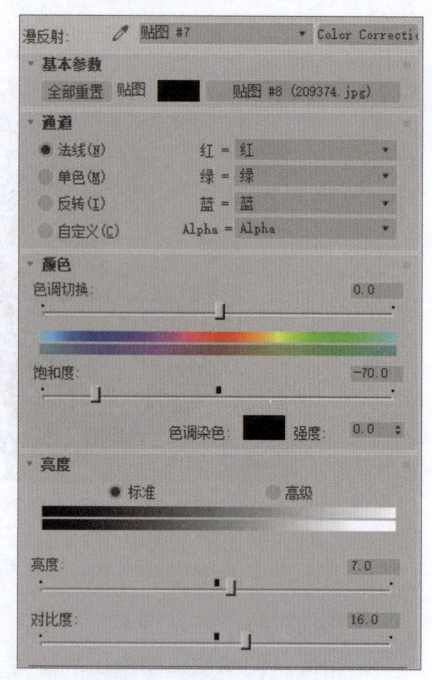

图 5-55　颜色校正参数设置

5.3　VRay贴图类型

VRay渲染器为用户提供了多种贴图类型，如VRayHDR环境贴图、VRayEdgesTex贴图、VRaySky贴图等。下面将讲解常用VRay贴图类型的运用。

■ 5.3.1　VRayHDR环境贴图

VRayHDR贴图是一种能够包含比传统图像更多颜色值和亮度级别的图像文件。VRayHDR贴图可为场景添加真实的环境光照效果，并模拟物体表面与周边环境的交互，物体反射周边环境贴图的效果如图5-56所示。

图 5-56　物体反射周边环境贴图的效果

在"材质/贴图浏览器"对话框中无法直接添加HDR贴图类型。首先要在"环境和效果"面板中添加一个环境贴图，然后将该贴图复制到材质编辑器面板中指定的材质球上，接着在相关的"参数"卷展栏中进行设置才可运用，如图5-57所示。

该卷展栏中的主要选项说明如下。

- **位图**：创建和查看HDR贴图图像。
- **贴图类型**：选择HDR的贴图方式，包括成角贴图、立方环境贴图、球状环境贴图、球体反射、直接贴图通道。
- **水平旋转**：控制HDR在水平方向的旋转角度。
- **水平翻转**：让HDR在水平方向上翻转。
- **垂直旋转**：控制HDR在垂直方向的旋转角度。
- **垂直翻转**：让HDR在垂直方向上翻转。
- **全局倍增**：控制HDR的亮度。
- **渲染倍增**：设置渲染时的光强度倍增。
- **插值**：选择HDR的插值方式，包括双线性、两次立方、双两次、默认。

图 5-57　HDR 贴图参数设置

下面将利用VRayHDR贴图功能来创建室内环境贴图，具体操作步骤如下。

步骤 01 打开"不锈钢茶具"场景文件，按F9键渲染视口，可观察到当前场景环境为黑色，如图5-58所示。按8键打开"环境和效果"面板，单击"环境贴图"通道按钮，如图5-59所示。

图 5-58　渲染后的不锈钢茶具　　　　图 5-59　"环境和效果"面板

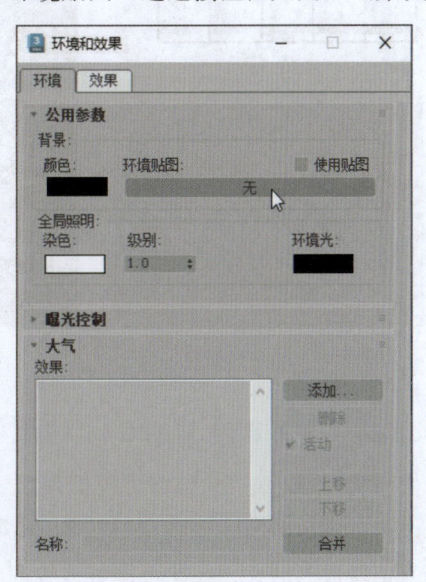

步骤 02 在"材质/贴图浏览器"对话框中双击VRayBitmap（VRay位图）选项，打开"选择HDR图像"对话框，选择"环境.png"贴图，单击"打开"按钮，如图5-60所示。

步骤 03 返回"环境和效果"面板。按M键打开材质编辑器,将"环境和效果"面板中加载的环境贴图以"实例"方式复制到指定的材质球上,如图5-61所示。

图 5-60 "选择 HDR 图像"对话框

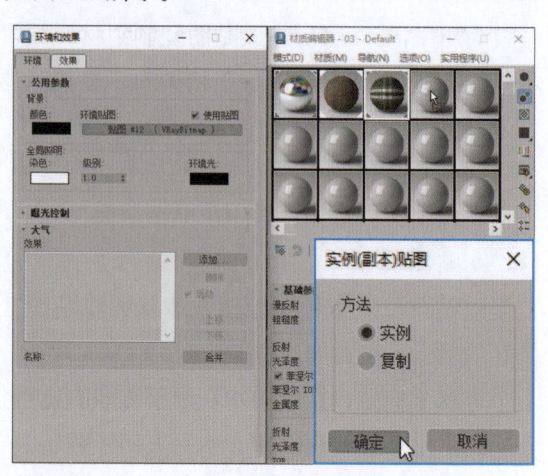

图 5-61 复制环境贴图至材质球上

步骤 04 在"参数"卷展栏中将"映射类型"设为"球形",如图5-62所示。
步骤 05 按F9键再次渲染视口,场景环境已发生了变化,如图5-63所示。

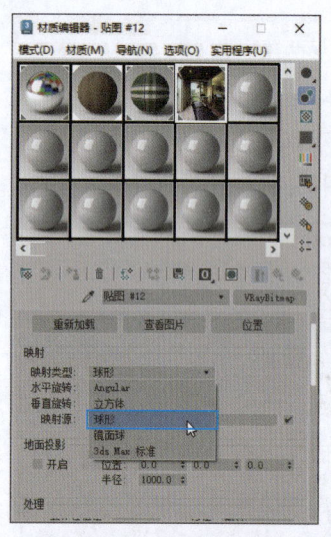

图 5-62 设置映射类型

图 5-63 渲染场景效果

5.3.2 VRayEdgesTex贴图

使用VRayEdgesTex贴图可模拟模型表面网格线框效果,还可快速预览模型结构,以便进行修改,如图5-64所示。在"材质/贴图浏览器"对话框中双击"VRayEdgesTex"贴图选项即可进入该参数卷展栏,在此可调整边纹理的颜色、像素宽度等参数,如图5-65所示。

该卷展栏中的主要选项说明如下。

- **颜色**:设置网格边线的颜色。
- **隐藏的边角**:勾选该选项时,物体背面的边线也会被渲染出来。

- **世界宽度**：使用世界单位来决定边线的厚度。
- **像素宽度**：使用像素单位来决定边线的厚度。

图 5-64 边纹理贴图效果

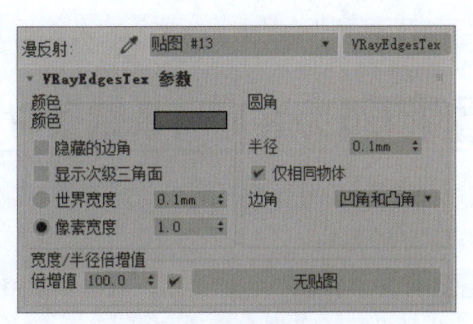

图 5-65 设置边纹理参数

5.3.3 VRaySky贴图

使用VRaySky贴图可以模拟蓝色渐变的天空效果，并且可以控制亮度，如图5-66所示。在"材质/贴图浏览器"对话框中双击"VRaySky"贴图选项即可进入"VRaySky参数"卷展栏，如图5-67所示，从中可以设置天空的浑浊度、混合角度等参数。

图 5-66 VRay 天空贴图效果

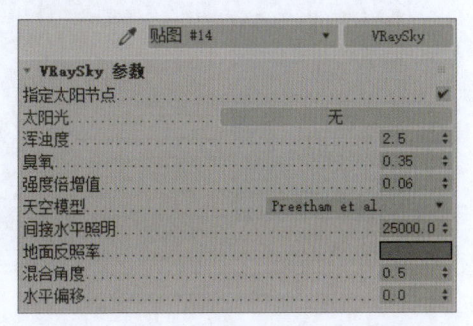

图 5-67 "VRaySky 参数"卷展栏

该卷展栏中的主要选项说明如下。

- **指定太阳节点**：勾选该项时，VRaySky的参数将自动与场景中的VRay太阳光源参数同步。若不勾选该选项，可以从场景中选择其他光源作为天空效果的控制源。这种情况下，VRay太阳光源将不再控制VRaySky的效果，而是根据所选光源自身的参数来调整天空效果。
- **太阳光**：单击后面的按钮可以选择太阳光源。
- **浑浊度**：控制天空的浑浊度。
- **臭氧**：控制天空臭氧层的厚度。
- **强度倍增值**：控制天空的明亮程度。
- **天空模型**：选择天空的类型。
- **间接水平照明**：间接控制水平照明的强度。
- **地面反照率**：控制地面反射的颜色。

- **混合角度**：控制天空贴图与地面（或水平面）之间的过渡效果。角度越小，过渡区域越窄；角度越大，过渡区域就越宽阔。
- **水平偏移**：调整天空贴图与地平线之间的相对位置。该参数为正值时，天空看起来更高远；参数为负值时，天空看起来更贴近地面。

课堂演练 为客厅场景赋予材质

本案例将利用材质与贴图功能来为客厅场景中的模型添加相应的材质，以完善客厅场景效果。

步骤01 打开"客厅"场景文件。制作"纱帘1"材质。按M键打开材质编辑器，选择一个材质球，设置材质类型为VRayMtl。在"贴图"卷展栏中分别为"漫反射""折射"通道添加"衰减"贴图，如图5-68所示。

步骤02 在"漫反射"的"衰减"贴图面板中，设置"前"（R:176，G:184，B:196）和"侧"（R:106，G:122，B:139）的衰减颜色及参数，如图5-69所示。

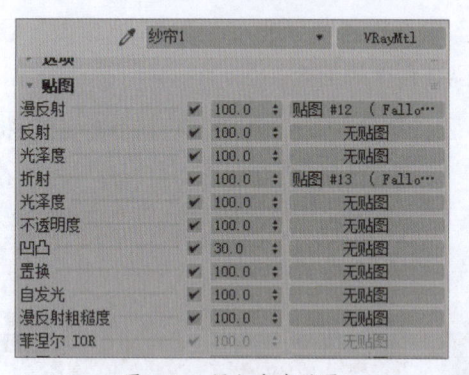

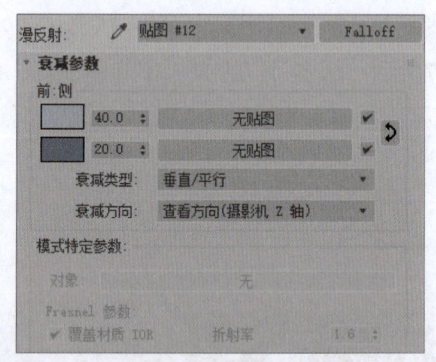

图 5-68　添加衰减贴图　　　　　图 5-69　设置漫反射的衰减参数

步骤03 在"折射"的"衰减"面板中，设置"前"（R:133，G:133，B:133）和"侧"（R:119，G:119，B:119）两种颜色，并将"衰减类型"设为Fresnel，如图5-70所示。

步骤04 返回上一层面板。在"基础参数"卷展栏中设置漫反射颜色（R:131，G:139，B:154）、反射和折射的参数，如图5-71所示。

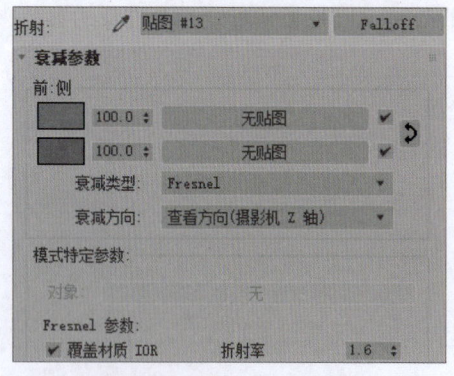

图 5-70　设置折射的衰减参数　　　　　图 5-71　设置基础参数

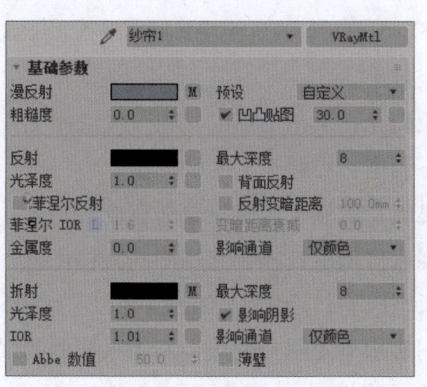

步骤 05 在"BRDF"卷展栏中将反射类型设为Blinn。在"选项"卷展栏中取消勾选"雾系统单位缩放"选项，如图5-72所示。

步骤 06 设置完成后的"纱帘1"材质球效果如图5-73所示。

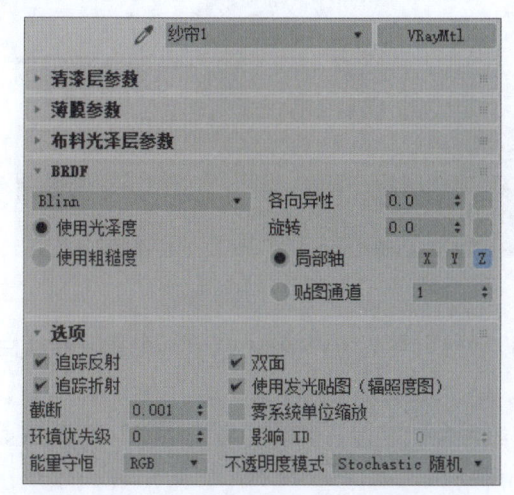

图 5-72 设置反射类型及选项值

图 5-73 "纱帘1"材质球效果

步骤 07 创建"纱帘2"材质。选择一个材质球，将其类型设为VRayMtl。在"基础参数"卷展栏中设置漫反射颜色（R:215，G:215，B:215）、反射颜色（R:20，G:20，B:20）和折射颜色（R:15，G:15，B:15），并调整反射参数，取消勾选"菲涅尔反射"选项，如图5-74所示。

步骤 08 在"BRDF"卷展栏中设置反射类型为Blinn。在"选项"卷展栏中取消勾选"追踪反射"和"雾系统单位比例"选项，如图5-75所示。设置完成后的"纱帘2"材质球效果如图5-76所示。

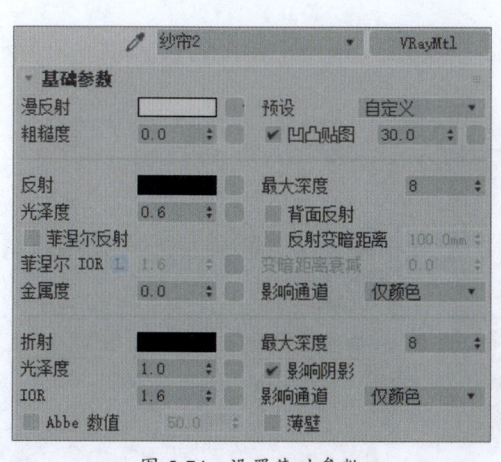

图 5-74 设置基础参数

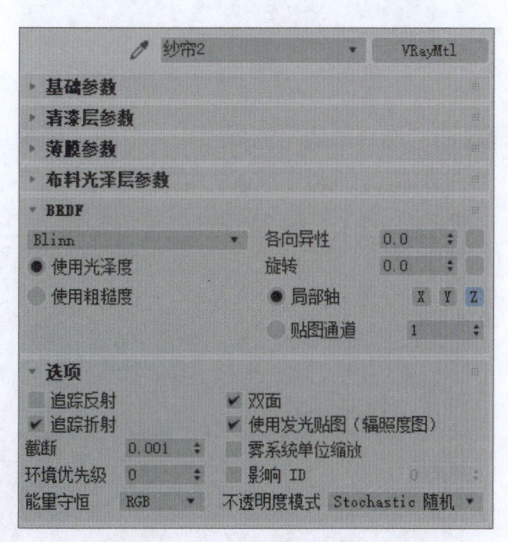

图 5-75 设置反射类型和选项值

步骤 09 将两种纱帘材质分别赋予场景模型，按F9键渲染视口，纱帘材质效果如图5-77所示。

图 5-76 "纱帘2"材质球效果 　　　　图 5-77 纱帘材质效果

步骤 10 制作沙发布材质。选择一个材质球，设置材质类型为VRayMtl。在"贴图"卷展栏中为"漫反射"通道添加衰减贴图，如图5-78所示。

步骤 11 在"衰减参数"卷展栏中，为前通道添加位图贴图，并将"衰减类型"设为Fresnel，如图5-79所示。加载的位图贴图效果如图5-80所示。

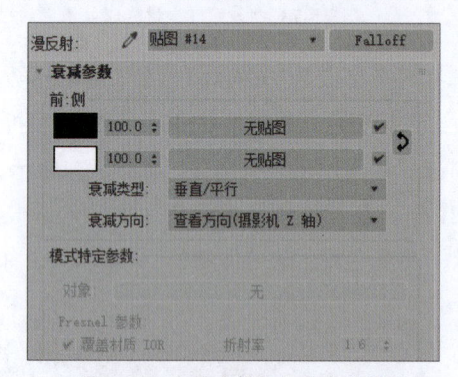

图 5-78 为漫反射添加衰减贴图 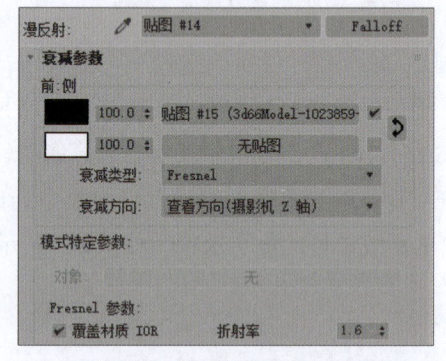　　　　图 5-79 为衰减通道添加位图

步骤 12 在"混合曲线"卷展栏中，单击"添加点""移动点"来设置衰减程度，如图5-81所示。

图 5-80 位图贴图效果 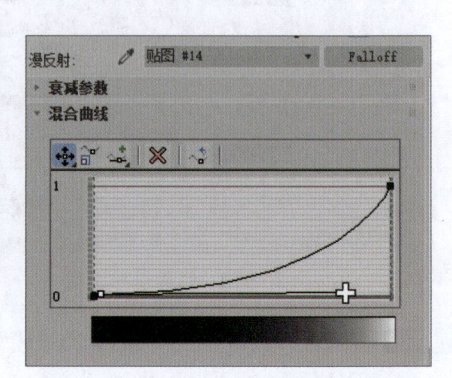　　　　图 5-81 设置衰减程度

步骤 13 返回"贴图"卷展栏。为"凹凸"通道添加位图贴图，其贴图与衰减贴图一致，如图5-82所示。制作好的沙发布材质球效果如图5-83所示。将沙发布材质赋予沙发模型中。

图 5-82 "凹凸"通道添加位图贴图　　　图 5-83 沙发布材质球效果

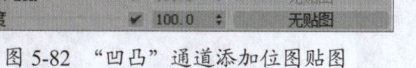

步骤 14 创建木材质。选择一个材质球，将其类型设为VRayMtl材质。在"基础参数"卷展栏中单击"漫反射"的贴图通道，为其添加一个位图贴图，如图5-84所示。在"基础参数"卷展栏中设置反射颜色（R:70，G:70，B:70）及其光泽度的参数，如图5-85所示。

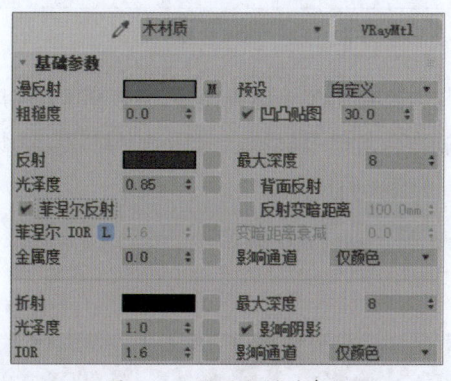

图 5-84 设置木材贴图　　　图 5-85 设置木材质参数

步骤 15 设置的木材质球效果如图5-86所示。将木材质赋予茶几、沙发扶手和矮柜模型上，按F9键渲染视口，材质渲染效果如图5-87所示。

图 5-86 木材质球效果　　　图 5-87 材质渲染效果

· 137 ·

步骤 16 创建地板材质。以"复制"的方式将木材质球复制到新材质球上，进入"慢反射"贴图通道，更换位图贴图，如图5-88所示。

步骤 17 在"基础参数"卷展栏中设置反射颜色（R:50，G:50，B:50），其他保持不变。地板的材质球效果如图5-89所示。

图 5-88 地板材质贴图

图 5-89 地板的材质球效果

步骤 18 将地板材质赋予地板模型，按F9渲染视口，地板材质渲染效果如图5-90所示。

步骤 19 制作台灯灯罩材质。选择一个材质球，设置为VRayMtl材质类型，为漫反射通道添加位图贴图，如图5-91所示。

图 5-90 地板材质渲染效果

图 5-91 为漫反射通道添加位图贴图

步骤 20 为折射通道添加衰减贴图，在"衰减参数"卷展栏中设置"前"（R:90，G:90，B:90）和"侧"（黑色）的颜色，并设置"衰减类型"为Fresnel，如图5-92所示。

步骤 21 返回上一层面板，设置反射和折射参数，如图5-93所示。灯罩的材质球效果如图5-94所示。

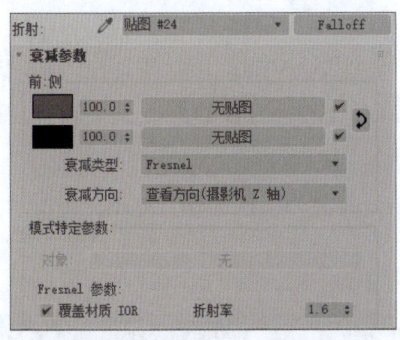

图 5-92　为折射通道添加衰减贴图 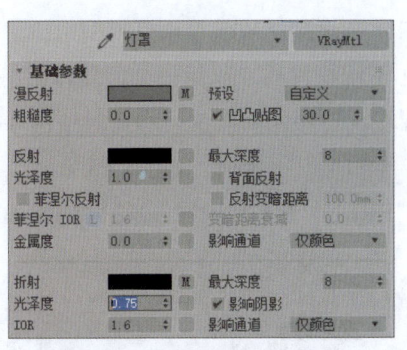　　图 5-93　设置反射和折射参数

步骤22 制作台灯水晶材质。选择一个材质球，将其类型设置为VRayMtl材质，在"帖图"卷展栏中分别为"漫反射""反射"通道添加"衰减"贴图。在"衰减参数"卷展栏中，设置漫反射颜色（白色）和反射颜色（R:40，G:40，B:40）。

步骤23 为折射通道添加衰减贴图。在"衰减参数"卷展栏中，设置"前"（白色）和"侧"（R:200，G:200，B:200）两种颜色，如图5-95所示。

图 5-94　灯罩的材质球效果 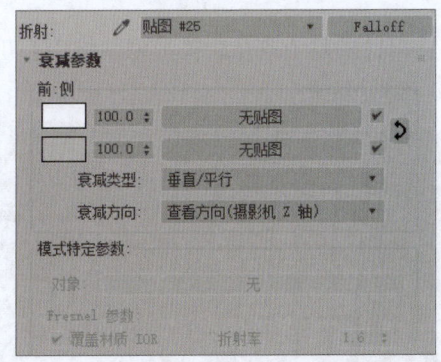　　图 5-95　设置折射衰减参数

步骤24 返回"基础参数"卷展栏，取消勾选"菲涅尔反射"复选框，其他保持默认选项，如图5-96所示。设置的水晶材质球效果如图5-97所示。

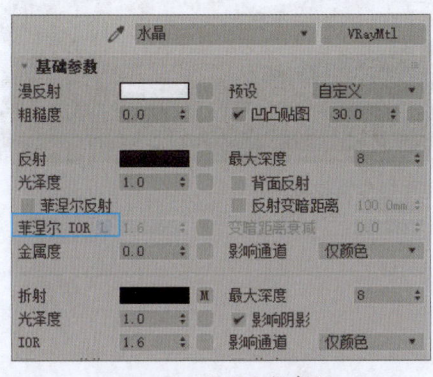

图 5-96　设置反射参数 　　图 5-97　水晶材质球效果

步骤 25 将灯罩及水晶材质赋予台灯模型中。

步骤 26 制作不锈钢材质。选择一个材质球，将其类型设为VRayMtl材质。在"基础参数"卷展栏中，设置漫反射颜色（黑色）和反射颜色（R:215，G:215，B:215），然后设置反射参数，取消勾选"菲涅尔反射"选项，如图5-98所示。

步骤 27 在"BRDF"卷展栏中设置反射类型为Blinn，其他为默认选项，如图5-99所示。

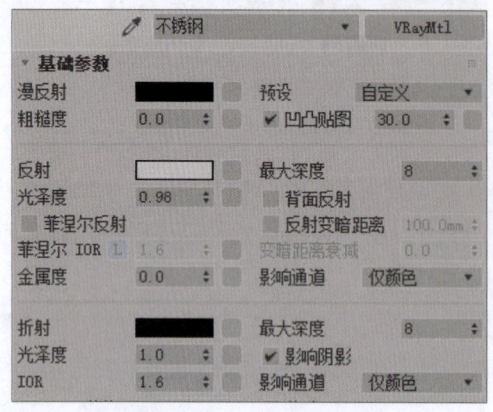

图 5-98　设置不锈钢材质参数

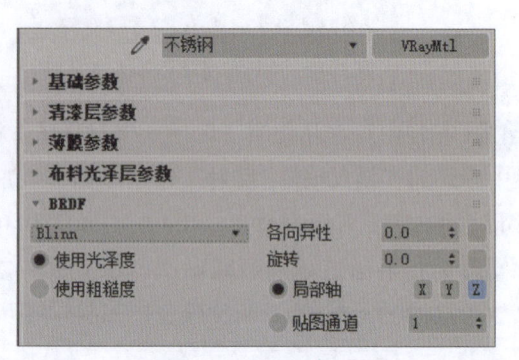

图 5-99　设置反射类型

步骤 28 将不锈钢材质赋予茶几装饰模型。按C键切换到摄影机视口，然后按F9键渲染，客厅材质渲染效果如图5-100所示。

图 5-100　客厅材质渲染效果

课后作业

一、选择题

1. 不属于UVW贴图类型的是（　　）。
   A. 平面　　　　　B. 球形　　　　　C. 收缩包裹　　　　　D. 双面
2. 位图贴图是在（　　）中加载。
   A. 选择位图文件面板　　　　　　　B. 位图参数面板
   C. "材质/贴图浏览器"对话框　　　　D. 衰减参数面板
3. "衰减类型"参数中不包含（　　）。
   A. 垂直/平行　　　　　　　　　　B. 朝向/背离
   C. Fresnel　　　　　　　　　　　D. 摄影机Z轴

二、填空题

1. 棋盘格贴图常用于_____、_____、_____或_____这类有序的纹理。
2. 在噪波贴图参数面板中，可以设置噪波的_____、_____、_____、_____等参数。
3. _____可为场景添加真实的环境光照效果，并模拟物体表面与周边环境的交互。

三、操作题

为茶杯及瓷碟模型添加瓷器材质，效果如图5-101所示。

图 5-101　瓷器材质效果

操作提示

步骤01　选择一个材质球，将其类型设置为VRayMtl材质。
步骤02　为反射通道添加衰减贴图，并设置反射参数。

拓展阅读 从贴图艺术看文化传承——苏州园林的窗棂之美

苏州园林以精巧的布局和细腻的装饰闻名于世。园林中的窗棂（图5-102）设计堪称一绝，其形状多样（有圆形、方形、八角形等），图案更是丰富（有冰裂纹、回纹、万字纹等）。

图 5-102 窗棂

从贴图角度看，这些窗棂图案就如同天然的纹理。例如，冰裂纹看似随意却又蕴含秩序，它模仿自然中冰块开裂的形态，象征着自然的变化与和谐。在实际制作中，可以借助3ds Max的位图贴图，将拍摄的窗棂高清图片导入，精准还原其纹理细节；用噪波贴图和渐变贴图可以模拟木质窗棂在岁月侵蚀下的色泽变化和自然磨损效果，让古老窗棂在虚拟场景中重焕生机。

透过这些窗棂，仿佛能看到古人对自然的细致观察与对美好生活的向往，体会到传统建筑装饰的独特魅力。

中国传统建筑装饰是中华民族数千年文明的结晶，承载着先辈们的智慧与审美。从窗棂到木雕，从壁画到砖石雕刻，每一处装饰都蕴含着深厚的文化寓意。例如，万字纹寓意吉祥不断、万福万寿，体现了古人对美好生活的祈愿。作为新时代的学习者，我们肩负着传承和创新传统文化的重任。

在学习现代软件技术时，融入传统建筑装饰元素，是对文化自信的践行。我们要以创新的思维将古老文化与现代设计理念相结合，让传统建筑装饰在数字时代绽放新光彩，让世界看到中华文化的博大精深。

在现代设计行业，传统建筑装饰元素的应用十分广泛。在室内设计中，常将传统图案以壁纸、墙绘等形式呈现，营造独特的文化氛围。例如，在中式餐厅中，用平铺贴图的原理将回纹图案铺满墙面，展现中式风格的典雅与庄重。在建筑外观设计上，也会借鉴传统建筑的色彩和纹理。在一些新中式建筑，运用VRayHDR贴图模拟传统建筑在不同光线下的色彩变化，结合VRaySky贴图营造出与传统建筑相呼应的自然环境。灵活运用这些传统元素，能让我们在设计中脱颖而出，为作品增添文化底蕴和艺术价值。

中国传统建筑装饰元素是一座取之不尽的设计宝库。通过学习和运用这些元素，不仅能提升设计技能，更能增强文化自信，为传承和发展中华优秀传统文化贡献自己的力量。

模块 6

灯光的应用

学习目标

【知识目标】
- 理解室内布光的基本层次。
- 熟悉3ds Max标准灯光类型。
- 了解光度学灯光与VRay灯光的特点。
- 掌握灯光阴影的类型与设置。

【技能目标】
- 能够根据场景需求，合理创建灯光。
- 掌握灯光位置、方向、强度和颜色的调整技巧。
- 能够根据场景需求选择合适的阴影类型，并调整阴影参数以优化效果。
- 能够根据室内空间的功能和风格，合理布局主要光源和辅助光源。

【素质目标】
- 培养对灯光设计的专业理解，养成良好的灯光设置习惯。
- 提升对光影效果和氛围营造的审美能力，能够根据需求设计出理想的灯光方案。
- 尝试使用不同的灯光类型和参数设置，探索新的视觉效果。
- 强化对新技术和新工具的适应能力，不断优化工作流程。

6.1 室内布光

室内场景的布光通常分3个层次：主光源、背景光源和补充光源。在为场景布光时，只要确保这3种光源都得到恰当的应用，就能基本模拟出真实的光照效果，如图6-1所示。

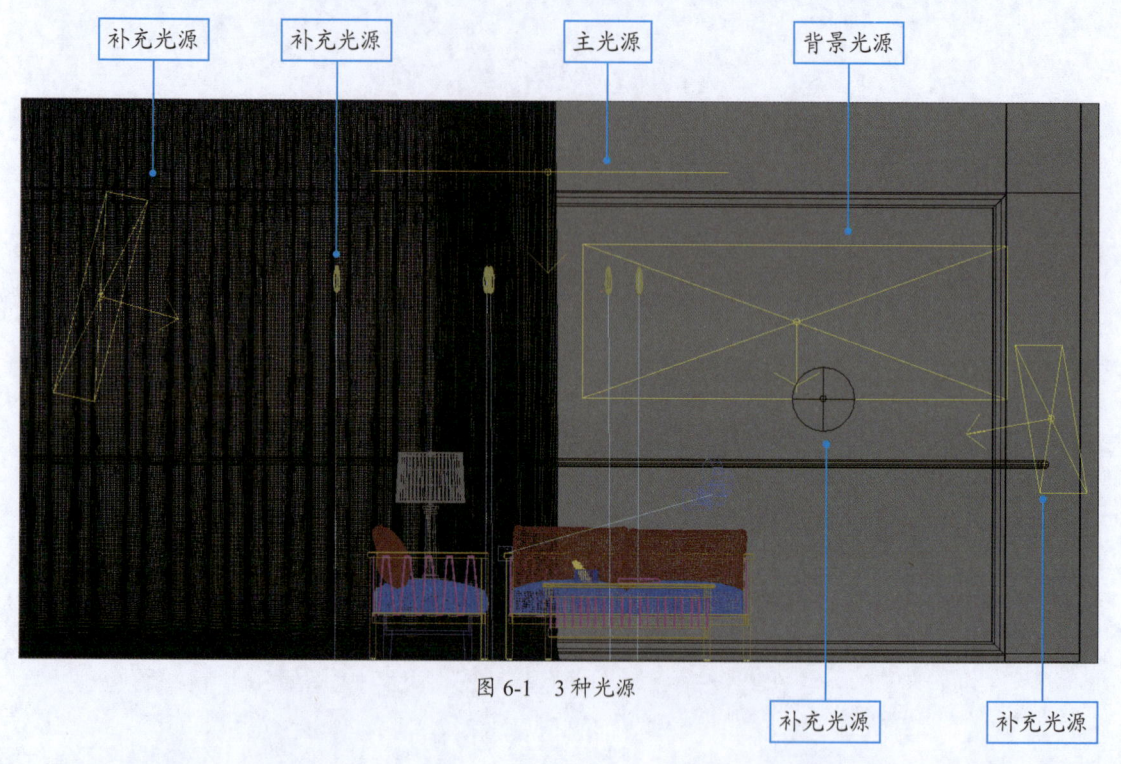

图 6-1　3种光源

1. 主光源

在一个场景中，主光源是必不可少的。主光源不一定由单一光源构成，但一定是提供主要照明的光源。作为场景中最突出和最亮的灯光，主光源不仅决定了整体光照的质量，还对角色感情的表现起到关键作用。

2. 背景光源

背景光源通常作为边缘光，通过照亮对象的边缘来增强其与背景的分离度。这种光源常放置在四分之三关键光的正对面，主要影响物体的边缘，产生非常小的反射高光区。对于有很多小圆角边缘的模型，合理使用背景光源能够显著提升场景的真实感和立体感。

3. 补充光源

补充光源也称为环境光，主要来自于环境漫反射。补充光源用于柔化场景的黑暗区域和阴影部分，常放置在与主光源相对的位置，其灯光强度要弱于主光源。有些场景渲染效果不真实，很大原因是因为布光缺乏主次，不能细腻地展现场景细节，也无法有效渲染氛围。

6.2 标准灯光类型

3ds Max提供的标准灯光类型分为聚光灯、平行光、泛光灯和天光4种。不同的灯光类型产生的光照效果也不同。在"创建"命令面板中单击"灯光"按钮可切换到"灯光"命令面板，选择"标准"类型即可显示所有灯光命令，如图6-2所示。

图6-2 标准灯光类型

■6.2.1 聚光灯

聚光灯是常用的灯光类型，包括目标聚光灯和自由聚光灯两种。它们都是由一个点向一个方向照射，如图6-3所示。它们的区别就是目标聚光灯有目标点，而自由聚光灯没有目标点，如图6-4所示。

图6-3 聚光灯照射效果　　　　图6-4 两种聚光灯

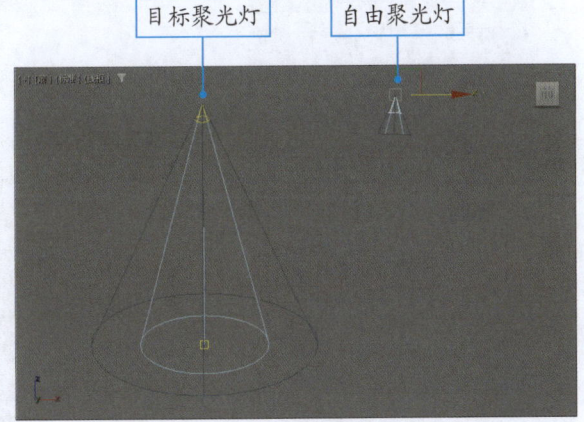

下面将以"目标聚光灯"为例，对其主要参数卷展栏进行说明。

1. 常规参数

该卷展栏用于控制标准灯光的开启与关闭以及对阴影的控制，如图6-5所示，其中主要选项说明如下。

- **启用（灯光）**：控制是否开启灯光。
- **目标**：光源到目标对象的距离。
- **启用（阴影）**：控制是否开启灯光阴影。

- **使用全局设置**：若勾选该选项，灯光投射的阴影将影响整个场景的阴影效果；若取消勾选该选项，则必须手动选择渲染器用以生成特定灯光阴影的方法。
- **阴影类型**：切换阴影类型以得到不同的阴影效果。有6种阴影类型可供选择，每种类型都有对应的参数设置。
- **"排除"按钮**：将选定的对象排除于灯光效果之外。

2. 强度/颜色/衰减

该卷展栏用于对灯光的基本属性参数进行设置，如图6-6所示，其中主要选项说明如下。

- **倍增**：设置灯光强度参数，参数值越大，强度越强。
- **颜色**：单击色块可设置光线的颜色。
- **类型**：指定灯光的衰退方式，包括"无""倒数""平方反比"3种。
- **开始**：设置灯光开始衰退的距离。
- **显示**：在视口中显示灯光衰退的效果。
- **近距衰减**：该选择项组中提供了控制灯光强度淡入的参数。
- **远距衰减**：该选择项组中提供了控制灯光强度淡出的参数。

3. 聚光灯参数

该卷展栏主要用于控制聚光灯的聚光区及衰减区，如图6-7所示，其中主要选项说明如下。

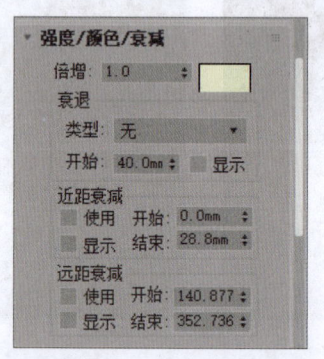

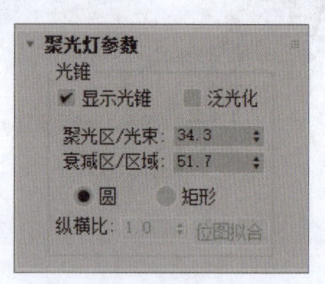

图6-5 "参数设置"卷展栏　　图6-6 "强度/颜色/衰减"卷展栏　　图6-7 "聚光灯参数"卷展栏

- **显示光锥**：启用或禁用圆锥体的显示。
- **泛光化**：启用该选项后，灯光在所有方向上投射灯光，但是投影和阴影只发生在其衰减圆锥体内。
- **聚光区/光束**：调整灯光圆锥体的角度。
- **衰减区/区域**：调整灯光衰减区的角度。
- **圆/矩形**：确定聚光区和衰减区的形状。如果想要一个标准圆形的灯光，可选择圆；如果想要一个矩形的光束（如灯光通过窗户或门投影），可选择矩形。

- **纵横比**：设置矩形光束的纵横比。
- **位图拟合**：如果灯光的投影纵横比为矩形，应设置纵横比以匹配特定的位图。当灯光用作投影灯时，该选项非常有用。

4. 阴影参数

通过在"阴影参数"卷展栏中设置阴影参数，可以使对象的投影产生密度不同或颜色不同的阴影效果，如图6-8所示，其中主要选项说明如下。

- **颜色**：单击色块，可设置灯光投射的阴影颜色，默认为黑色。
- **密度**：控制阴影的密度，值越小，阴影越淡。
- **贴图**：使用贴图可以将各种程序贴图与阴影颜色进行混合，产生更复杂的阴影效果。
- **灯光影响阴影颜色**：灯光颜色将与阴影颜色混合在一起。
- **大气阴影**：使用该选项组中的参数可以使场景中的大气效果产生投影，并且能够控制投影的不透明度和颜色量。

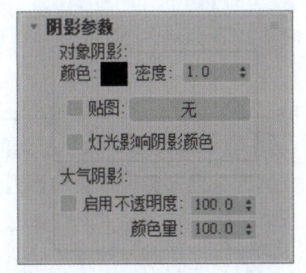

图 6-8 "阴影参数"卷展栏

> 提示：自由聚光灯和目标聚光灯的参数基本一致。唯一区别在于"自由聚光灯"没有目标点，它只能通过旋转来调节灯光的角度。

6.2.2 平行光

平行光包括目标平行光和自由平行光两种，主要用于模拟太阳在地球表面投射的光线，即以一个方向投射的平行光，如图6-9所示。目标平行光与自由平行光的区别在于一个有目标点，一个没有目标点，但它们的光照效果一样，如图6-10所示。

图 6-9 平行光照射效果

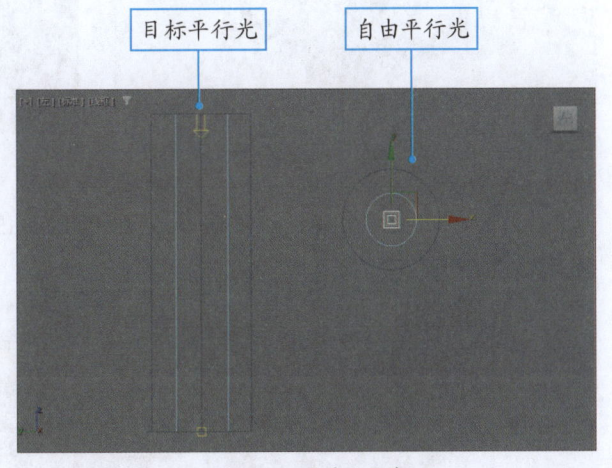

图 6-10 两种平行光

平行光的主要参数包括"常规参数""强度/颜色/衰减""平行光参数""阴影参数"等，如图6-11所示。其设置参数与聚光灯参数基本一致，这里就不再重复介绍。

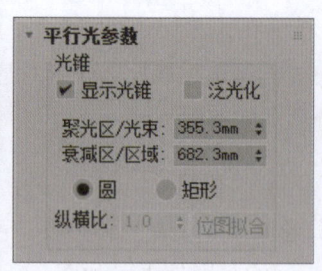

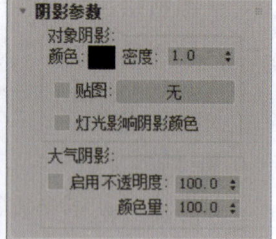

图 6-11 平行光主要参数设置

> ⚠️ **提示**：聚光灯和平行光的区别在于，聚光灯的照射范围呈锥形，它的照明程度取决于光锥的大小和远近程度，实现从柔和到强烈的不同照明效果，常用于室内灯光点缀或室外路灯照明。平行光的光线是平行的，没有起点和终点，只有方向性。这种光线的强弱不会随灯光的大小或远近而改变。平行光照射下的物体的阴影清晰，明暗对比强烈。

■6.2.3 泛光灯

泛光灯属于点状光源，从单个光源向各个方向均匀地发散光线，其照明原理与室内白炽灯泡一样，可以照亮整个场景，如图6-12所示，常用来制作灯泡灯光和蜡烛光等光效。

在场景中创建多个泛光灯，并调整色调和位置，可以使场景具有明暗层次，如图6-13所示。泛光灯不善于凸显主题，通常作为补光来模拟环境光的漫反射效果。

图 6-12 泛光灯照射效果　　　　图 6-13 创建多个泛光灯

泛光灯的主要参数包含"常规参数""强度/颜色/衰减""阴影参数"等，如图6-14所示。其参数含义与聚光灯参数基本一致。

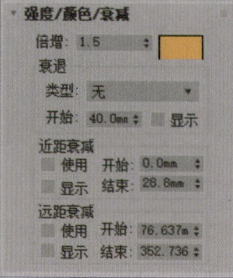

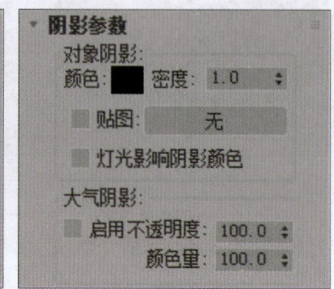

图 6-14 泛光灯主要参数设置

· 148 ·

■6.2.4 天光

天光是比较特别的标准灯光类型，它可以从四面八方同时对物体投射光线，实现类似穹顶灯光一样的柔和阴影，但无法得到物体表面的高光效果，如图6-15所示。

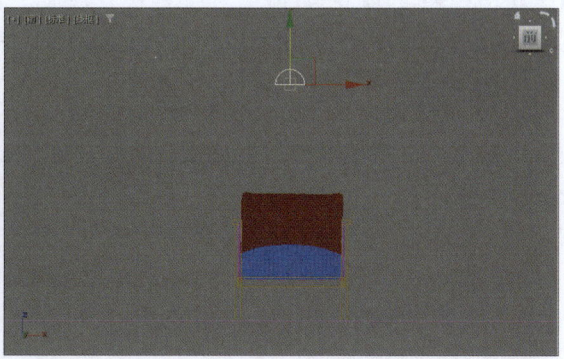

图 6-15 天光照射效果

天光只有一个"天光参数"卷展栏，可对天光的颜色、渲染选项进行设置，如图6-16所示。常用选项说明如下。

- **启用**：启用或禁用天光。
- **倍增**：设置天光照射强度。
- **使用场景环境**：启用后，天光会使用场景的环境贴图或颜色作为光源；禁用后，天光会使用自身的参数设置。
- **天空颜色**：单击色块按钮可设置天光颜色。
- **贴图**：使用贴图影响天光颜色。
- **投射阴影**：使天光投射阴影。默认为禁用。
- **每采样光线数**：计算落在场景中指定点上天光的光线数。
- **光线偏移**：指定对象在场景中投射阴影的最短距离。

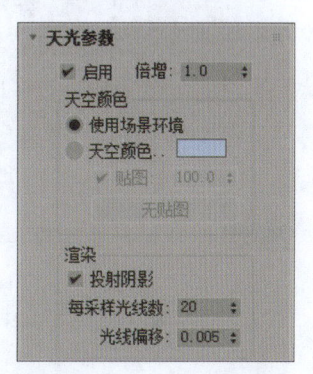

图 6-16 天光设置参数

下面将利用平行光功能为书房空间创建阳光照射进来的效果，具体操作步骤如下。

步骤 01 打开"书房空间"场景文件，按F9键进行渲染，书房空间渲染效果如图6-17所示。

步骤 02 在"标准"命令面板中单击"目标平行光"按钮，创建目标平行光光源。通过切换各视口，调整平行光的照射位置，如图6-18所示。

图 6-17 书房空间渲染效果

图 6-18 调整平行光的照射位置

步骤 03 选择平行光,在"常规参数"卷展栏中启用阴影,并设置阴影类型为VRayShadow,单击"排除"按钮,在打开的"排除/包含"对话框中选择窗外模型和窗帘模型,单击" »"按钮可将模型添加至右侧列表中,如图6-19所示。

步骤 04 在"强度/颜色/衰减"卷展栏中,设置"倍增"为10,并设置光源颜色(R:252,G:216,B:101),其他保持默认选项,如图6-20所示。

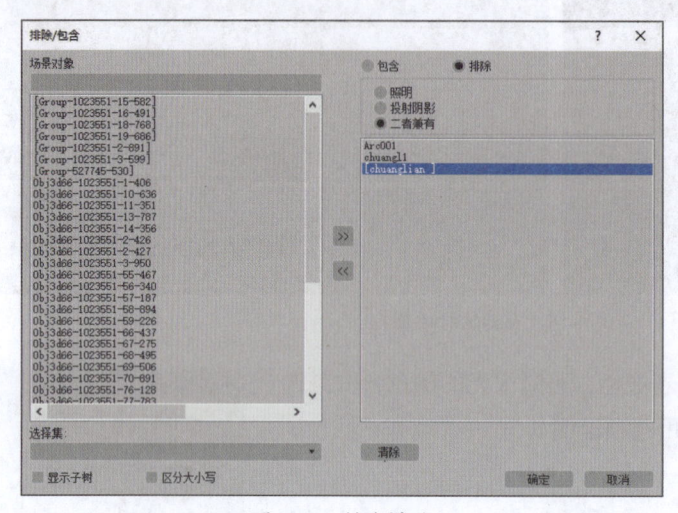

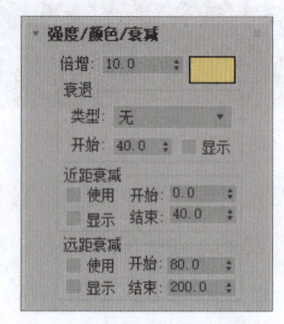

图 6-19 排除模型　　　　图 6-20 设置光源强度和颜色

步骤 05 在"平行光参数"卷展栏中设置聚光区和衰减区参数,如图6-21所示。

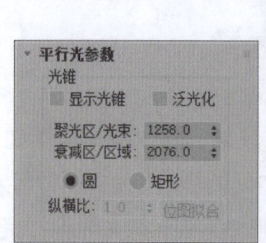

图 6-21 设置平行光的衰减区

步骤 06 设置完成后,按F9键再次渲染该场景,阳光照射的渲染效果如图6-22所示。

图 6-22 阳光照射的渲染效果

6.3 光度学灯光类型

光度学灯光是一种基于物理的照明模型，它考虑了光线的颜色、亮度和分布等属性。相比标准灯光，光度学灯光能够更准确地模拟现实世界中的光照效果。它的创建方法与标准灯光基本相同，光度学灯光可以导入外部特定灯光文件，以提高灯光参数的可控性。

在灯光创建面板中，将对象类型设为光度学，可查看到所有光度学灯光的工具，如图6-23所示。

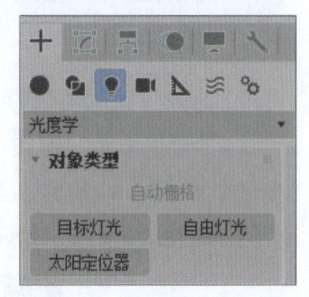

图 6-23 光度学灯光类型

■6.3.1 目标灯光

目标灯光常用来模拟室内射灯、筒灯等光源，可以增加画面层次感，常用于室内效果图制作，如图6-24所示。

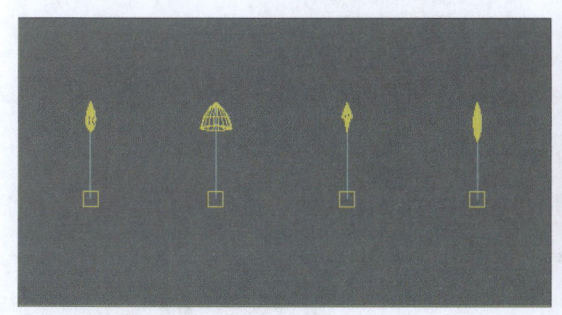

图 6-24 目标灯光光源

目标灯光的主要参数包括"常规参数""分布（光学度Web）""强度/颜色/衰减"等。下面将对主要参数卷展栏进行说明。

1. 常规参数

该卷展栏中的参数用于启用和禁用灯光及阴影，并排除或包含场景中的对象，它还可以设置灯光分布的类型，如图6-25所示。该卷展栏中的主要选项说明如下。

- **启用（灯光）**：启用或禁用灯光。
- **目标**：启用该选项后，目标灯光才有目标点。
- **目标距离**：用来显示目标的距离。
- **启用（阴影）**：控制是否开启灯光的阴影效果。
- **使用全局设置**：启用该选项后，灯光投射的阴影将影响整个场景的阴影效果。
- **阴影类型**：设置渲染场景时使用的阴影类型，包括"高级光线跟踪""区域阴影""阴影贴图""光线跟踪阴影""VRay阴影"。

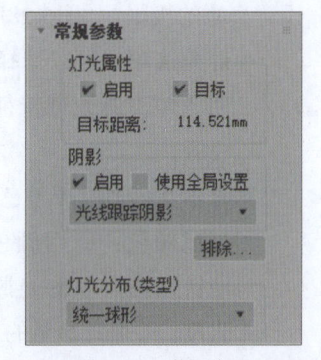

图 6-25 常规参数

- **排除**：将选定的对象排除于灯光效果之外。
- **灯光分布（类型）**：设置灯光的分布类型，包括光度学Web、聚光灯、统一漫反射、统一球形。

2. 分布（光度学Web）

在"常规参数"面板中将"灯光分布（类型）"设为"光度学Web"模式后，显示"分布（光度学Web）"卷展栏，单击"选择光度学文件"按钮，如图6-26所示，可导入特定的光域网文件，如图6-27所示。卷展栏中的主要选项说明如下。

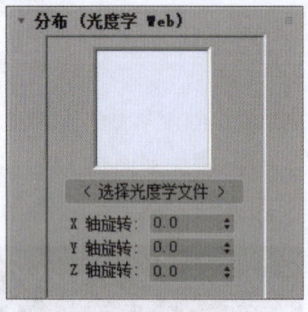

图 6-26　选择光度学文件　　图 6-27　添加光度学文件

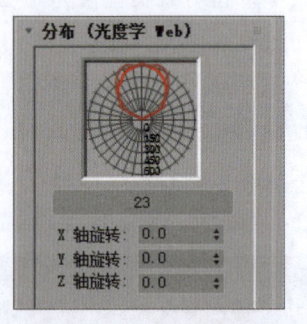

- **Web图**：在选择光度学文件后，缩略图将显示灯光分布图案的示意图。
- **选择光度学文件**：单击此按钮，可选择用作光度学Web的文件，适用的文件格式包括IES、LTLI或CIBSE格式。选择某个文件后，按钮上会显示该文件名。
- **X轴旋转**：沿着X轴旋转光域网。
- **Y轴旋转**：沿着Y轴旋转光域网。
- **Z轴旋转**：沿着Z轴旋转光域网。

3. 强度/颜色/衰减

"强度/颜色/衰减"卷展栏用于设置灯光的颜色和强度，还可设置衰减的极限，如图6-28所示。该卷展栏中的各选项说明如下。

- **灯光选项**：可以选择预设的灯光标准，以精确模拟特定照明条件下的光谱特征。系统默认D65标准光源的基准白光设置。
- **开尔文**：通过调整色温微调器设置灯光的颜色。
- **过滤颜色**：使用颜色过滤器可以模拟在光源前添加彩色滤镜后所产生的光照效果。
- **强度**：在物理数量的基础上指定光度学灯光的强度或亮度。
- **结果强度**：用于显示暗淡所产生的强度，并使用与强度组相同的单位。

图 6-28　"强度/颜色/衰减"卷展栏

- **暗淡百分比**：启用该切换后，该值会指定用于降低灯光强度的倍增。如果值为100%，则灯光具有最大强度；百分比较低时将相应减少灯光的亮度水平。

- **远距衰减**：设置光度学灯光的衰减范围。
- **使用**：启用灯光的远距衰减。
- **显示**：在视口中显示远距衰减范围。
- **开始**：设置灯光开始淡出的距离。
- **结束**：设置灯光减为0的距离。

如果场景中存在大量的灯光，使用"远距衰减"可以限制每个灯光所照场景的比例。例如，如果办公区域安装了几排顶上照明，通过设置"远距衰减"范围，可在渲染非主办公区域时，排除对其他区域灯光的不必要计算，以此提升渲染性能和精准度。

6.3.2 自由灯光

自由灯光与目标灯光基本相同，其区别在于，自由灯光没有目标点，目标灯光有目标点。它们的光照效果基本一样，如图6-29所示。自由灯光"参数"卷展栏与目标灯光一致，这里就不重复介绍。

图 6-29 自由灯光光源

> **提示**：太阳定位器主要用于制作室外、园林景观等场景时模拟阳光照射的位置，即模拟自然界中的物理阳光。通过太阳定位器，可以方便地设置阳光照射的方位、经度和纬度、日期和时间等参数，以获得逼真的日光效果。该功能很少用在室内效果图制作中。

下面将利用目标灯光来模拟射灯照射效果，具体步骤如下。

步骤01 打开"装饰画"场景文件，按F9键渲染摄影机视口，渲染装饰画效果如图6-30所示。

步骤02 在"光度学"创建面板单击"目标灯光"按钮，在前视图创建一盏目标灯光，并通过切换其他视口，调整好光源位置和目标点位置，如图6-31所示。

步骤03 在"常规参数"卷展栏中将阴影类型设为VRayShadow，将"灯光分布（类型）"设为"光度学Web"，如图6-32所示。

图 6-30 渲染装饰画效果

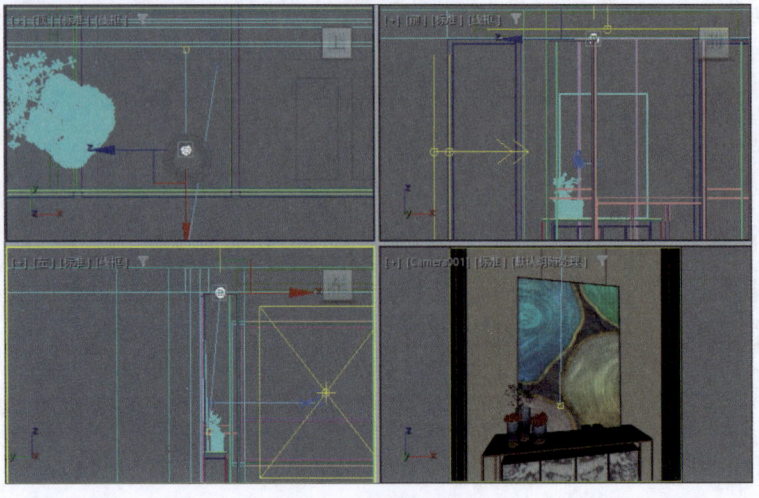

图 6-31 创建目标灯光

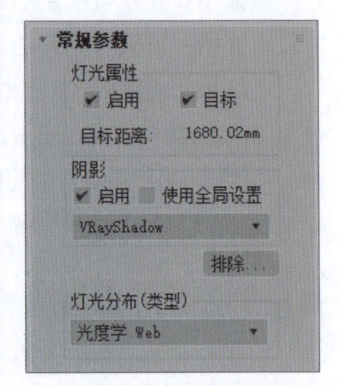

图 6-32 设置常规参数

步骤 04 在"分布(光度学文件)"卷展栏中单击"选择光度学文件"按钮,打开"打开光域Web文件"对话框,从中选择合适的光域网文件,如图6-33所示。单击"打开"按钮即可添加光域网文件。

步骤 05 在"强度/颜色/衰减"卷展栏中调整过滤颜色(R:255,G:255,B:240),将"强度"设为2 200,如图6-34所示。

步骤 06 设置完成后按F9键再次渲染视口,渲染灯光效果如图6-35所示。

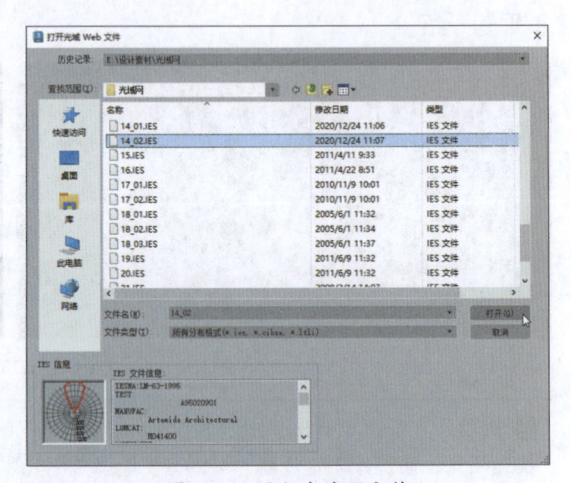

图 6-33 添加光域网文件

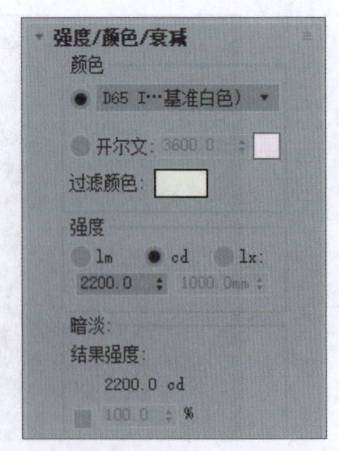

图 6-34 设置灯光强度

图 6-35 渲染灯光效果

· 154 ·

6.4 VRay灯光类型

VRay光源是一种基于VRay渲染器专属灯光类型，它包含VRayLight、VRayIES、VRayAmbientLight、VRaySun 4种类型。每种类型都有其独特的应用场景和特性。与标准光源相比，VRay灯光具有更高的渲染质量和更真实的光照效果，如图6-36所示。

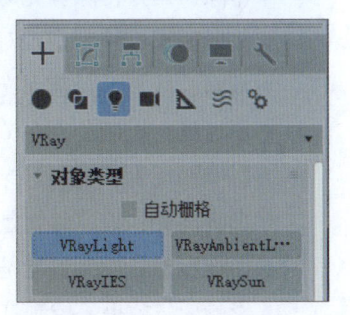

图 6-36　VRay 灯光类型

■ 6.4.1　VRayLight

VRayLight是VRay渲染器自带的灯光之一，使用频率非常高。默认的光源形状为矩形光源，单击"VRayLight"按钮，在视口中指定灯光的位置，拖动鼠标即可创建，如图6-37所示。选中VRayLight灯光，在"修改"面板中可对相关的卷展栏参数进行设置。比较常用的卷展栏如图6-38所示。

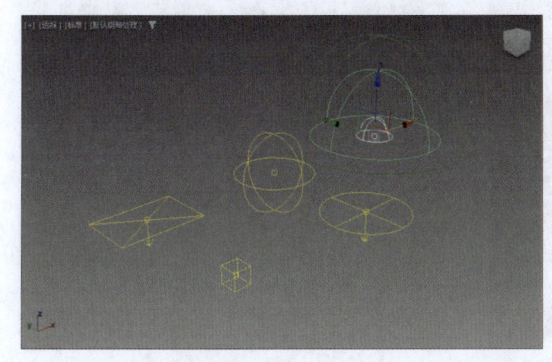

图 6-37　创建 VRay 灯光

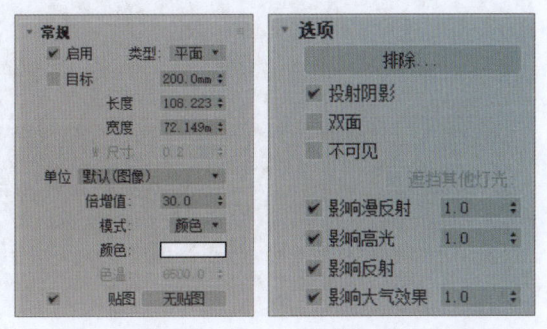

图 6-38　VRay 灯光常用参数

下面将对以上两个常用卷展栏中的选项进行说明。

1. "常规"卷展栏

- **启用**：灯光的开关。勾选该复选框，灯光才被开启。
- **类型**：有5种灯光类型可以选择，分别是平面、穹顶、球体、网格和圆盘。
- **目标**：勾选该选项，可开启光源目标点。
- **长度/宽度**：面光源的长度和宽度。
- **单位**：VRay的默认单位，以灯光的亮度和颜色来控制灯光的光照强度。
- **倍增值**：用于控制光照的强弱。
- **颜色/色温**：设置光源发光的颜色和色温值。
- **贴图**：控制是否使用纹理贴图作为半球光源。

2. "选项"卷展栏

- **排除**：用来排除灯光对物体的影响。
- **投射阴影**：控制是否对物体的光照产生阴影。
- **双面**：控制是否在面光源的两面都产生灯光效果。
- **不可见**：控制是否在渲染的时候显示VRay灯光的形状。
- **影响漫反射**：控制灯光是否影响材质属性的漫反射。
- **影响高光**：控制灯光是否影响材质属性的高光。
- **影响反射**：控制灯光是否影响材质属性的反射。
- **影响大气效果**：控制灯光是否对场景中的大气效果（如雾、霾、体积光等）产生影响。

6.4.2 VRayIES

VRayIES灯光特性类似于光度学灯光，它可通过加载IES灯光模板文件来调整灯光的属性。单击"VRayIES"按钮可在视口中创建该灯光，如图6-39所示。可在"VRayIES参数"卷展栏中对其参数进行设置，如图6-40所示。

图6-39 创建VRayIES灯光

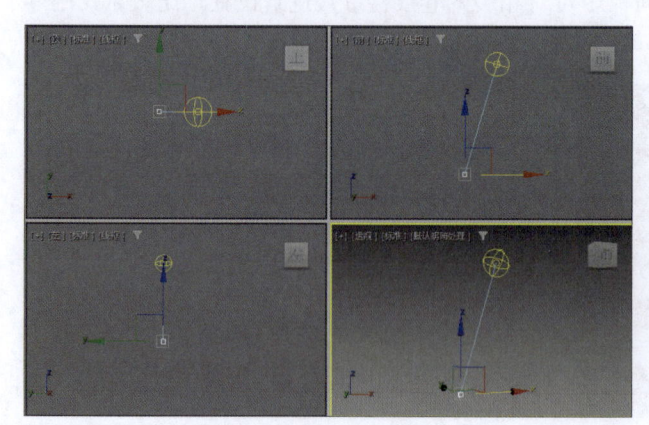

图6-40 设置VRayIES灯光参数

"VRayIES参数"卷展栏中的主要选项说明如下。

- **启用**：用于控制灯光的开启和关闭。
- **启用视口着色**：控制空气的清澈程度。
- **Ies文件**：单击右侧的按钮可加载IES模板文件。
- **截断**：控制灯光影响的结束值。当灯光由于衰减亮度低于设定的数字时，灯光效果将被忽略。
- **阴影偏移**：控制物体与阴影的偏移距离。值越大，阴影越偏向光源。
- **使用灯光形状**：控制阴影的处理方式，使阴影边缘虚化或者清晰。
- **颜色模式**：设置"颜色""色温"模式。
- **颜色/色温**：调整灯光的颜色/色温参数。
- **强度值**：调整灯光的强弱程度。

■ 6.4.3 VRaySun

VRaySun是VRay渲染器中的一个功能组件，专门用于模拟真实的太阳光照效果，它通常和VRaySky结合使用，以生成逼真的场景。单击"VRaySun"按钮，系统会打开是否要添加环境贴图的提示对话框，如图6-41所示，单击"是"按钮，在"环境和效果"面板中能看到添加的"环境贴图"，如图6-42所示。将该贴图拖至材质编辑器中指定的材质球上，即可实现天空环境贴图的配置。

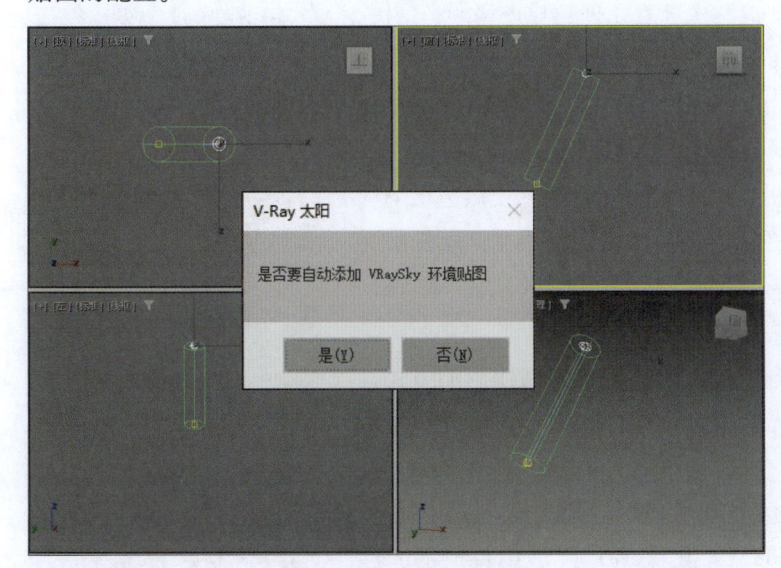

图 6-41　创建 VRaySun 灯光

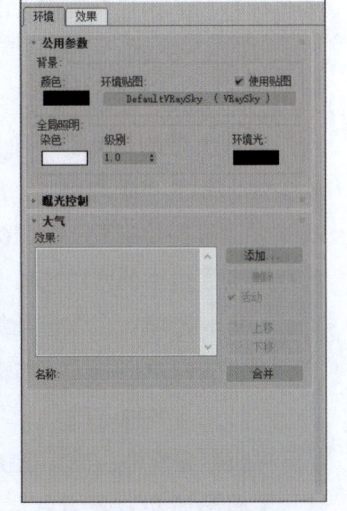

图 6-42　添加环境贴图

选中太阳光，在"修改"面板中可对"太阳参数""选项"卷展栏中的相关选项进行设置，如图6-43所示。该卷展栏中的主要选项说明如下。

- **启用**：控制灯光的开启和关闭。
- **强度倍增值**：控制太阳光的强弱程度。数值越大，阳光越强烈。
- **尺寸倍增值**：控制太阳的大小，它会对物体的阴影产生影响。较小的数值可以得到比较锐利的阴影效果。
- **过滤颜色**：用于控制太阳光的颜色。
- **颜色模式**：通过"过滤""直接指定""覆盖"这3种模式来控制太阳光颜色。
- **不可见**：控制在渲染时是否显示VRaySun的形状。
- **影响漫反射**：控制太阳光是否对场景中物体漫反射部分有影响。
- **影响高光**：控制太阳光是否对场景中的物体高光部分有影响。
- **影响大气效果**：控制灯光是否对场景中的大气效果产生影响。
- **投射大气阴影**：控制太阳光是否会在大气中投射阴影。

图 6-43　VRaySun 参数设置

> **提示**：VRayAmbientLight为VRay环境光，它通常用于增强场景的全局照明，尤其是在没有直接光源或需要补充环境光照的情况下。该灯光没有明确的方向性，可为场景提供均匀的基础照明。该类型的灯光不常用，在此不展开说明。

6.5 灯光阴影类型

灯光阴影的创建与调整是提升场景真实性与层次感的关键因素。不同类型的灯光阴影会影响物体投影的密度和色调，即使是同一光源，采用不同的阴影技术也会产生截然不同的效果。

6.5.1 区域阴影

所有类型的灯光都可使用"区域阴影"功能。使用区域阴影后会显示相关参数卷展栏。在该卷展栏中可选择产生阴影的灯光类型并设置相关参数，如图6-44所示。

该卷展栏中的常用选项说明如下。

- **基本选项**：在该选项组中可以选择生成区域阴影的方式，包括简单、长方形灯光、圆形灯光、长方体形灯光、球形灯光等多种方式。
- **阴影完整性**：设置在初始光束投射中的光线数。
- **阴影质量**：设置在半影（柔化区域）区域中投射的光线总数。
- **采样扩散**：设置模糊抗锯齿边缘的半径。
- **阴影偏移**：用于控制阴影和物体之间的偏移距离。
- **抖动量**：用于向光线位置添加随机性。
- **区域灯光尺寸**：该选项组提供尺寸参数来计算区域阴影，但不会影响实际的灯光对象。

图6-44 "区域阴影"卷展栏

6.5.2 光线跟踪阴影

光线跟踪阴影支持透明度和不透明度贴图，能产生清晰的阴影，但该阴影类型渲染速度较慢且不支持柔和的阴影效果。"光线跟踪阴影参数"卷展栏如图6-45所示。该卷展栏的主要选项说明如下。

- **光线偏移**：用于调整在光线追踪过程中阴影相对于投射对象的位移量，可以控制阴影是更靠近还是远离对象。
- **最大四元树深度**：该参数可调整四元树的深度，增大四元树深度值可以缩短光线跟踪时间，但要占用大量的内存空间。四元树是一种计算光线跟踪阴影的数据结构。

图6-45 "光线跟踪阴影参数"卷展栏

■6.5.3 阴影贴图

阴影贴图是生成阴影最常用的方式，它能产生柔和的阴影，而且渲染速度快。它的不足之处是会占用大量的内存，并且不支持使用透明度或不透明度贴图的对象。

使用阴影贴图后，灯光参数面板中会出现"阴影贴图参数"卷展栏，如图6-46所示。该卷展栏中的主要选项说明如下。

- **偏移**：调整阴影相对于阴影投射对象的位置，可以控制阴影是更靠近还是远离该对象。
- **大小**：设置灯光的阴影贴图大小。
- **采样范围**：采样范围影响柔和阴影边缘的程度，范围为0.01~50.0。
- **绝对贴图偏移**：勾选该复选框，阴影贴图的偏移未标准化，将以绝对方式计算阴影贴图偏移量。
- **双面阴影**：勾选该复选框，计算阴影时将考虑背面，而不忽略其对阴影的影响。

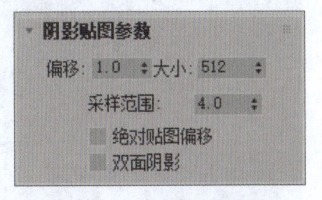

图 6-46　阴影贴图参数

■6.5.4 VRayShadows

安装VRay渲染器插件以后，不仅会增加VRay灯光，还会引入VRay阴影类型，即VRayShadows。当使用VRay进行渲染时，通常都会采用VRayShadows，因为它支持模糊（或面积）阴影效果，也可以表现透明物体的阴影。"VRayShadows参数"卷展栏如图6-47所示，常用选项说明如下。

- **偏移**：控制阴影向左或向右的移动量。偏移值越大，越影响到阴影的真实性。通常情况下，保持默认值。
- **区域阴影**：控制是否作为区域阴影类型。
- **Box**：当VRay计算阴影时，将其视作方体状的光源投射。
- **球体**：当VRay计算阴影时，将其视作球状的光源投射。
- **U尺寸/V尺寸/W尺寸**：当VRay计算面积阴影时，表示VRay获得光源的U、V、W的尺寸。

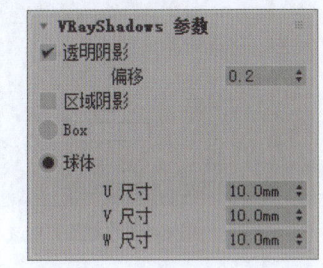

图 6-47　VRayShadows 参数

课堂演练 亮化卫生间场景

本案例将应用本模块所学的知识来为卫生间场景添加光源，以提升场景的亮度和真实感。在操作过程中将运用到的灯光命令有目标平行光、光度学灯光、VRayLight等。

扫码观看视频

步骤 01 打开"卫生间"场景文件，可以看到当前场景中没有任何灯光，如图6-48所示。

步骤 02 添加室外光源。单击"VRayLight"按钮，在左视口创建平面灯光。切换至其他视口，调整好灯光位置，如图6-49所示。

步骤 03 选择平行光，在"常规"卷展栏中设置倍增值和灯光颜色（R:161，G:228，B:254）。在"选项"卷展栏中勾选"不可见"选项，取消勾选"影响高光""影响反射""影响大气效果"选项，如图6-50所示。

步骤 04 按F9键渲染摄影机视口，渲染室外灯光的效果如图6-51所示。

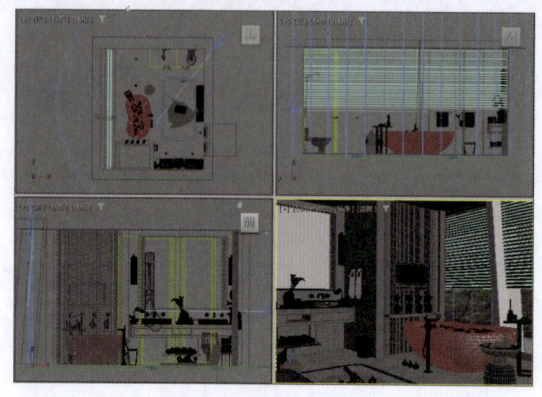

图 6-48 打开场景文件 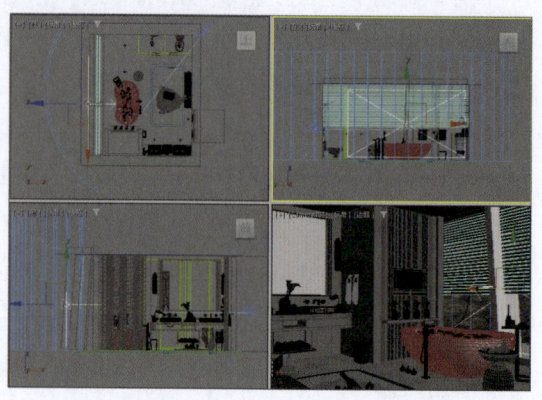　　　　　　　　　图 6-49 添加室外光源

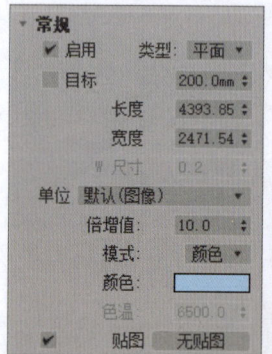

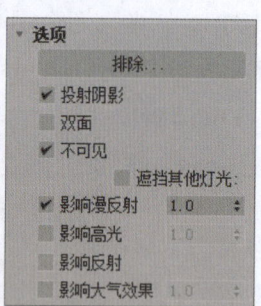

图 6-50 设置室外光源的参数 　　　　　　图 6-51 渲染室外灯光的效果

步骤 05 切换到"标准"灯光类型，单击"目标平行光"按钮，在顶视口中创建平行光，并通过各视口调整好平行光的位置，如图6-52所示。

步骤 06 选中平行光，在"强度/颜色/衰减"卷展栏中设置倍增值和灯光颜色（R:242，G:210，B:79）。在"平行光参数"卷展栏中分别调整聚光区和衰减区的参数，如图6-53所示。

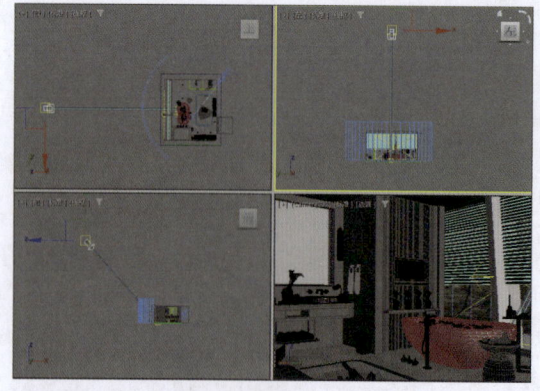

图 6-52 添加平行光　　　　　　　　　　图 6-53 设置平行光的参数

步骤 07 按F9键渲染当前灯光，渲染平行灯光的效果如图6-54所示。

步骤 08 添加室内光源。切换到"光度学"灯光类型，单击"目标灯光"按钮，在洗手池上方添加射灯光源，调整好位置，如图6-55所示。

图 6-54 渲染平行灯光的效果

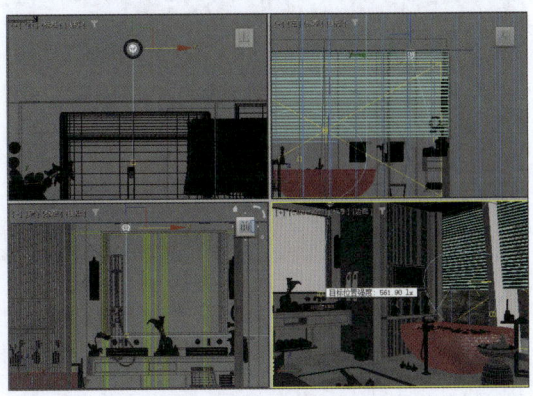

图 6-55 添加射灯光源

步骤 09 在"常规参数"卷展栏中将"灯光分布"设为"光度学（Web）"选项，在打开的对话框中选择"射灯.IES"文件，如图6-56所示。

步骤 10 在"强度/颜色/衰减"卷展栏中设置灯光颜色（R:248，G:233，B:121），其他保持默认选项，如图6-57所示。

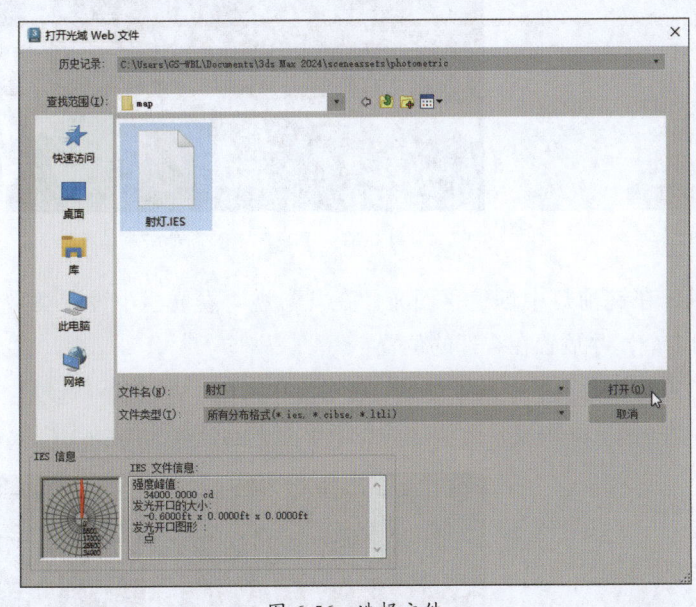

图 6-56 选择文件

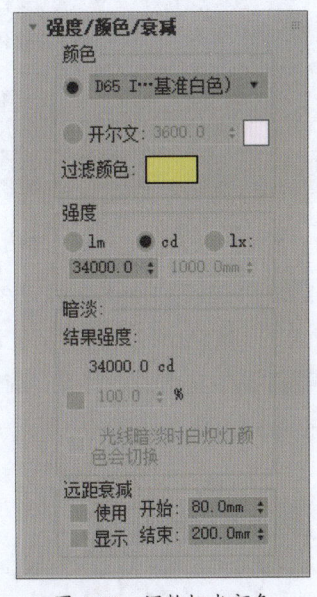

图 6-57 调整灯光颜色

步骤 11 实例复制射灯至场景位置。按F9键渲染场景，渲染射灯的效果如图6-58所示。

步骤 12 切换到VRay灯光，单击"VRayLight"按钮，在洗手池下添加平面光，调整好位置，如图6-59所示。

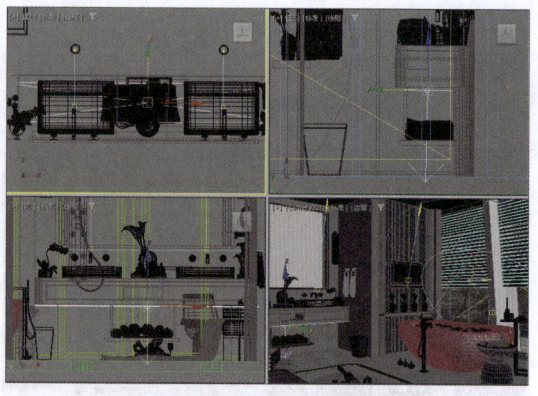

图 6-58　渲染射灯的效果　　　　　　　　　图 6-59　添加洗手池下的平面光

步骤 13　在"常规"卷展栏中调整灯光的倍增值和颜色。在"选项"卷展栏中勾选"不可见"选项，并取消勾选"影响反射""影响大气效果"选项，如图6-60所示。

步骤 14　按F9键渲染视口，渲染洗手池下平面光的效果如图6-61所示。

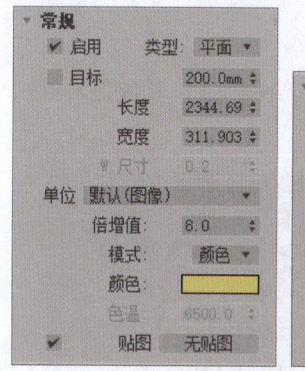

图 6-60　设置平面光的参数　　　　　　　　图 6-61　渲染洗手池下平面光的效果

步骤 15　单击"VRayLight"按钮，在镜前灯中创建平面光，在"常规"卷展栏中设置类型为"球体"，按Shift键将其实例复制多个，并放置在合适的位置。

步骤 16　选中其中一个灯光，在"常规"卷展栏中设置灯光的倍增值和颜色，并设置"选项"卷展栏中的参数，如图6-62所示。按F9键渲染场景，渲染镜前灯中平面光的效果如图6-63所示。

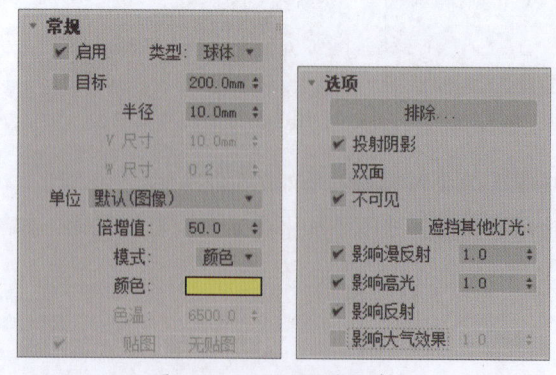

图 6-62　设置平面光的参数　　　　　　　　图 6-63　渲染镜前灯中平面光的效果

步骤 17 利用VRayLight灯光为洗手池区域进行补光，如图6-64所示。

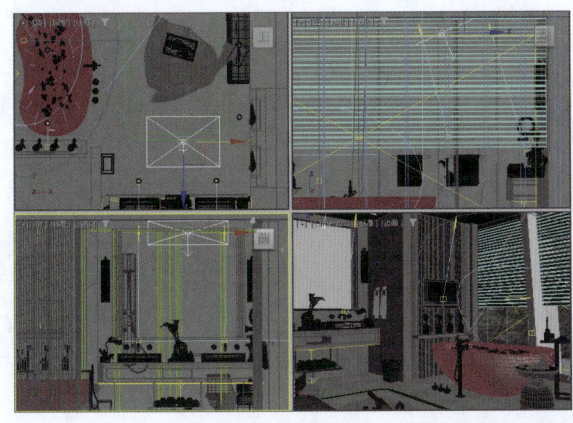

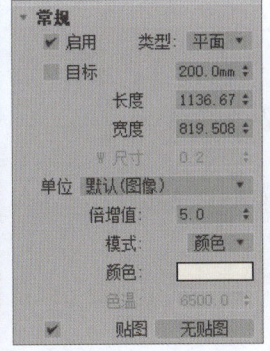

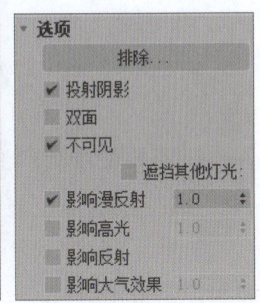

图 6-64　添加补光光源

步骤 18 按F9键渲染视口，渲染卫生间场景的最终效果如图6-65所示。

图 6-65　渲染卫生间场景的最终效果

课后作业

一、选择题

1. 不能产生阴影的灯光是（　　）。
   A. 泛光灯　　　　　　　　　　B. 自由平行光
   C. 目标聚光灯　　　　　　　　D. 天空光

2. 不属于3ds Max默认灯光类型的是（　　）。
   A. 泛光灯　　　　　　　　　　B. 目标聚光灯
   C. 自由平行光　　　　　　　　D. VRayLight

3. 在光度学灯光中，关于灯光分布的4种类型中，可以载入光域网使用的是（　　）。

　　A. 统一球体　　　　　　　　B. 聚光灯

　　C. 光度学Web　　　　　　　D. 统一漫反射

二、填空题

1. 在3ds Max中灯光可分为_____、_____、_____、_____4种。

2. 若要使场景产生阴影，必须有_____、_____和_____。

3. 除了3ds Max自带的光度学灯光可以结合光域网使用，加载VRay插件后，_____也可以使用光域网。

三、操作题

下面利用VRaySun灯光为书房场景创建太阳光源，如图6-66所示。

图 6-66　创建太阳光源

操作提示

单击"VRaySun"按钮，创建阳光。通过切换各视口调整阳光的位置，并设置倍增参数。

拓展阅读 故宫太和殿——中国传统建筑中的灯光智慧与文化内涵

故宫太和殿（图6-67）作为明清两代皇家宫殿的核心建筑，不仅是权力的象征，也是中国传统建筑艺术的杰出代表。在建筑设计中，太和殿巧妙地运用了自然光与人工光的结合，展现了古代建筑师对光影效果的深刻理解和独特智慧。

图 6-67 故宫太和殿

太和殿是故宫三大殿之一，主要用于皇帝举行大典、朝见群臣等重要活动，象征着皇权的至高无上。太和殿采用重檐庑殿顶，面阔十一间（明代初建时为面阔九间），进深五间，建筑规模宏大，装饰华丽。

太和殿的屋顶采用重檐庑殿顶，这种设计不仅增强了建筑的气势，还通过屋顶的坡度和角度，巧妙地将自然光引入室内。屋顶的琉璃瓦在阳光的照射下反射出柔和的光线，减少了直射光的强烈对比。太和殿的门窗采用大面积的格栅和镂空雕刻，不仅具有装饰性，还能调节自然光的进入。这些设计使得光线在进入室内后更加均匀，强化室内的光影变化，营造出庄严肃穆的氛围。

在古代，太和殿中常使用蜡烛和灯笼作为人工光源。这些光源不仅提供了必要的照明，还通过光影的变化增强了建筑的神秘感和庄严感。蜡烛的柔和光线与灯笼的温暖色调，营造出一种宁静而庄重的氛围。人工光源的布局非常讲究，通常放置在重要的位置，如宝座两侧、香案周围等。这种布局不仅满足了功能需求，还通过光影的对比，突出了建筑的重点区域，增强了空间的层次感。

太和殿的灯光设计不仅提升了建筑的美感，还象征着光明与权威。自然光的引入象征着天命与皇权的正当性，而人工光的使用则体现了皇家的富丽堂皇。太和殿的灯光设计体现了中国传统哲学中的"天人合一"思想，通过自然光与人工光的结合，营造出和谐统一的氛围。

通过故宫太和殿的灯光设计，可以深刻感受到中华文化的博大精深和源远流长，增强对中华文化的认同感和自豪感。在室内设计中，可以通过巧妙的灯具布局和光源选择，营造出不同的氛围和情感。例如，使用柔和的灯光来突出重点区域，或通过光影的变化增强空间的层次感。太和殿的灯光设计不仅是一种技术应用，更是一种文化传承。在现代设计中，可以将传统文化元素与现代技术相结合，赋予设计更多的文化内涵和情感价值。通过合理利用自然光和高效的人工光源，减少能源消耗，实现可持续发展，这不仅符合现代社会的环保理念，还能提升社会价值。

故宫太和殿的灯光设计是中国传统建筑智慧的结晶，展现了古代建筑师对光影效果的深刻理解和独特运用。通过自然光与人工光的结合，太和殿不仅在视觉上显得更加明亮和庄严，在文化上也象征着皇权的神圣和不可侵犯。通过学习故宫太和殿的灯光设计，可以更好地理解中华文化的深厚底蕴，增强文化自信，并将其应用于现代设计中，推动文化传承和创新。

模块 7

摄影机与渲染

学习目标

【知识目标】
- 理解摄影机的基本原理。
- 熟悉VRay摄影机的特性。
- 掌握渲染的基础知识。
- 了解渲染设置的要点。
- 熟悉批量渲染的操作。

【技能目标】
- 掌握创建与调整摄影机的能力。
- 准确设置各类渲染参数。
- 合理设置全局照明与灯光缓存。
- 掌握批量渲染操作。

【素质目标】
- 提升专业素养,深入理解摄影机参数与渲染效果之间的关联。
- 提高画面构图、光影效果和氛围塑造的审美能力。
- 强化团队协作意识,提升在多人项目中高效配合的能力。

7.1 标准摄影机

标准摄影机是3ds Max内置的摄影机功能,它包含物理、目标和自由3种摄影机类型。本节将介绍这3种摄影机的常用操作。

7.1.1 认识摄影机

3ds Max中的摄影机与现实中的摄影机相似,可以通过调整其位置、角度和镜头参数来捕获和控制场景中的模型显示状态。摄影机的相关参数包括焦距、光圈、快门、景深、光感度、色温、白平衡、曝光等。

- **焦距**:从镜头的中心点到胶片平面上所形成的清晰影像之间的距离,它决定了拍摄的成像大小、视场角大小、景深大小和画面的透视强弱。不同镜头的焦距长短不同,拍摄视角也有所不同,如标准镜头、广角镜头和长焦镜头等。
- **光圈**:控制光线透过镜头进入机身内感光面光量的装置。光圈大小用F数表示,F数越小,光圈越大,进光量越多。
- **快门**:调控光线照射到感光元件上时间长短的装置。快门速度越快,光线进入的时间越短,适合捕捉快速移动的物体;快门速度越慢,光线进入的时间越长,适合拍摄静物和夜景。
- **景深**:在使用摄影机镜头或其他成像设备拍摄时,能够在图像中呈现出清晰细节的被摄物体前后延伸的距离范围。影响景深的主要因素有光圈大小、镜头焦距和拍摄物距离。
- **光感度**:又称ISO,表示相机对光线的敏感程度。ISO值越大,感光度越高,拍出的照片越亮,但ISO过高可能导致噪点增多。
- **色温**:光线的颜色,不同时间、不同光源下的色温不同。
- **白平衡**:调整色彩平衡的功能,确保在不同色温下拍摄白色物体时,色彩能正确还原。
- **曝光**:控制光线照射感光元件的过程,它决定了图像的明暗程度。

7.1.2 标准摄影机的类型

标准摄影机是3ds Max默认摄影机类型,它包含物理、目标和自由3种摄影机类型。在"创建"面板中选择"摄影机"选项,并将其类型设为"标准",即可看到"物理""目标""自由"3种类型,如图7-1所示。

图 7-1 标准摄影机面板

1. 物理摄影机

物理摄影机模拟了传统真实摄影机的各项设置，如快门速度、光圈、景深和曝光等。通过增强的控件和额外的视口内反馈，物理摄影机让创建逼真的图像和动画变得更加直观和有效。它将场景的帧设置与曝光控制和其他效果无缝集成，非常适合追求高质量视觉呈现的专业人士使用。

单击"物理"按钮，在视口中指定好摄影机的位置，然后在视口中按C键可快速切换到摄影机视口，如图7-2所示。

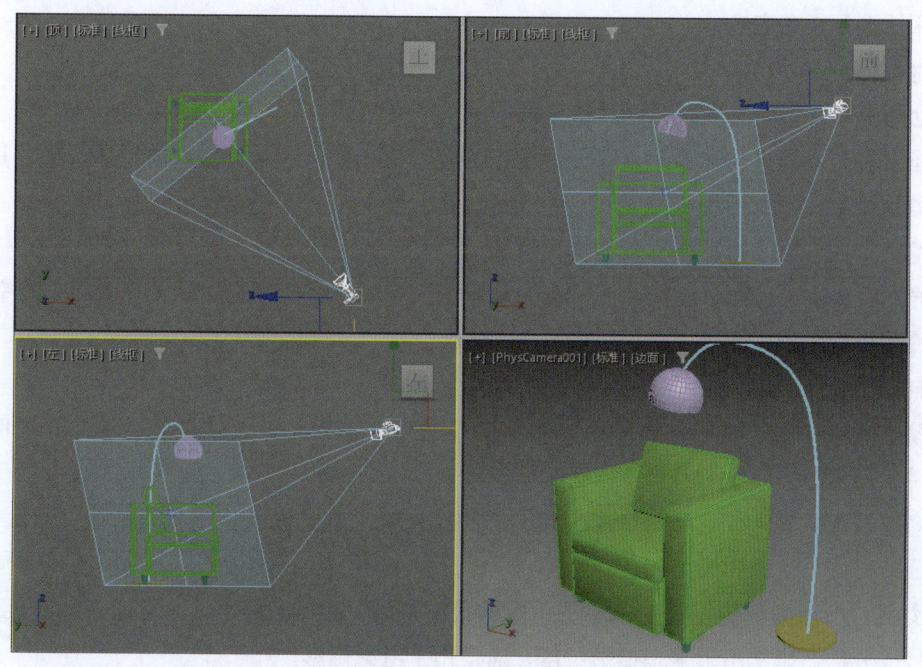

图7-2 添加物理摄影机

通过"修改"面板中的相关卷展栏参数可对摄影机进行设置，如图7-3所示。下面将对卷展栏中的主要选项进行说明。

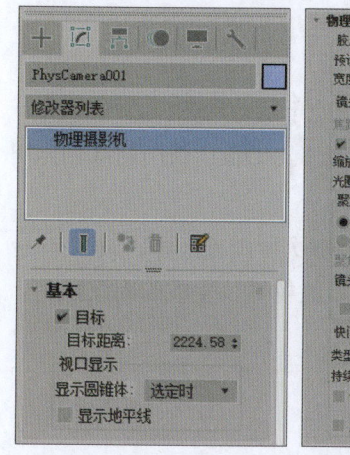

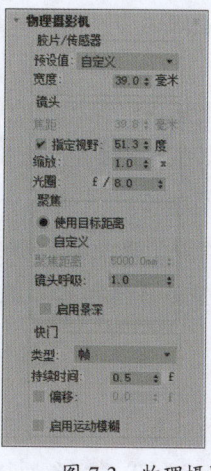

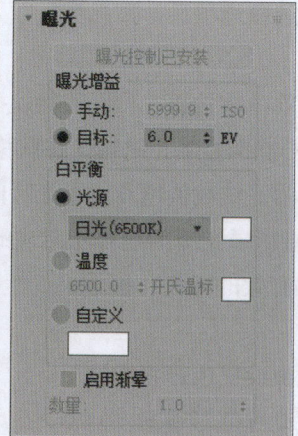

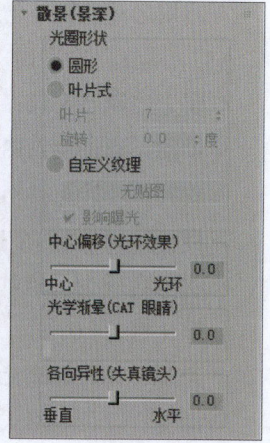

图7-3 物理摄影机的主要参数卷展栏

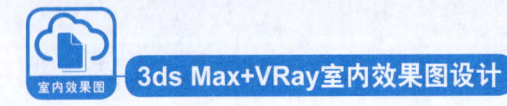

(1)"基本"卷展栏
- **目标**：启用该选项后，摄影机包括目标对象，并与目标摄影机的行为相似。
- **目标距离**：设置目标与焦平面之间的距离，该参数会影响聚焦、景深等。
- **显示圆锥体**：在显示摄影机圆锥体时可以选择"选定时""始终""从不"3种显示方式。
- **显示地平线**：勾选该选项后，地平线在摄影机视口中显示为水平线。

(2)"物理摄影机"卷展栏
- **预设值**：选择胶片模型或电荷耦合传感器。每个设置都有默认的宽度值，"自定义"选项用于选择任意宽度。
- **宽度**：可以手动调整帧的宽度。
- **焦距**：设置镜头的焦距，默认值为40 mm。
- **指定视野**：勾选该选项时，可以设置新的视野值。默认的视野值取决于所选的胶片/传感器预设值。
- **缩放**：在不更改摄影机位置的情况下缩放镜头。
- **光圈**：设置光圈数，此值将影响曝光和景深。光圈值越低，光圈越大，景深则越窄。
- **使用目标距离**：使用"目标距离"作为焦距。
- **自定义**：使用不同于"目标距离"的焦距。
- **镜头呼吸**：通过将镜头向焦距方向移动或远离焦距方向来调整视野。镜头呼吸值为0.0时，表示禁用此效果。默认值为1.0。
- **启用景深**：勾选该选项时，摄影机会在焦点距离之外的区域产生模糊效果。景深效果的强度直接与光圈的设置相关。
- **类型**：选择测量快门速度的单位。默认设置是帧（默认设置），通常用于计算机图形；秒或分秒，通常用于静态摄影；度，通常用于电影摄影。
- **持续时间**：根据所选的单位类型设置快门速度，该值可能会影响曝光、景深和运动模糊。
- **偏移**：勾选该选项时，指定相对于每帧开始时间的快门打开时间，更改此值会影响运动模糊。
- **启用运动模糊**：勾选该选项后，摄影机可以生成运动模糊效果。

(3)"曝光"卷展栏
- **曝光控制已安装**：单击该按钮，可以使物理摄影机曝光控制处于活动状态。
- **手动**：通过设置ISO值调整曝光增益。在此模式下，曝光是根据ISO值、快门速度和光圈设置综合计算得出的。该数值越高，曝光时间越长。
- **目标**：设置与3个摄影曝光值的组合相对应的单个曝光值。每次增加或降低EV值，对应的也会减少或增加有效的曝光。值越高，生成的图像越暗；值越低，生成的图像越亮。默认值为6.0。
- **光源**：按照标准光源设置色彩平衡。
- **温度**：以色温形式设置色彩平衡。
- **自定义**：用于设置任意色彩的平衡。单击色样打开"颜色选择器"，可以从中设置需要的颜色。
- **启用渐晕**：勾选该选项时，渲染过程会模拟出类似于实际拍摄时出现在图像边缘的变暗效果。
- **数量**：增加此数量以增加渐晕效果。

(4) "散景（景深）"卷展栏
- **圆形**：散景效果基于圆形光圈。
- **叶片式**：散景效果使用带有边的光圈。"叶片"用于设置每个模糊圈的边数，"旋转"用于设置每个模糊圈旋转的角度。
- **自定义纹理**：使用贴图来替换每种模糊圈。如果贴图为填充黑色背景的白色圈，则等效于标准模糊圈。将纹理映射到与镜头纵横比相匹配的矩形，会忽略纹理的初始纵横比。
- **影响曝光**：勾选该选项时，自定义纹理将影响场景的曝光。
- **中心偏移（光环效果）**：使光圈透明度向中心（负值）或边（正值）偏移。正值会增加焦外区域的模糊量，而负值会降低模糊量。
- **光学渐晕（CAT眼睛）**：通过模拟猫眼的视觉特性，使画面的边缘产生渐变式的遮挡或模糊，从而呈现帧渐晕效果。
- **各向异性（失真镜头）**：通过垂直（负值）或水平（正值）拉伸光圈模拟失真镜头。

2. 目标摄影机

目标摄影机用于观察目标点附近的场景内容，它由摄影机和目标点两部分组成，可以单独进行控制调整，并分别设置动画。单击"目标"按钮即可在视口中创建目标摄影机，如图7-4所示。通过设置"修改"面板中的相关卷展栏参数可调整摄影机，如图7-5所示。下面将对各卷展栏中的主要选项进行说明。

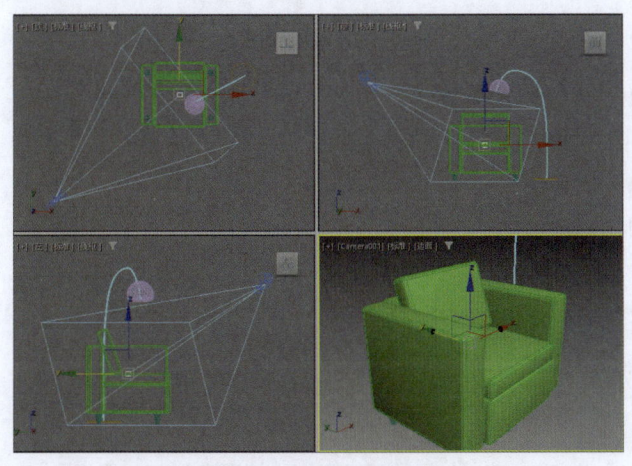

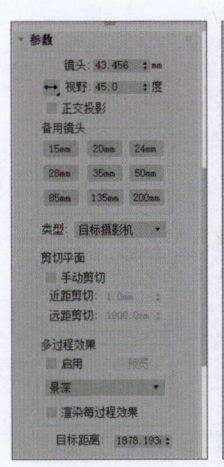

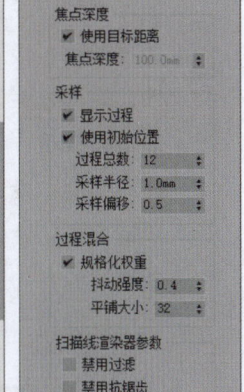

图7-4 创建目标摄影机　　　　图7-5 设置目标摄影机参数

(1) "参数"卷展栏
- **镜头**：以毫米为单位设置摄影机的焦距。

- **视野**：决定摄影机查看区域的宽度，可以通过水平、垂直或对角线这3种方式测量应用。该参数与"镜头"参数是关联的。
- **正交投影**：勾选该选项时，摄影机视图为用户视图；取消勾选该选项时，摄影机视图为标准的透视图。
- **备用镜头**：该选项组用于选择各种常用预置镜头。
- **类型**：切换摄影机的类型，包含目标摄影机和自由摄影机两种。
- **显示圆锥体**：显示摄影机视野定义的锥形光线。
- **显示地平线**：在摄影机中的地平线上显示一条深灰色的线条。
- **近距/远距范围**：设置大气效果的近距范围和远距范围。
- **手动剪切**：勾选该选项可以定义剪切的平面。
- **近距/远距剪切**：设置近距和远距剪切平面。
- **多过程效果**：该选项组中的参数主要用来设置摄影机的景深和运动模糊效果。默认选择"景深"，当选择"运动模糊"时，下方会切换成"运动模糊参数"的卷展栏。
- **目标距离**：当使用目标摄影机时，可设置摄影机与其目标之间的距离。

(2)"景深参数"卷展栏
- **使用目标距离**：勾选该选项后，系统会将摄影机的目标距离用作每个过程偏移摄影机的点。
- **焦点深度**：当取消勾选"使用目标距离"选项时，该选项可以用来设置摄影机的偏移深度。
- **显示过程**：勾选该选项时，渲染帧窗口中将显示多个渲染通道。
- **使用初始位置**：勾选该选项时，第1个渲染过程将位于摄影机的初始位置。
- **过程总数**：设置生成景深效果的过程数。数值越大，景深效果越真实，但是会增加渲染时间。
- **采样半径**：设置生成的模糊半径。数值越大，产生的模糊效果就越明显。
- **采样偏移**：设置模糊相对于"采样半径"的位置权重。增加该值会提升模糊效果的均匀性，使得景深效果更加平滑一致。
- **规格化权重**：勾选该选项时，可以产生平滑的效果。
- **抖动强度**：设置应用于渲染通道的抖动程度。
- **平铺大小**：设置图案的大小。
- **禁用过滤**：勾选该选项时，系统将禁用过滤的整个过程。
- **禁用抗锯齿**：勾选该选项时，可以禁用抗锯齿功能。

3. 自由摄影机

自由摄影机允许在摄影机指向的方向上查看场景区域，与目标摄影机非常相似，如同"目标聚光灯"与"自由聚光灯"之间的区别。不同的是，自由摄影机没有单独的目标点，这使设置摄影机动画变得更加简便，如图7-6所示。

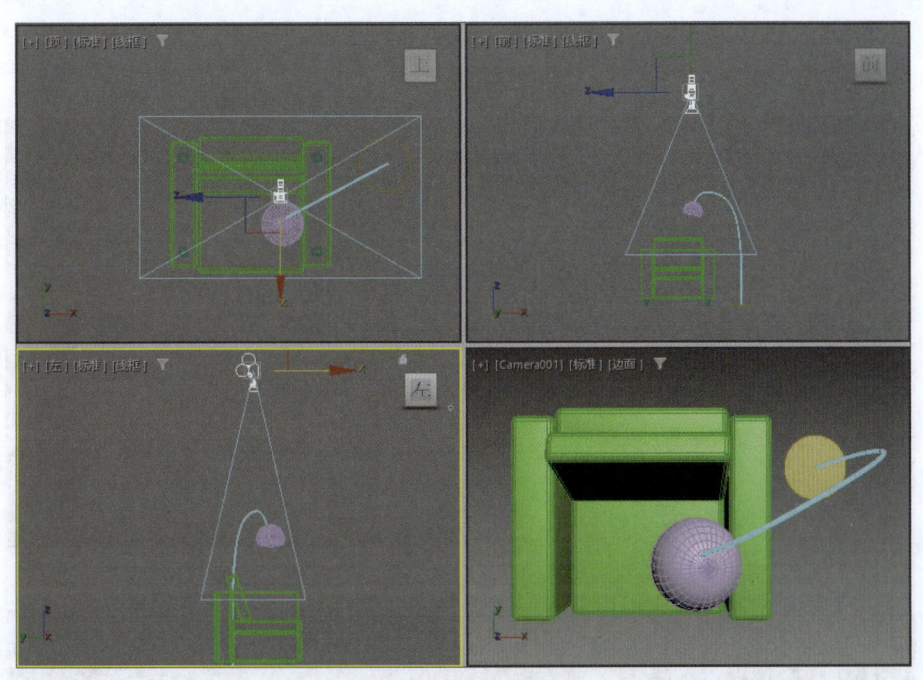

图 7-6 设置自由摄影机

> **提示**:场景中只有一个摄影机时,按快捷键C,视图将会自动转换为摄影机视图;如果场景中有多个摄影机,按快捷键C,系统将会弹出"选择摄影机"对话框,从中选择需要的摄影机即可。

下面将利用目标摄影机功能为客厅场景添加摄影机,具体步骤如下。

步骤01 打开"客厅"场景文件,场景中未添加任何摄影机,如图7-7所示。

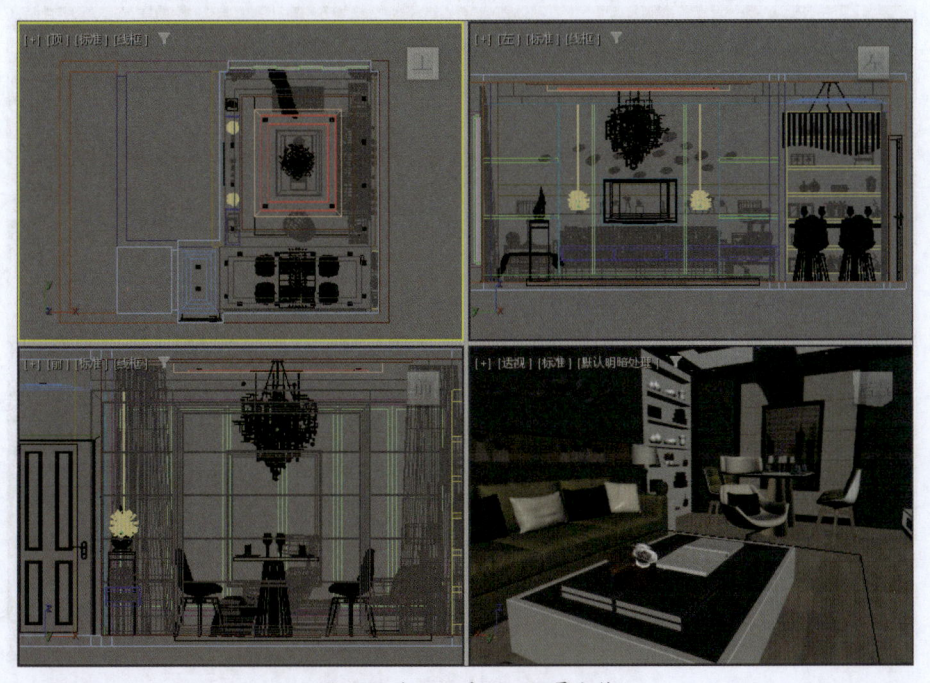

图 7-7 打开"客厅"场景文件

步骤 02 在"标准"类型中单击"目标"按钮,在顶视口中创建摄影机。选择透视视口,按快捷键C可将透视视口切换为摄影机视口,如图7-8所示。

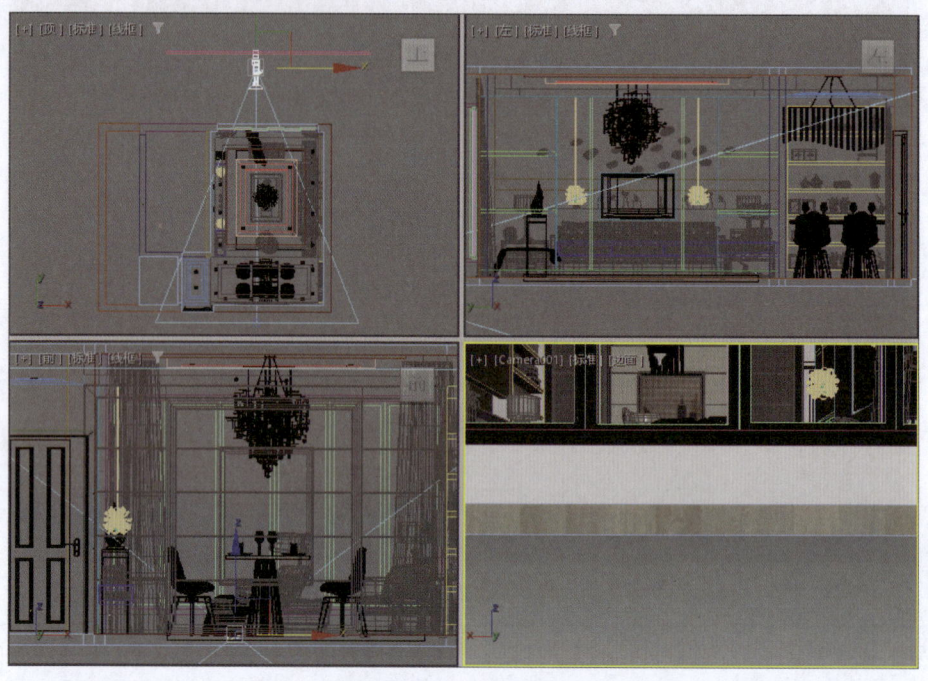

图 7-8 创建目标摄影机

步骤 03 选中摄影机,在左视口中调整摄影机的高度,摄影机视口也随之发生变化,如图7-9所示。

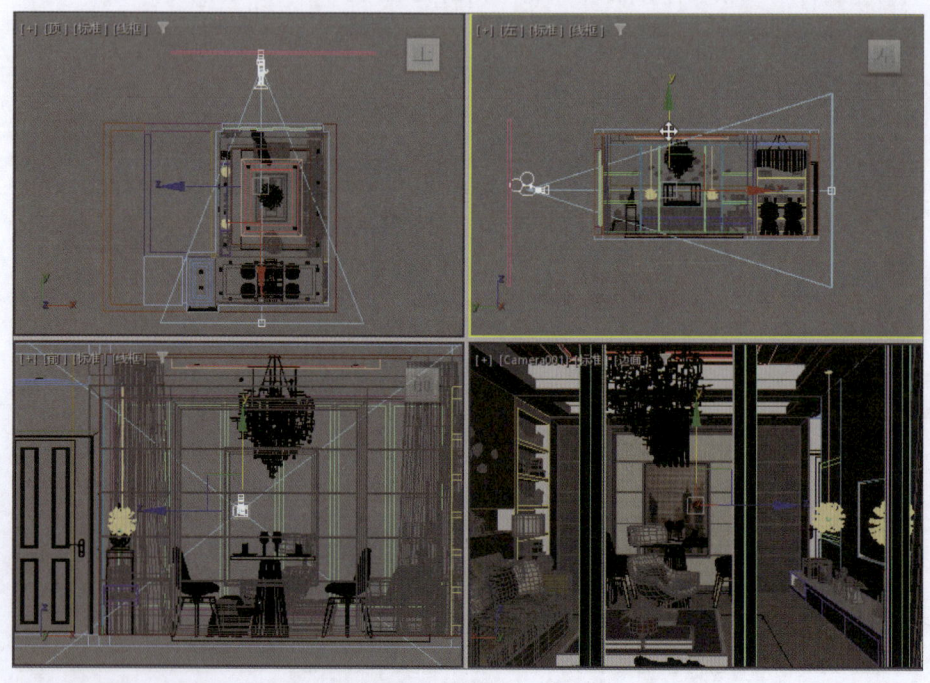

图 7-9 调整摄影机高度

步骤 04 在"参数"卷展栏中将"镜头"参数设为24 mm，调整焦距值，如图7-10所示。此时的摄影机视口能观察到更多的场景空间。

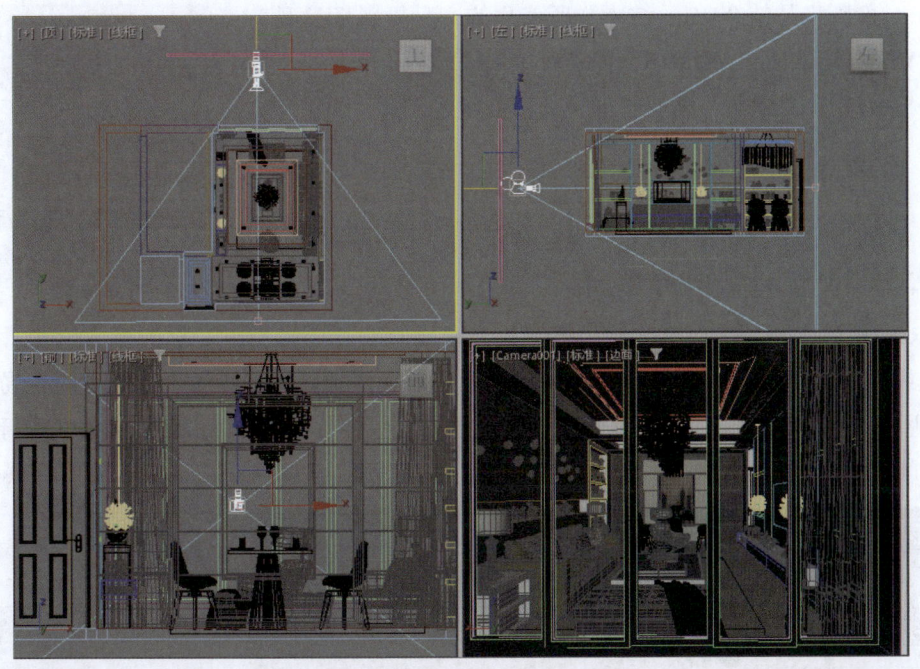

图 7-10 调整"镜头"参数

步骤 05 在"参数"卷展栏中勾选"手动剪切"进行渲染，并调整好"近距剪切""远距剪切"的参数，可屏蔽挡在镜头前的推拉门模型，如图7-11所示。

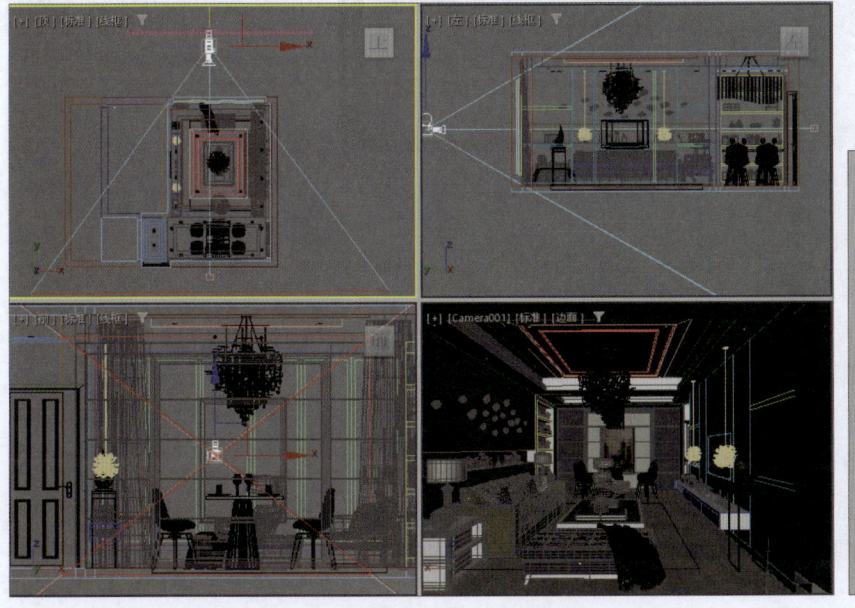

图 7-11 设置剪切平面

7.2 VRay摄影机

VRay摄影机是结合VRay渲染器所使用的一种摄影机类型。它包括VRayDomeCamera和VRayPhysicalCamera。在摄影机"创建"面板中选择"VRay"类型即可看到相关创建工具，如图7-12所示。

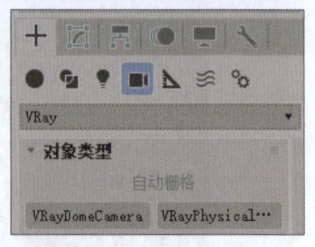

图 7-12 VRay 摄影机类型

7.2.1 VRayDomeCamera

VRayDomeCamera（VRay穹顶摄影机）是垂直角度的摄影机，它的摄影机和目标点永远呈直线状，无法对摄影机或目标点进行单独移动。该摄影机一般用于渲染平面布局图，如图7-13所示。通过"VRayDomeCamera参数"卷展栏中的参数可对该摄影机的视角进行调整，如图7-14所示。

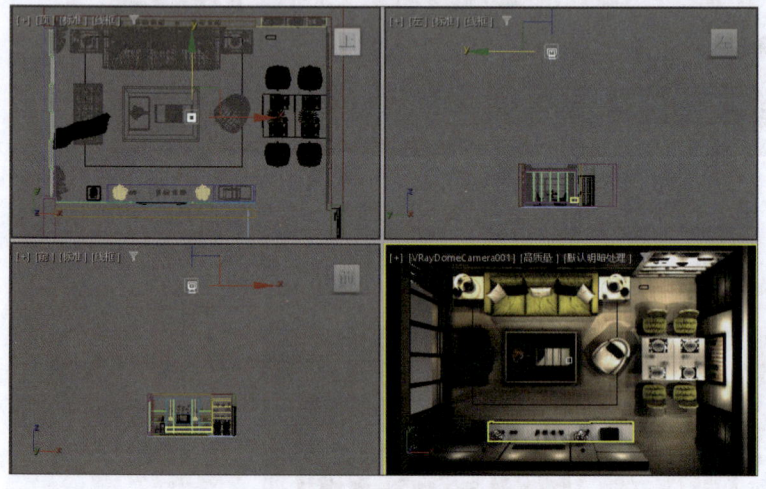

图 7-13 VRayDomeCamera 的渲染效果

图 7-14 "VRayDomeCamera"参数卷展栏

该卷展栏中的主要选项说明如下。

- **翻转X轴**：使渲染图像沿X坐标轴翻转。
- **翻转Y轴**：使渲染图像沿Y坐标轴翻转。
- **视野**：设置摄影机的视野大小。

7.2.2 VRayPhysicalCamera

VRayPhysicalCamera（VRay物理摄影机）可以模拟真实成像，它能灵活调节透视关系，同时也能够很好地控制曝光。如果场景灯光不够亮，通过修改VRay摄影机的相关参数就能提升场景亮度。

单击"VRayPhysicalCamera"按钮即可在视口中创建摄影机，通过相关卷展栏选项可对摄影机参数进行调整，如图7-15所示。

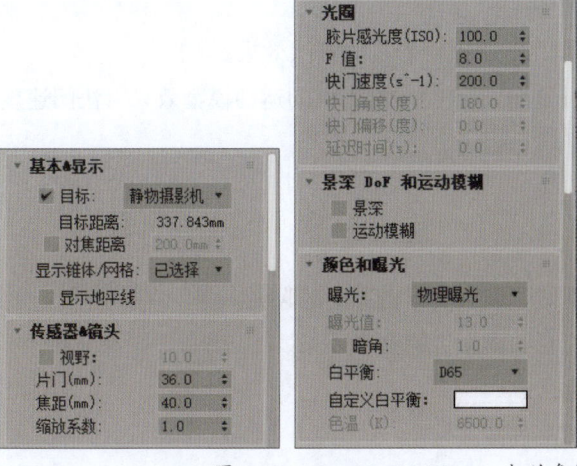

图 7-15　VRayPhysicalCamera 相关参数卷展栏

下面将对各卷展栏中的主要选项进行说明。

1. "基本&显示"卷展栏

- **目标**：勾选该选项可控制摄影机的目标点，取消勾选则无法调整该目标点。此外，VRay物理摄影机内置静物摄影机、电影摄影机、视频摄影机3种类型，在这里可以进行选择。
- **目标距离**：摄影机到目标点的距离。默认情况下不勾选该选项。
- **对焦距离**：控制摄影机的焦长。

2. "传感器&镜头"卷展栏

- **视野**：镜头所能覆盖的范围。一个摄影机镜头能覆盖多大范围的景物，通常以角度来表示，这个角度就是视角FOV。
- **片门（mm）**：控制摄影机看到的景色范围。值越大，看到的景越多。
- **焦距（mm）**：指镜头长度，控制摄影机的焦距，焦距越小，摄影机的可视范围就越大。
- **缩放系数**：控制摄影机视口的缩放。值越大，视口拉得越近，看到的内容越少。

3. "光圈"卷展栏

- **胶片感光度（ISO）**：不同的胶片感光系数对光的敏感度不一样。数值越高，胶片感光度就越高，颗粒越粗，图像就会越亮，反之图像会越暗。
- **F值**：控制渲染图的最终亮度，并与景深效果相关。F值越小，图像越亮，同时会形成较小的景深，相当于使用了大光圈；反之，F值越大，图像相对较暗，景深也更大，类似小光圈的效果。数值一般控制在5~8之间。
- **快门速度**：控制进光时间，数值越小，进光时间越长，渲染的图片越亮。
- **快门角度**：只有选择电影摄影机类型才能激活此项，用于控制图片的明暗。
- **快门偏移**：只有选择电影摄影机类型才能激活此项，用于控制快门角度的偏移。
- **延迟时间**：只有选择视频摄影机类型才能激活此项，用于控制图片的明暗。

4. "景深DoF和运动模糊"卷展栏

- **景深**：勾选该选项时，可呈现VRay物理摄影机的景深效果。
- **运动模糊**：勾选该选项时，可呈现VRay物理摄影机的运动模糊效果。快门速度可控制运动模糊的强度。

5. "颜色和曝光"卷展栏

- **曝光**：选择曝光的方式。
- **曝光值**：控制场景的亮度，类似于调整实际摄影中的曝光。
- **暗角**：勾选该选项时，可模拟真实摄影机的渐晕效果。
- **白平衡**：控制渲染图片的色偏。
- **自定义白平衡**：自定义图像颜色色偏。
- **色温**：衡量发光物体的颜色。

6. "散景特效"卷展栏

- **叶片**：控制散景产生的小圆圈的边，默认为5。
- **旋转**：控制散景小圆圈的旋转角度。
- **中心偏移**：控制散景偏移原物体的距离。
- **各向异性**：控制散景的各向异性。值越大，散景的小圆圈拉得越长。

7.3 渲染基础知识

渲染是将三维模型转化为真实的图像或动画的技术处理过程。它是模型创建的最后一步，也是比较关键的一步。不同的渲染器和不同的设置，生成的效果各不相同。本节将介绍渲染器的种类和常规的渲染设置。

7.3.1 渲染器类型

3ds Max内置了多种渲染器，包括扫描线渲染器、Arnold渲染器、ART渲染器、Quicksilver硬件渲染器和VUE文件渲染器，如图7-16所示。除此之外，还有很多第三方插件可供选择，比如VRay渲染器。

在菜单栏中选择"渲染"→"渲染设置"选项，打开"渲染设置"面板，在"渲染器"列表中可选择所需的渲染器种类。3ds Max默认使用的是Arnold渲染器。

（1）Quicksilver硬件渲染器

Quicksilver硬件渲染器是使用图形硬件生成渲染。该渲染器的优点是渲染速度快，支持多种材质和贴图，但它对显卡有一定的要求。显卡必须支持Shader Model 3.0（SM3.0）或更高版本才可。

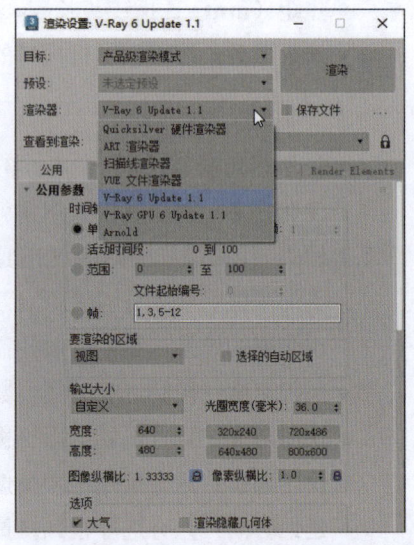

图 7-16 选择渲染器类型

(2) ART渲染器

ART渲染器是一款仅依赖CPU且基于物理原理的快速渲染器，以其高效的渲染速度、交互式的工作流程、良好的噪波过滤功能和简单明了的参数而著称。因为这些优点，ART渲染器被广泛应用于建筑、产品和工业设计等领域。

(3) 扫描线渲染器

扫描线渲染器是通过一行行的方式来渲染图像，具有高效利用内存、提升运算速度和易集成性等优点。但渲染结果相对简单，缺乏高级渲染功能（不支持全局光照和全局阴影等重要特性）。

(4) VUE文件渲染器

使用VUE文件渲染器可以创建VUE（.vue）文件。VUE文件使用可编辑ASCII格式。

(5) VRay渲染器

VRay渲染器是一款较受业界欢迎的渲染引擎之一，它为不同领域的建模软件（如3ds Max、Maya、SketchUp、Rhino等）提供了高质量的图片和动画渲染。它可产生逼真的光照和材质效果，适用于各种高质量的渲染需求。

(6) Arnold渲染器

Arnold渲染器是一款基于物理算法的高端电影级别渲染引擎，利用先进的算法和物理光线追踪技术，可以生成逼真的图像，满足高质量的电影级渲染需求。然而，它在处理透明和折射物体时可能存在一些局限性，并且不适合某些特定的渲染类型。

7.3.2 渲染帧窗口

在3ds Max中，通过渲染帧窗口可查看渲染结果。在该窗口中，可以根据需要对当前渲染的效果进行多种操作，如裁剪、保存、打印等，如图7-17所示。在工具栏中单击"渲染帧窗口"按钮，可打开渲染帧窗口，并对当前活动视口进行渲染。

图7-17　渲染帧窗口

在该窗口中单击"要渲染的区域"下拉按钮，在其列表中选择"区域"选项，并在该窗口中框选要渲染的区域，然后单击"渲染"按钮，系统只会渲染被框选的区域。局部渲染的效果如图7-18所示。

图 7-18　局部渲染效果

下面将对窗口中的主要选项进行说明。

- **视图**：默认的渲染类型，执行"渲染"→"渲染"命令，或单击工具栏上的"渲染"按钮，即可渲染当前激活视口。
- **选定**：在"要渲染的区域"选项组中选择"选定对象"选项后，只有场景中被选择的几何体将被渲染，而渲染帧窗口中的其他对象则保持不变。
- **区域**：在渲染时，会在视口中或渲染帧窗口上出现范围框，此时只会渲染范围框内的场景对象。
- **裁剪**：通过调整范围框来选定需要渲染的场景部分，只有框内的场景对象会被渲染，并输出为指定尺寸的图像。
- **放大**：活动视口内的选定区域将被渲染，并以放大形式填充整个渲染输出窗口。
- **保存图像**：单击该按钮，可保存在渲染帧窗口中显示的渲染图像。
- **复制图像**：单击该按钮，可将渲染图像复制到系统后台的剪贴板中。
- **克隆渲染帧窗口**：单击该按钮，将创建另一个包含显示图像的渲染帧窗口。
- **打印图像**：单击该按钮，可调用系统打印机打印当前渲染图像。
- **清除**：单击该按钮，可将渲染图像从渲染帧窗口中删除。
- **颜色通道**：可控制红、绿、蓝等颜色通道的显示，同时也支持单色和灰度通道的调整。
- **显示Alpha通道**：用于预览、检查和优化渲染图像的透明度效果。
- **切换UI叠加**：单击该按钮后，当使用渲染范围类型时，可以在渲染帧窗口中渲染范围框。
- **切换UI**：单击该按钮后，将显示渲染的类型、视口的选择等功能面板。

如果安装了VRay渲染器，系统会加载VRay渲染窗口。在该窗口中，同样可以对渲染图像进行复制、保存、指定渲染区域等功能，如图7-19所示。此外，利用该渲染窗口还可完成彩色通道图的渲染操作。

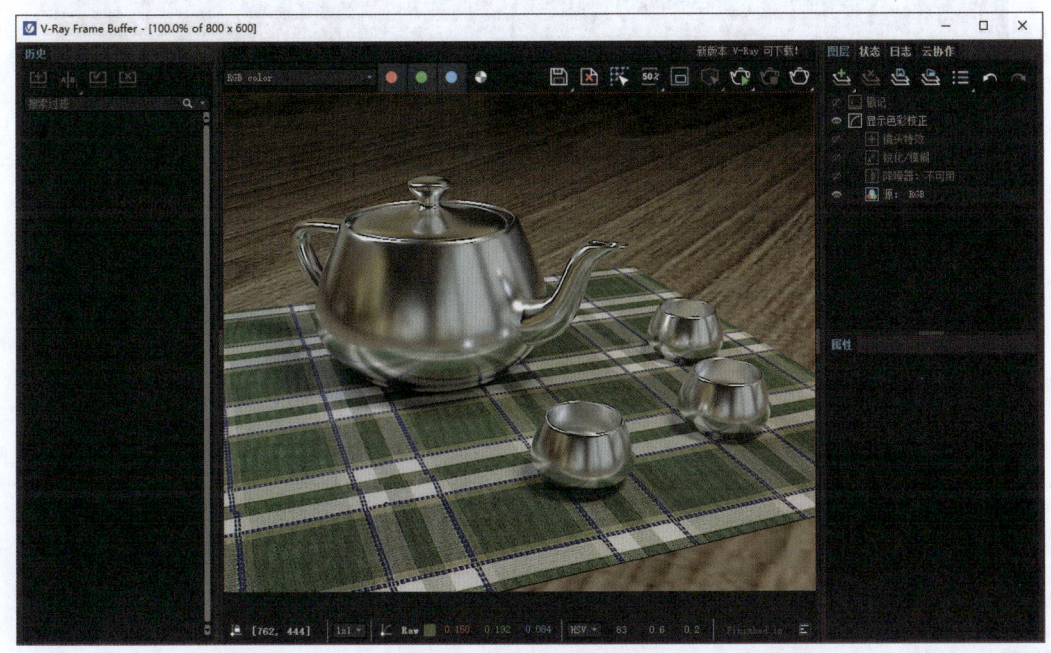

图 7-19　VRay渲染窗口

也可关闭VRay渲染窗口，使用3ds Max默认的渲染帧窗口进行场景渲染。在"渲染设置"面板中选择"V-Ray"选项卡，在"帧缓存"卷展栏中取消勾选"启用内置帧缓存"复选框即可。

下面利用VRay渲染窗口来渲染一张带有彩色通道图的场景文件，以便使用Photoshop软件进行后期调整操作。

步骤01 打开"卧室"场景文件，按F10键打开"渲染设置"面板。将渲染器设为VRay渲染器。单击"Render Elements（渲染元素）"选项卡，然后单击"添加"按钮，在"渲染元素"对话框中选择"VRayRenderID（渲染ID）"选项，将其加载到"渲染元素"列表中，如图7-20所示。

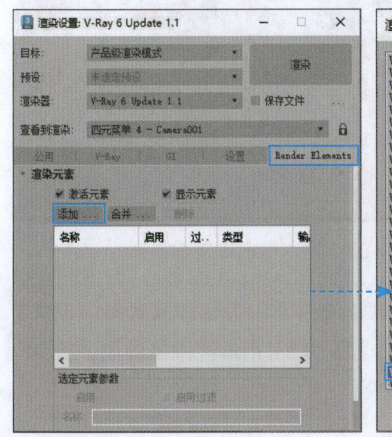

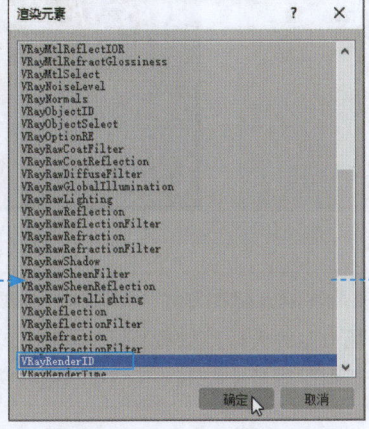

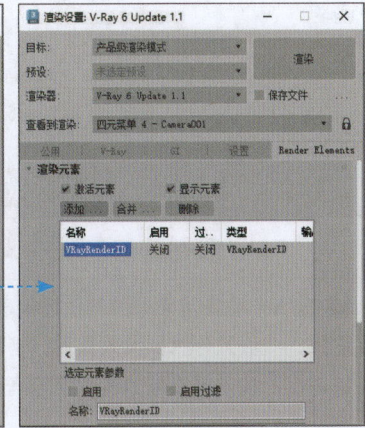

图 7-20　添加渲染元素

步骤02 在"渲染设置"面板中单击"渲染"按钮,渲染当前场景,如图7-21所示。

图 7-21 渲染卧室场景

步骤03 单击工具栏中的"保存"按钮,将渲染图以PNG格式进行保存,如图7-22所示。

步骤04 单击工具栏中的"RGB Color"下拉按钮 ,选择"VRayRenderID"选项,即可显示出彩色通道图像,如图7-23所示,然后单击"保存"按钮,同样以PNG格式进行保存。

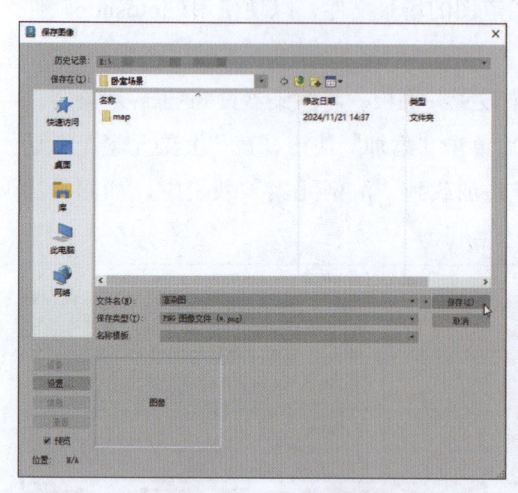

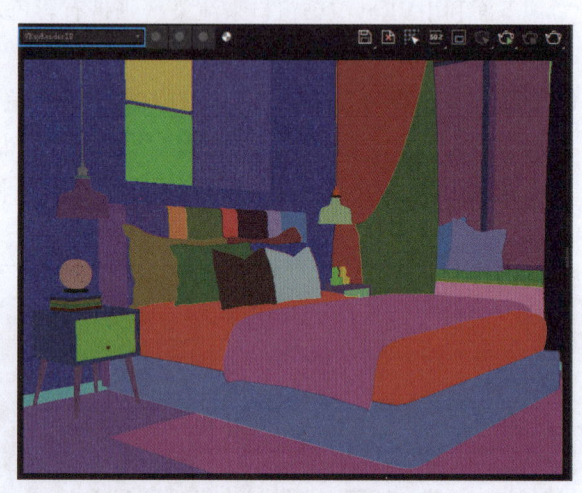

图 7-22 保存效果图　　　　　图 7-23 调出彩色通道图

!提示:场景渲染可分测试渲染和最终渲染两种方式,测试渲染的参数值较低,画面质量较差,但速度快,一般只作为预览效果用。当场景中的模型、材质及灯光调整完成后,就可用最终渲染参数进行渲染输出。该方式设置的参数值较高,画面质量比较高,但渲染速度较慢。

7.4　VRay渲染器

VRay渲染器是3ds Max常用的渲染器插件之一，其渲染速度快、渲染质量高的特点已被大多数行业设计师所认同。在使用VRay渲染器渲染前，需要对渲染参数进行进一步设置，才能更好地表现场景效果。

■ 7.4.1　公用

"公用"选项卡主要用于设置效果图的输出选项和渲染器的相关配置，它包含了"公用参数""电子邮件通知""脚本""指定渲染器"4个卷展栏。其中，"公用参数"卷展栏中的选项最为常用，如图7-24所示。下面将着重对该卷展栏中的主要选项进行说明。

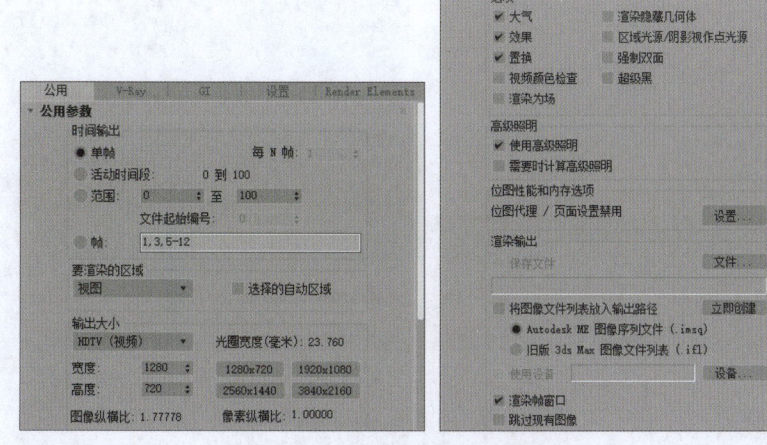

图 7-24　"公用参数"卷展栏

- **时间输出**：选择需要渲染的时间段，可以是一个单独的帧，也可以是一段连续的时间。
- **要渲染的区域**：包括视图、选定对象、区域、裁剪、放大5种。
- **输出大小**：可以选择几个标准的电影和视频分辨率以及纵横比。
- **光圈宽度（毫米）**：指定用于创建渲染输出的摄影机光圈宽度。
- **宽度和高度**：以像素为单位指定图像的宽度和高度，也可直接选择预设尺寸。
- **图像纵横比**：设置图像的纵横比。
- **像素纵横比**：设置显示在其他设备上的像素纵横比。
- **大气/效果**：勾选该选项时，可以渲染任何应用的大气效果和渲染效果，如体积雾、模糊。
- **置换**：渲染任何应用的置换贴图。
- **渲染为场**：为视频创建动画时，将视频渲染为场，而不是渲染为帧。
- **渲染隐藏几何体**：渲染场景中所有的几何体对象，包括隐藏的对象。
- **保存文件**：勾选该选项时，系统会将渲染后的图像或动画保存到磁盘。
- **渲染帧窗口**：在渲染帧窗口中显示渲染输出。
- **跳过现有图像**：勾选该选项并启用"保存文件"时，渲染器将跳过序列中已渲染到磁盘中的图像。

7.4.2　V-Ray

"V-Ray"选项卡包含了"帧缓存""全局开关""IPR选项""图像采样器（抗锯齿）""小块式图像采样器""图像过滤器""环境""颜色映射""摄影机"这9个卷展栏。下面将对一些常用的卷展栏参数进行说明。

1. 全局开关

"全局开关"展卷栏主要用来设置场景中的灯光、材质、置换等，如是否使用默认灯光、是否开启阴影、是否开启模糊等。该卷展栏中有"默认""高级"两种模式，如图7-25所示。

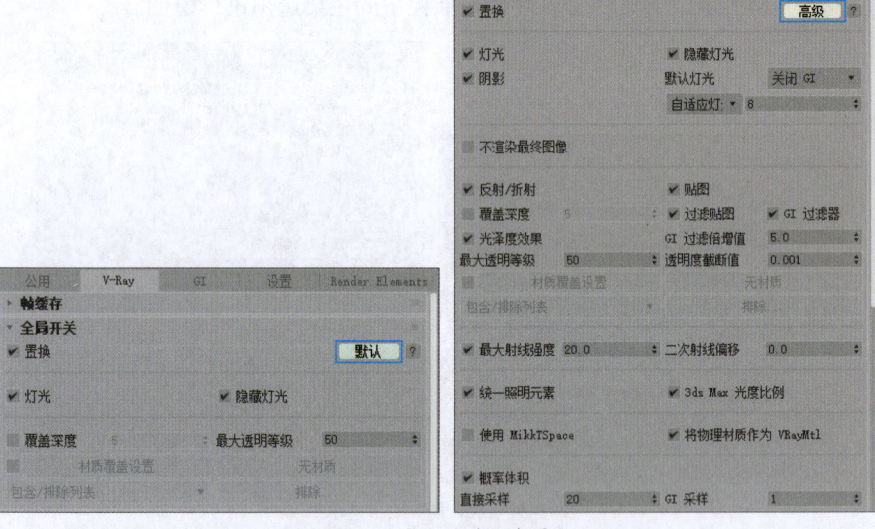

图 7-25　"全局开关"卷展栏

下面以"高级"模式为例，对其中的主要选项进行说明。

- **置换**：控制是否开启场景中的置换效果。
- **灯光**：控制是否开启场景中的光照效果。取消勾选该选项时，场景中放置的灯光将不起作用。
- **隐藏灯光**：控制场景是否让隐藏的灯光产生光照。
- **阴影**：控制场景是否产生阴影。
- **默认灯光**：开启该功能后，即使场景中没有添加照明光，也能确保整个场景可见。相反，关闭该功能后且场景没有照明光源，则渲染结果将一片漆黑。
- **灯光评估方法**：包括"自适应灯光""全灯光评估""灯光树"。自适应灯光是智能灯光评估方式，它基于场景中的实际光照，选择最有可能影响阴影的光源进行评估。全灯光评估是传统灯光评估方法，它对场景中每个灯光进行完全评估，以确保每个光源对阴影产生的影响，比较耗时间。灯光树是用于组织和控制灯光的一种方式，它提供了一个可视化的界面，可轻松地添加、编辑和管理场景中的灯光。
- **不渲染最终图像**：控制是否渲染最终图像。

- **反射/折射**：控制是否开启场景中材质的反射和折射效果。
- **覆盖深度**：用于控制整个场景中反射和折射的最大深度。输入框中的数值表示反射和折射的次数。
- **光泽度效果**：是否开启反射或折射模糊效果。
- **最大透明等级**：控制透明材质被光线追踪的最大深度。数值越高，被光线追踪的深度越深，效果越好，但渲染速度会变慢。
- **GI过滤倍增值**：用于控制全局照明（GI）的过滤效果。该参数可以影响渲染图像中GI效果的平滑度和清晰度，从而平衡渲染质量和渲染时间。
- **透明度截断值**：控制VRay渲染器在处理透明材质时的追踪终止阈值。
- **材质覆盖设置**：当在后面的通道中设置一个材质时，场景中所有的物体都将使用该材质进行渲染。这在测试阳光的方向时非常有用。
- **最大射线强度**：控制最大光线的强度。
- **二次射线偏移**：防止场景中的颜色重叠面不出现黑斑现象，一般默认设置即可。如果参数过大，可能会使全局照明（GI）变得异常。

2. 图像采样器（抗锯齿）

图像采样器（抗锯齿）是指采样和过滤的一种算法，以产生最终的像素数组来完成图形的渲染。采样器类型包含渐进式和小块式两种，其卷展栏如图7-26所示。

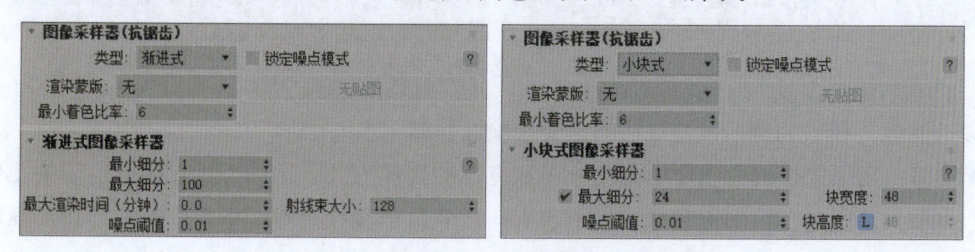

图 7-26 "渐进式 / 小块式图像采样器"卷展栏

- **类型**：设置图像采样器的类型，包括小块式和渐进式两种。
- **渲染蒙版**：用于精确控制渲染过程中的图像采样，尤其在仅需要重新渲染图像的特定部分时使用，它提供了多种选择方式，包括纹理、已选择、包含/排除列表、图层、对象ID等。
- **最小着色比率**：可以控制投射光线的抗锯齿数目和其他效果，如光泽反射、全局照明、区域阴影等。
- **最小细分**：默认参数为1，一般情况下不需要将其设置得小于1，除非需要表现一些细小的线条或细节时。
- **最大细分**：默认100，通常情况下设置为24即可。当使用黑色背景或包含强烈的运动模糊时，可适当增加细分值。
- **最大渲染时间（分钟）**：用于控制图像渲染的时间。
- **噪点阈值**：默认0.01，数值越小，噪波越小。较低的阈值会让图像看起来更干净，但也需要更长的时间。

3. 图像过滤器

使用图像过滤器可以平滑渲染过程中出现的对角线或弯曲线条的锯齿状边缘。无论在最终渲染，还是在需要保证图像质量的样图渲染时，都需要启用该选项，如图7-27所示。

该卷展栏中的主要选项说明如下。

- **过滤器类型**：设置渲染场景的抗锯齿过滤器，默认为VRayLanczosFilter过滤器。
- **大小**：设置过滤器的大小。

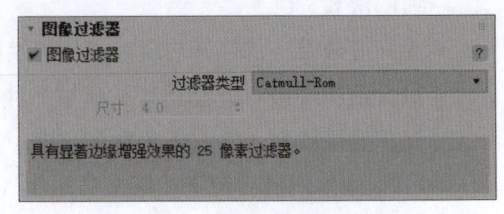

图 7-27 "图像过滤器"卷展栏

4. 颜色映射

"颜色映射"卷展栏用于控制整个场景的色彩和曝光方式，分"默认""高级"两种模式，如图7-28所示。

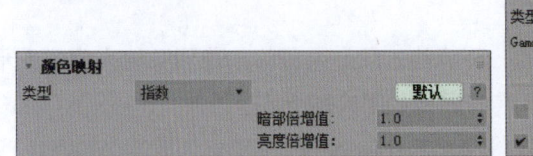

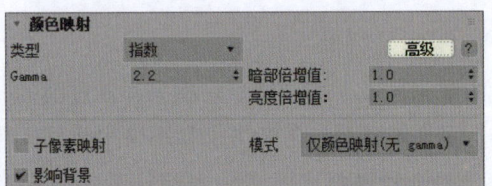

图 7-28 "颜色映射"卷展栏

以"高级"模式为例，该卷展栏的主要选项说明如下。

- **类型**：用于选择渲染图像中颜色分布和亮度的处理方式。这些方式直接影响渲染图像的亮度、对比度、色彩饱和度和细节等方面。它包括线性倍增、指数、HSV指数、强度指数、Gamma纠正、Gamma值强度、Reinhard（莱因哈德）7种类型，一般选择"指数"。该方式渲染出来的图像不会出现曝光点，但整体图像会偏灰。
- **Gamma**：用于调整渲染图像的整体亮度。
- **暗部/亮度倍增值**：用于调整场景中暗处或亮处的明亮程度。
- **子像素映射**：勾选该选项后，物体的高光区与非高光区的界限处不会有明显的黑边。
- **影响背景**：控制是否让曝光模式影响背景。取消勾选该选项时，背景不受曝光模式的影响。

7.4.3 GI

GI在VRay渲染器中可以理解为间接光照。当光线从窗户投射进来、照射到地面时，光线会减弱并反弹到屋顶，然后继续减弱反弹到地面，并继续反弹到其他位置，这就是间接光照的原理。该选项卡包括"全局照明""灯光缓存""焦散"3个卷展栏。

1. 全局照明

全局照明用于模拟真实世界中光线的传递和反弹现象，它也包含"默认""高级"两种模式，如图7-29所示。

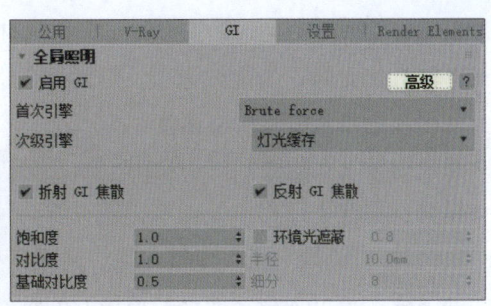

图 7-29 "全局照明"卷展栏

下面以"高级"模式为例，该卷展栏中的主要选项说明如下。

- **启用GI**：勾选该选项后，将开启GI效果。
- **首次引擎/次级引擎**：设置光线反弹的计算方式。
- **折射GI焦散**：控制是否开启折射焦散效果。
- **反射GI焦散**：控制是否开启反射焦散效果。
- **饱和度**：控制色彩溢出，降低该数值可以降低色溢效果。
- **对比度**：控制图像色彩的对比度。
- **基础对比度**：控制饱和度和对比度的基数。
- **环境光遮蔽**：控制真实世界中光线在物体凹角和接缝处产生的阴影效果。该选项在最终渲染时可勾选。如果是测试渲染，可取消勾选状态。
- **半径**：设置环境遮蔽光的半径值。
- **细分**：设置环境遮蔽光的细分值。

> **提示**：在VRay 6.0版本中，原有的"首次引擎"计算方法中的"发光贴图"已暂停使用。现在推荐使用Brute Force（暴力）计算方法作为替代。该引擎"简单粗暴"的渲染方式可以渲染出其他引擎可能无法呈现的细节和效果。当进行全局照明计算时，Brute Force通过执行大量的光线追踪和采样，力求真实再现光照情况。该引擎的缺点就是渲染速度相对较慢，并且容易产生噪点。

2. 灯光缓存

灯光缓存是从摄影机开始追踪光线到光源，摄影机追踪光线的数量就是灯光缓存的最后精度。这种方法可以有效地与任何光源一起工作，包括天窗、自发光物体、非物理光源、光度学灯等，如图7-30所示。该卷展栏中的主要选项说明如下。

- **预设**：包括"静态""动画"两种场景。
- **细分**：决定灯光缓存的样本数量。值越高，样本总量越多，渲染效果越好，渲染越慢。
- **样本尺寸**：控制灯光缓存的样本大小，小的样本可以得到更多的细节，但是需要更多样本。

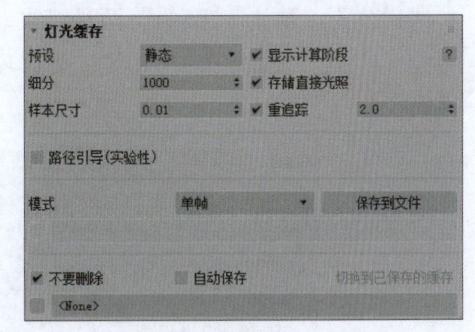

图 7-30 "灯光缓存"卷展栏

- **显示计算阶段**：勾选该选项，可以显示灯光缓存的计算过程，方便观察。
- **存储直接光照**：勾选该选项，灯光缓存将直接储存光照信息。当场景中有很多灯光时，使用该选项会提高渲染速度。
- **路径引导（实验性）**：勾选该选项，将使用摄影机作为计算的路径。
- **模式**：在渲染过程中处理灯光缓存有两种不同的处理模式，可分为单帧模式和从文件模式两种。"单帧"模式比较常用，适用于一次性生成最终高质量图像的渲染场景。"从文件"模式是可加载之前已经渲染好的灯光缓存文件，以便快速基于已有的光照信息继续渲染新的帧或者进一步细化已有图像。

3. 焦散

焦散卷展栏主要用于控制和管理焦散效果的渲染设置。该卷展栏分为"默认""高级"两种模式，如图7-31所示。该卷展栏参数不常用，只需保持默认设置即可。

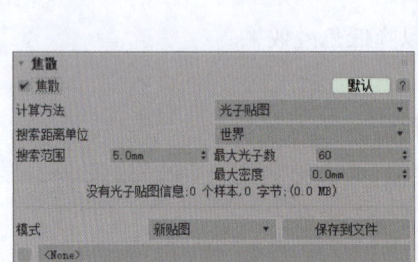

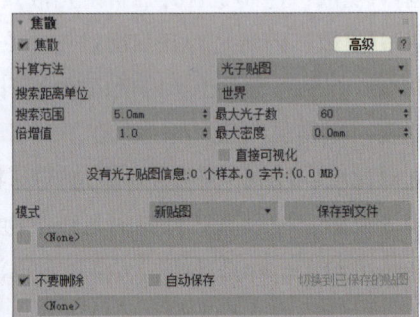

图7-31 "焦散"卷展栏

■ 7.4.4 设置

"设置"选项卡包括"授权""关于V-Ray""色彩管理""默认置换""系统""平铺纹理选项""代理物体预览缓存"等卷展栏。比较常用的是"系统"卷展栏，如图7-32所示。该卷展栏分为"默认""高级"两种模式，下面将以"高级"模式为例，对其主要选项进行说明。

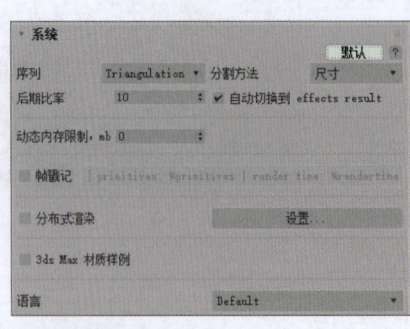

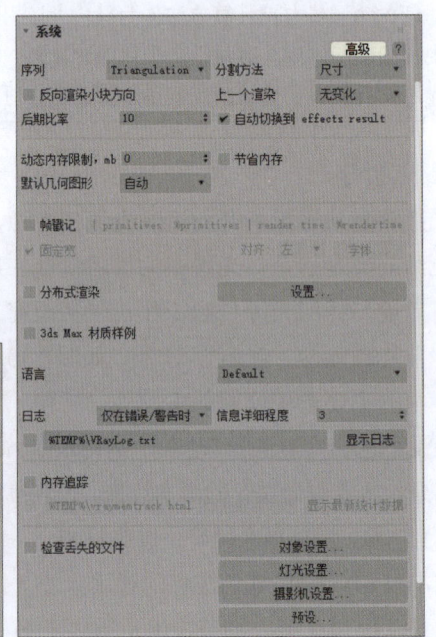

图7-32 "系统"卷展栏

- **序列**：选择渲染块的渲染顺序，默认为Triangulation（三角结构），该序列要比其他序列渲染得快。
- **反向渲染小块方向**：勾选该选项，渲染顺序和设定的顺序相反。
- **分割方法**：选择是否按渲染块的尺寸或按渲染块的数量进行分割渲染。
- **动态内存限制**：控制动态内存的总量。
- **默认几何图形**：控制内存的使用方式，包括静态、动态和自动3种方式。
- **帧戳记**：勾选该选项，可显示水印。
- **分布式渲染**：勾选该选项，可开启该功能。单击"设置"按钮，打开"V-Ray分布式渲染设置"对话框，在此可控制网络中计算机的添加和删除等操作。
- **日志**：设置VRay渲染日志的显示方式，包括从不、总是、仅在错误/警告时和仅在出错时4种显示方法。
- **检查丢失的文件**：勾选该选项，VRay会寻找场景中丢失的文件，并保存到VRayLog.txt文件中。

> 提示：Render Elements（渲染元素）选项卡主要用于渲染过程中选择和启用特定的渲染元素，这些渲染元素能够捕获并存储关于场景、对象或材质等各方面的详细信息。在后期，对调节、合成和处理图像提供了很大的帮助，只需单击"添加"按钮，在"渲染元素"对话框中选择所需的元素即可。

下面将以厨房场景为例，介绍测试渲染的具体步骤。

步骤01 打开"厨房"场景文件。按M键打开材质编辑器，选择一个材质球，将其重命名为"测试"，并将材质设为VRayMtl类型。单击"漫反射"贴图通道按钮，加载VRayEdgesTex贴图，进入"VRayEdgesTex参数"卷展栏，设置颜色（R:146，G:146，B:146），其他保持默认选项，如图7-33所示。

步骤02 按F10键，打开"渲染设置"面板，切换到"V-Ray"选项卡，打开"全局开关"卷展栏，调整为"高级"模式。勾选"材质覆盖设置"复选框，并将"测试"材质拖至该选项的贴图通道中，如图7-34所示。

步骤03 切换到"公用"选项卡，将"输出大小"设为800×600，如图7-35所示。

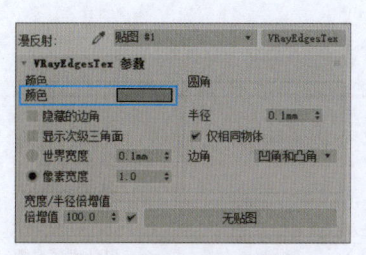

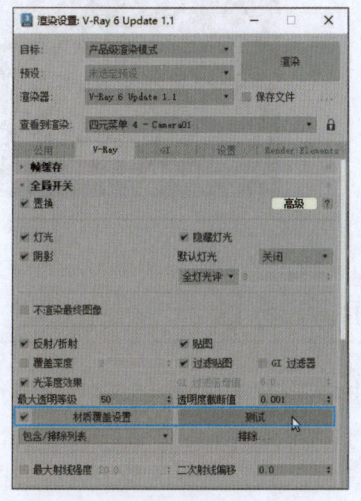

图 7-33 设置边纹理颜色　　图 7-34 覆盖材质　　图 7-35 设置输出尺寸

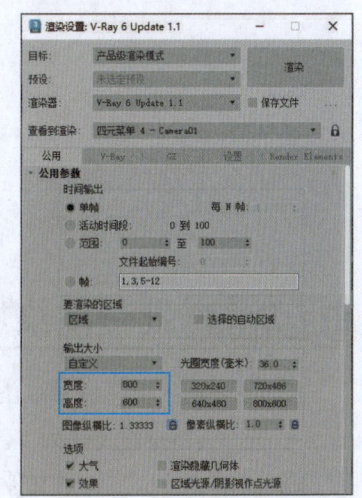

步骤 04 切换到"V-Ray"选项卡,在"图像采样器(抗锯齿)"卷展栏中,将"类型"设为"渐进式";在"图像过滤器"卷展栏中将"过滤器类型"设为"Catmull-Rom",其他保持默认选项,如图7-36所示。

步骤 05 切换到"GI"选项卡,在"灯光缓存"卷展栏中将"细分"设为600,其他保持默认选项,如图7-37所示。

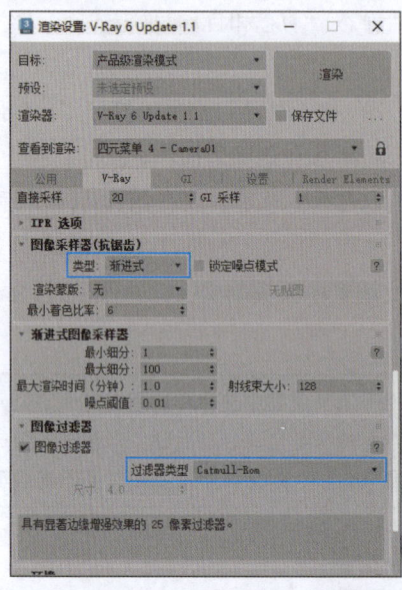

图 7-36 设置图像采样器及过滤器　　　　图 7-37 设置灯光缓存

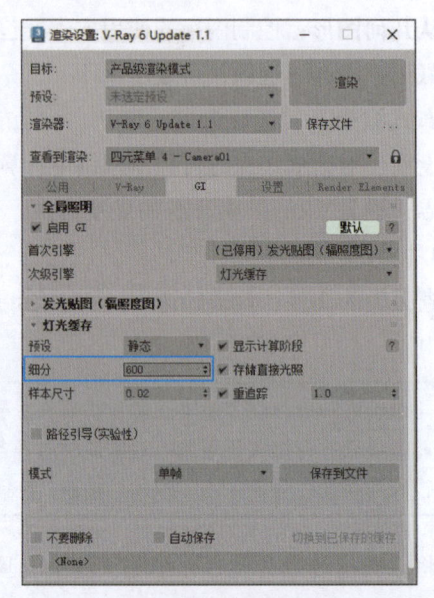

步骤 06 设置完成后,单击"渲染"按钮即可对当前摄影机视口进行测试渲染,渲染效果如图7-38所示。

图 7-38 测试渲染效果

课堂演练 批量渲染厨房场景

本案例将利用摄影机和渲染的相关命令,为厨房场景中的多个摄影机视口进行批量渲染,具体操作步骤如下。

步骤 01 打开"厨房"场景文件,可以看到当前场景中只有一个摄影机,如图7-39所示。

扫码观看视频

步骤 02 在摄影机"创建"面板中单击"目标"按钮,在顶视口中创建第2个摄影机,并调整好其位置,如图7-40所示。

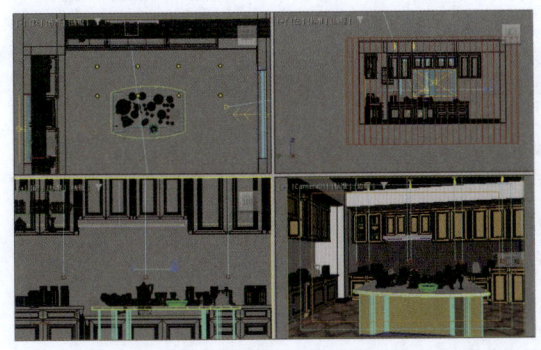

图 7-39 打开场景文件

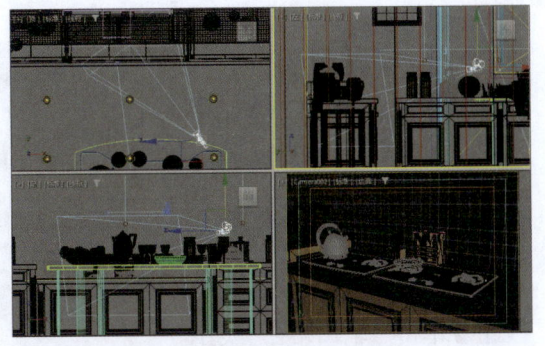

图 7-40 创建第 2 个摄影机

步骤 03 按照同样的方法,创建第3个摄影机,如图7-41所示。

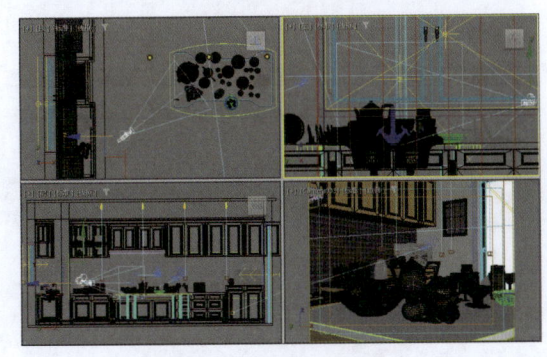

步骤 04 设置最终渲染参数。按F10键,打开"渲染设置"面板。在"公用"选项卡中设置"输出大小"为900×600,如图7-42所示。

步骤 05 切换到"V-Ray"选项卡,在"图像采样器(抗锯齿)"卷展栏中将其类型设为"小块式",设置"最小着色比率"为16;在"小块式图像采样器"卷展栏中将"噪点阈值"设为0.005,其他保持默认选项,如图7-43所示。

图 7-41 创建第 3 个摄影机

步骤 06 切换到"GI"选项卡,在"全局照明"卷展栏中勾选"环境光遮蔽"选项,并将其"半径"设为20;在"灯光缓存"卷展栏中将"细分"设为1 000,如图7-44所示。

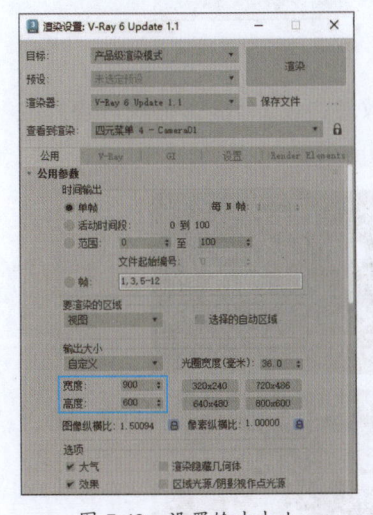

图 7-42 设置输出大小 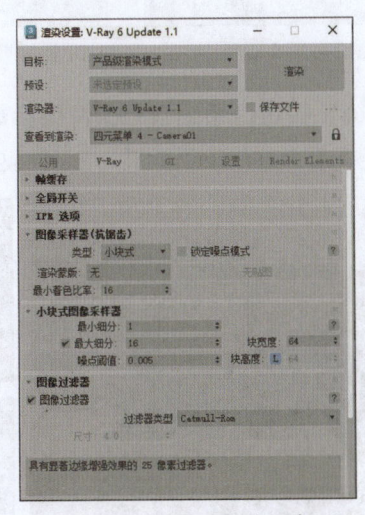　　图 7-43 设置 V-Ray 选项参数 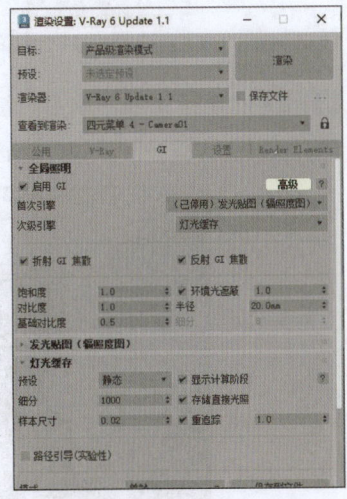　　图 7-44 设置 GI 选项参数

步骤 07 关闭渲染面板。在菜单栏中选择"渲染"→"批处理渲染"选项，打开"批处理渲染"对话框，如图7-45所示。

步骤 08 单击"添加"按钮，添加View01视口。选中View01，单击"摄影机"下拉按钮，选择Camera01选项，调整摄影机视口，如图7-46所示。

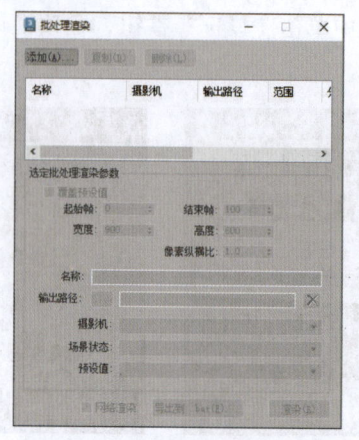

步骤 09 单击"输出路径"选择按钮，打开"渲染输出文件"对话框，输入文件名并指定存储类型和存储路径，如图7-47所示。

图 7-45　"批处理渲染"对话框　　　图 7-46　添加摄影机

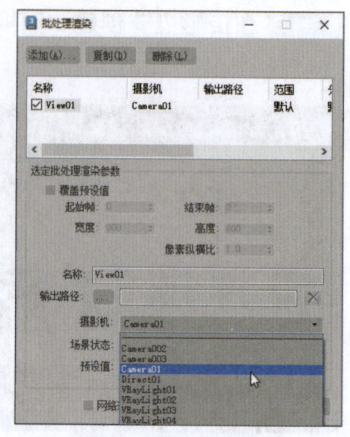

步骤 10 单击"保存"按钮，返回"批处理渲染"面板。按照同样的方法，添加其他两个摄影机视口，如图7-48所示。

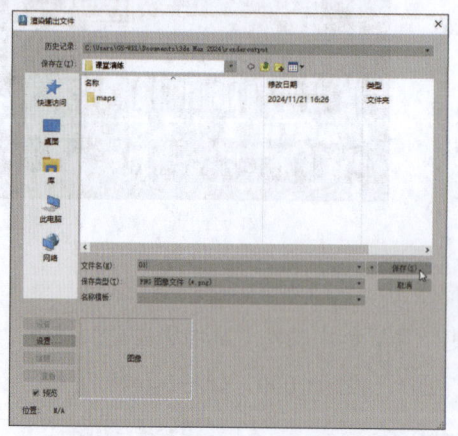

图 7-47　设置输出类型及路径 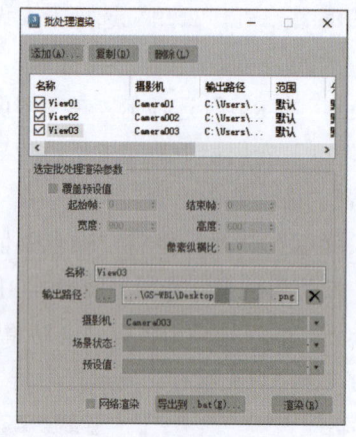　　　图 7-48　添加其他摄影机视口

步骤 11 设置完成后，单击"渲染"按钮，系统会根据渲染参数对当前3个摄影机视口进行渲染。渲染好后，可根据设置路径查看最终的渲染效果，如图7-49所示。

图 7-49　最终的渲染效果

课后作业

一、选择题

1. 在"（　　）"面板中可以设置渲染器的类型。
   A. 材质编辑器　　　　B. 环境　　　　C. 渲染设置　　　　D. 渲染元素
2. 能够通过摄影机改善场景亮度的是（　　）。
   A. VRayDomeCamera　　　　　　B. VRayPhysicalCamera
   C. 物理摄影机　　　　　　　　D. 自由摄影机
3. 在渲染帧窗口中，默认的"要渲染的区域"是（　　）。
   A. 视图　　　　B. 选定　　　　C. 区域　　　　D. 裁剪

二、填空题

1. 3ds Max自带多种渲染器，包括＿＿＿＿＿＿、＿＿＿＿＿＿、＿＿＿＿＿＿、＿＿＿＿＿＿和＿＿＿＿＿＿。
2. ＿＿＿＿＿＿是垂直角度的摄影机，它的摄影机和目标点永远呈直线状。一般用于渲染平面布局图。
3. 要想渲染场景某个局部效果，可在渲染帧窗口的"＿＿＿＿"列表中选择"＿＿＿＿"选项，单击"渲染"按钮即可。

三、操作题

利用目标摄影机和VRay渲染器对卧室空间进行渲染，卧室渲染效果如图7-50所示。

图 7-50　卧室渲染效果

操作提示

步骤01 创建目标摄影机，分别调整位置和角度。
步骤02 在"渲染设置"面板中设置输出大小、图像采样器类型、图像过滤器类型、灯光缓存细分值等，然后单击"渲染"按钮即可。

拓展阅读 室内效果图设计中的简约美学与可持续发展——以"苏州博物馆"为例

在当今的室内设计领域，简约美学不仅是一种设计风格，还是一种可持续发展的设计理念。简约设计通过减少不必要的装饰和资源浪费，不仅提升了设计的美感，还符合环保和可持续发展的要求。

苏州博物馆（图7-51）作为现代建筑大师贝聿铭的代表作之一，该建筑不仅融合了传统苏州园林的精髓，还通过现代技术和材料展现了简约美学。在3ds Max室内效果图设计中，苏州博物馆的案例为设计师提供了丰富的灵感和实践指导。

图 7-51　苏州博物馆

苏州博物馆的设计理念强调建筑与自然的和谐共生。贝聿铭通过巧妙的布局和设计，将传统的苏州园林元素与现代建筑技术相结合，营造出一种宁静而雅致的氛围。

苏州博物馆大量运用自然元素，如水、石、植物等（图7-52），通过引入自然光和借景，增强了建筑的自然感和亲和力。这种设计不仅提升了建筑的美感，还减少了对人工照明和装饰的依赖。

图 7-52 苏州博物馆中的自然元素

苏州博物馆的室内空间设计（图7-53）简洁而高效，通过合理的功能分区和流线设计，满足博物馆使用需求的同时还避免了不必要的空间浪费。

图 7-53 室内空间设计

在材料选择上，贝聿铭注重材料的质感和耐久性，大量使用天然材料（如石材、木材）和玻璃。这些材料不仅环保，还能随着时间的推移而呈现出独特的质感。

苏州博物馆通过大面积的天窗（图7-54）和透明玻璃幕墙，最大限度地引入自然光，减少了白天对人工照明的依赖，降低了能源消耗。

图 7-54　通过天窗引入自然光

苏州博物馆的水景设计（图7-55）不仅具有装饰性，还通过循环水系统实现了水资源的高效利用，减少了水资源的浪费。

图 7-55　水景设计

苏州博物馆的设计充分体现了对传统文化的尊重和传承。贝聿铭通过现代设计手法，将传统的苏州园林元素重新诠释，使其在现代建筑中焕发出新的生命力。

在设计过程中，贝聿铭不仅保留了传统文化的精髓，还通过创新的设计手法，如现代材料的运用和空间布局的优化，为传统建筑注入了新的活力。

针对室内效果图设计中的简约美学与可持续发展的启示如下：

①在灯光设置中，应充分利用自然光，通过合理的门窗布局和天窗设计，引入自然光。在必要位置添加少量人工光源，如射灯和筒灯，营造出舒适的氛围。通过使用VRay的物理灯光和全局照明功能，设计师可以模拟自然光的进入和反射效果，使室内空间看起来更加自然和温馨。

②在渲染设置中，通过优化渲染参数，如适当降低分辨率、减少采样率，并合理设置全局照明的细分值，设计师可以在保证图像质量的同时，显著缩短渲染时间，减少计算资源的浪费。通过使用VRay的渐进式渲染和灯光缓存技术，设计师可以在预览阶段快速调整灯光和材质效果，减少最终渲染的计算量。

苏州博物馆的设计以其简约美学和可持续发展的理念，为现代室内效果图创作树立了典范性操作。我们在设计工作中要更好地理解和应用简约美学，将传统文化与现代技术相结合，为推动中国设计行业的发展贡献力量。

模块 8

卧室空间效果的表现

学习目标

【知识目标】
- 理解在制作卧室空间效果图时布光、材质创建、渲染设置及后期处理的基本原理。
- 熟悉不同类型灯光（如吊灯、射灯、太阳光源等）的特性和参数含义。
- 掌握不同材质（如墙面、地板、床、窗帘等）的特点，并了解如何依据这些特点在软件中设置合适的参数。
- 了解渲染参数（如图像采样器、颜色映射、灯光缓存等）对最终效果的影响。
- 了解在Photoshop中进行后期处理（如色彩平衡、色相/饱和度等操作）的工作原理。

【技能目标】
- 能够熟练使用3ds Max和VRay为卧室场景准确布光，模拟真实光照效果。
- 运用所学知识，在3ds Max中为卧室场景各类模型创建逼真的材质。
- 根据不同需求，在3ds Max中灵活调整渲染参数，高效完成卧室场景的测试渲染和最终渲染。
- 熟练运用Photoshop对卧室渲染图进行后期处理，改善色调、对比度等效果。

【素质目标】
- 培养对室内空间光影和材质的审美感知能力，提升效果图的视觉表现力。
- 在制作过程中，严谨设置每一个参数，养成注重细节的职业素养。
- 通过制作卧室效果图，增强解决问题的能力。面对渲染瑕疵、材质表现不佳等问题时，能独立思考并找到有效的解决方法。

8.1 为卧室场景布光

创建好场景模型后，可以先为场景布光，以便后期为场景赋予材质时能够更准确地表达场景效果。

步骤 01 打开"卧室"场景文件，如图8-1所示。

步骤 02 创建吊灯光源。单击"VRayLight"按钮，创建VRay球体灯光。在"常规"卷展栏中将其"半径"设为20 mm、"倍增值"设为80；在"选项"卷展栏中勾选"不可见"选项，并取消勾选"影响反射""影响大气效果"选项，如图8-2所示。

图 8-1 打开"卧室"场景文件

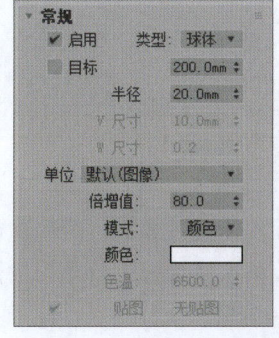

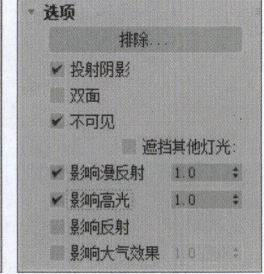

图 8-2 设置 VRayLight 参数

步骤 03 将创建好的灯光进行实例复制，并放置在合适的位置，如图8-3所示。

步骤 04 创建射灯光源。单击"目标"灯光按钮，创建目标灯光，然后调整好灯光位置，如图8-4所示。

图 8-3 复制吊灯

图 8-4 创建并调整目标灯光位置

步骤 05 在"常规参数"卷展栏中勾选"启用"（阴影），设置阴影类型为VRayShadow，设置灯光分布为"光度学 Web"，如图8-5所示。

步骤 06 在"分布（光度学Web）"卷展栏中，单击"选择光度学文件"按钮，在打开的"打开光域Web文件"对话框中，选择需要的光域网文件，单击"打开"按钮，加载光域网文件，如图8-6所示。

步骤 07 在"强度/颜色/衰减"卷展栏中设置强度值，如图8-7所示。

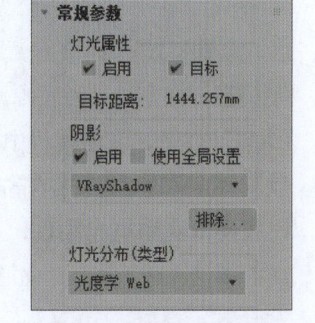

图 8-5 设置目标灯光参数

图8-6 加载光域网文件　　　　　　　　图8-7 设置灯光强度

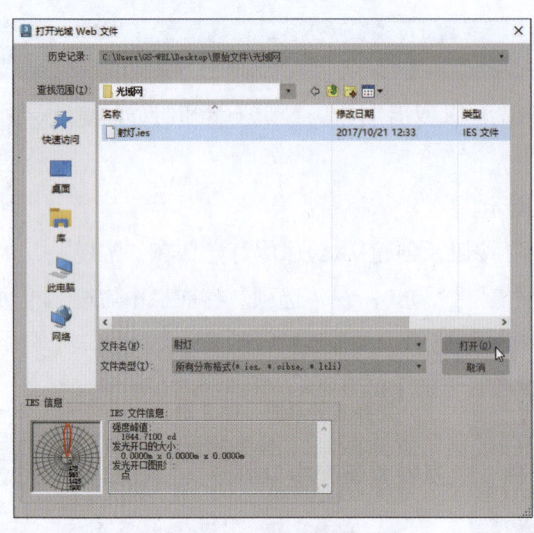

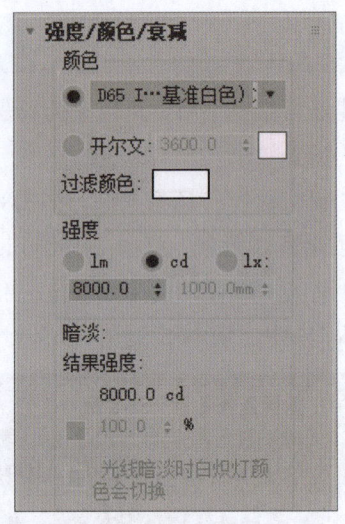

步骤 08 将创建好的射灯光源进行复制，并放置在床头合适的位置，如图8-8所示。

步骤 09 创建太阳光源。单击"目标平行光"按钮，在顶视口中创建平行灯光，并结合其他视口调整灯光位置，如图8-9所示。

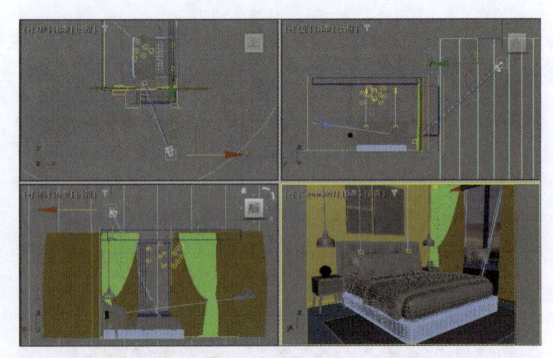

图8-8 复制灯光　　　　　　　　　　图8-9 创建目标平行光

步骤 10 在"常规参数"卷展栏中将阴影类型设为VRayShadow。在"强度/颜色/衰减"卷展栏中设置倍增值和灯光颜色（R:255，G:215，B:160），并在"平行光参数"卷展栏中调整聚光区和衰减区，如图8-10所示。

步骤 11 创建室外补光光源。单击"VRay-Light"按钮，在前视口中创建平面光，放置在窗户外侧。在"常规"卷展栏中设置倍增值和灯光颜色，在"选项"卷展栏中勾选所需选项，如图8-11所示。

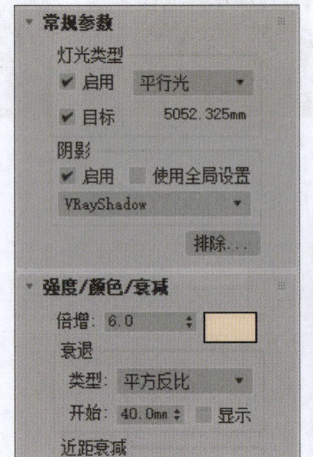

图8-10 设置平行光的参数

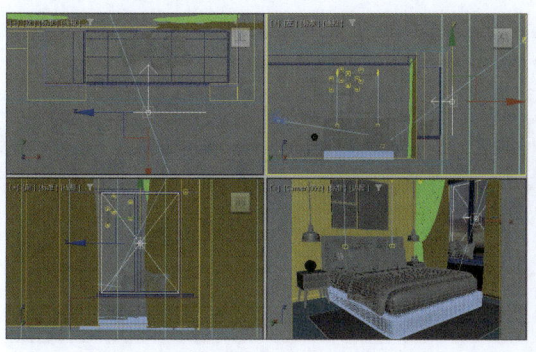

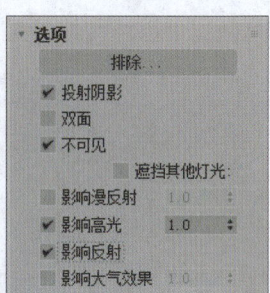

图 8-11 设置平面光的参数

步骤 12 复制创建好的室外补光光源，将"倍增值"设为10，其他保持不变，如图8-12所示。

步骤 13 创建床前台灯光源。单击"VRaylight"按钮，创建球形光源，放置在床前灯罩下方合适的位置，如图8-13所示。

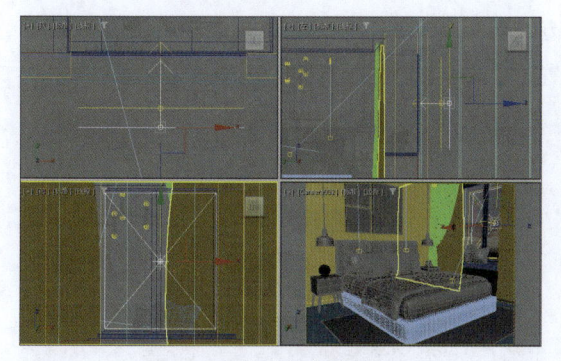

图 8-12 复制室外补光光源　　　　　图 8-13 创建床前台灯光源

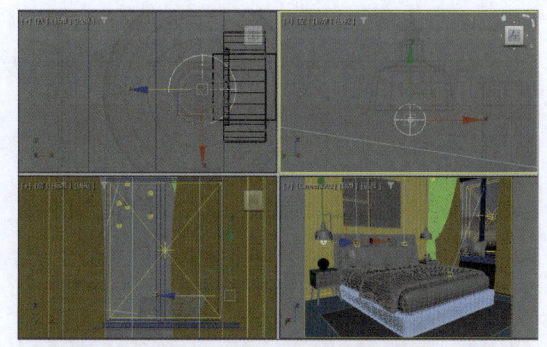

步骤 14 在"常规"卷展栏中将"半径"设为50 mm、"倍增值"设为50，并设置好其灯光颜色（R:251，G:238，B:144）。在"选项"卷展栏中设置所需的选项，如图8-14所示。

步骤 15 实例复制该灯光至另一个灯罩下方的合适位置，如图8-15所示。

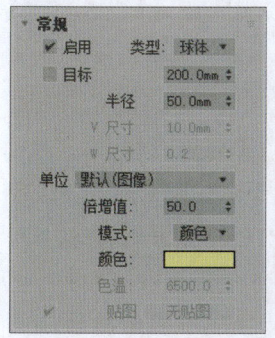

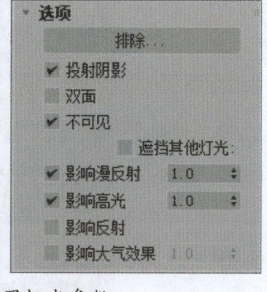

图 8-14 设置灯光参数　　　　　图 8-15 实例复制床前灯光

步骤 16 在顶视口中单击"VRayLight"按钮，在床上方创建补光光源，如图8-16所示。

步骤 17 在"常规"卷展栏中设置"倍增值"为16，并在"选项"卷展栏中设置相关参数，如图8-17所示。

图 8-16 创建床上方补光源　　　　　　　图 8-17 设置补光源的参数

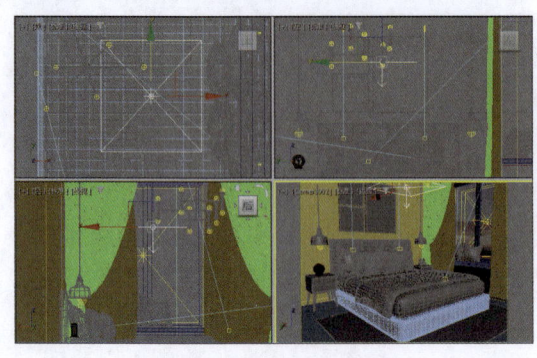

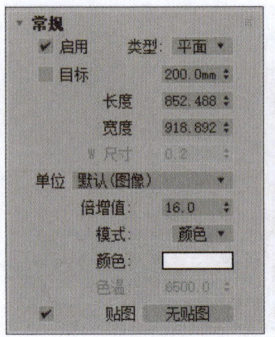

步骤 18 单击"VRayLight"按钮，为室内场景创建补光光源。设置光源的"倍增值"为8，然后调整补光源的位置，如图8-18所示。

步骤 19 按M键打开材质编辑器。选择一个材质球，将其材质设为VRayMtl材质类型。单击"漫反射"贴图通道，为其加载"VRayEdgesTex（边纹理）"贴图。在该参数卷展栏中设置边纹理的颜色（R:45，G:45，B:45），其他保持默认设置，如图8-19所示。

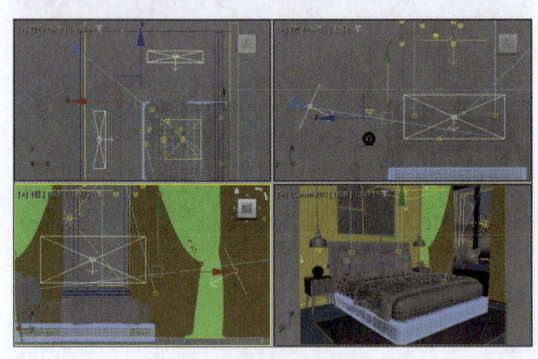

图 8-18 创建场景补光　　　　　　　图 8-19 设置材质球

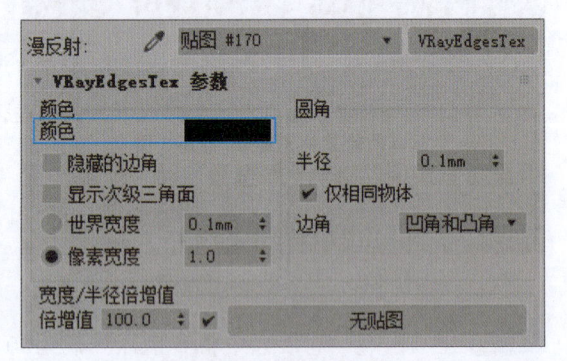

步骤 20 按F10键，打开"渲染设置"面板，切换到"V-Ray"选项卡，勾选"材质覆盖设置"选项，将设置的边纹理材质实例复制到覆盖材质贴图通道中，如图8-20所示。

步骤 21 单击"排除"按钮，在打开的"排除/包含"对话框中，排除"户外""玻璃"模型，如图8-21所示。

步骤 22 单击"确定"按钮，关闭对话框，然后单击"渲染"按钮，当前场景的布光效果如图8-22所示。

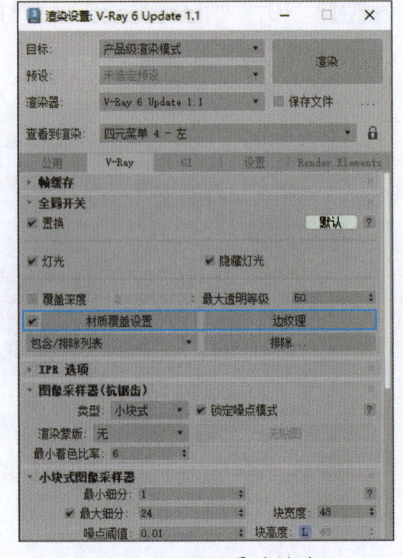

图 8-20 设置覆盖材质

模块8 卧室空间效果的表现

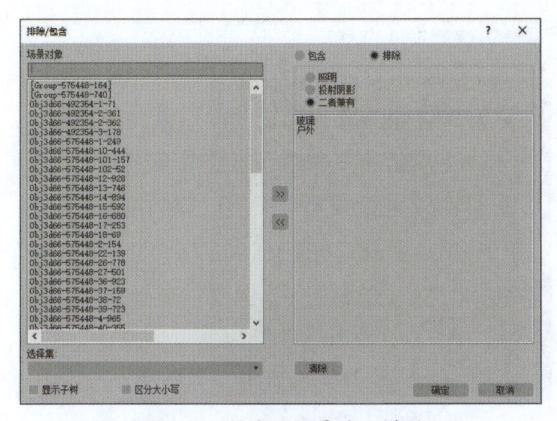

图 8-21 排除无须覆盖的模型

图 8-22 当前场景的布光效果

8.2 为卧室场景添加材质

场景布光完成后，可为场景中的模型赋予相应的材质，如床材质、窗帘材质、床前灯材质等。

8.2.1 创建建筑主体材质

本场景中，墙的顶面和地面分别使用了乳胶漆和木地板，具体操作步骤如下。

步骤01 创建墙面材质。按M键打开材质编辑器，选择一个材质球，设置材质类型为VRayMtl。在"基础参数"卷展栏中设置漫反射颜色（白色），取消勾选"菲涅尔反射"复选框，如图8-23所示。

步骤02 在"BRDF"卷展栏中，选择反射类型为Blinn。在"选项"卷展栏中，取消勾选"追踪反射"复选框，并设置截断值为0.01，其他保持默认设置，如图8-24所示。

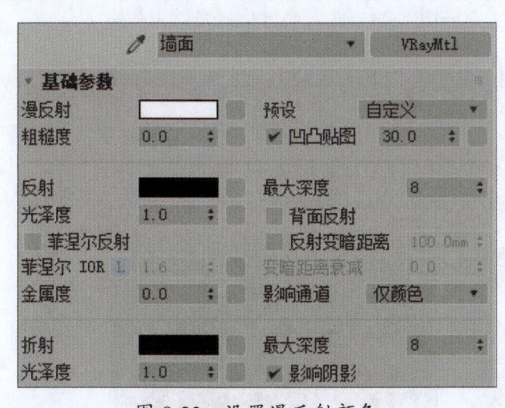

图 8-23 设置漫反射颜色

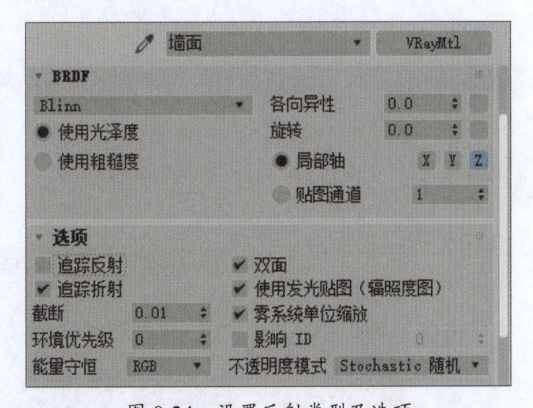

图 8-24 设置反射类型及选项

步骤03 创建好的墙面材质球效果如图8-25所示。将其赋予卧室墙面和顶面。

步骤04 创建地板材质。选择一个材质球，设置材质类型为VRayMtl。在"基础参数"卷展栏中为漫反射通道添加位图贴图，如图8-26所示。

图 8-25 墙面材质球效果　　　　图 8-26 地板贴图

步骤 05 返回"基础参数"卷展栏，设置反射颜色（R:52，G:52，B:52）及其光泽度，如图8-27所示。

步骤 06 在"BRDF"卷展栏中选择反射类型为Blinn，在"选项"卷展栏中设置截断值为0.01，如图8-28所示。

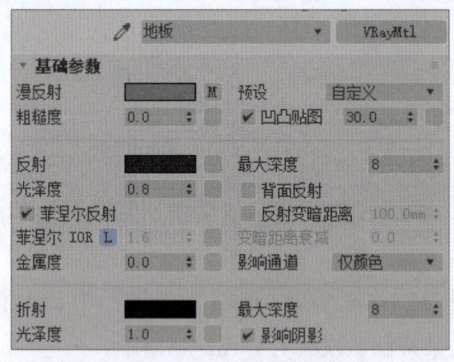

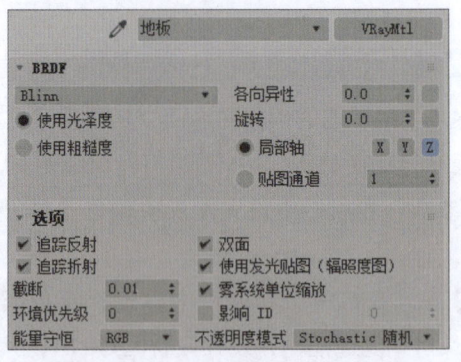

图 8-27 设置反射参数　　　　图 8-28 设置地板反射类型及参数

步骤 07 在"贴图"卷展栏中将"漫反射"的贴图复制到"凹凸"贴图通道上，并将"凹凸"设为5，如图8-29所示。

步骤 08 创建好的地板材质球效果如图8-30所示。将该材质赋予地面及踢脚线模型上。

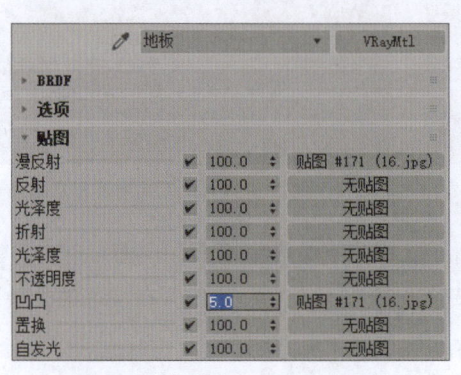

图 8-29 复制贴图并设置凹凸值　　　　图 8-30 地板材质球效果

· 204 ·

步骤09 按F10键,打开"渲染设置"面板,取消勾选"材质覆盖设置"选项,单击"渲染"按钮,地面及墙面的材质效果如图8-31所示。

图8-31 地面及墙面的材质效果

8.2.2 创建床材质

场景中的床由抱枕、床垫等部件组成,其主要材质为织布,具体操作步骤如下。

扫码观看视频

步骤01 创建床板材质。选择一个材质球,设置材质类型为VRayMtl,在"基础参数"卷展栏中为"漫反射"加载位图贴图,如图8-32所示。

步骤02 设置反射颜色(R:50,G:50,B:50)及其光泽度,如图8-33所示。

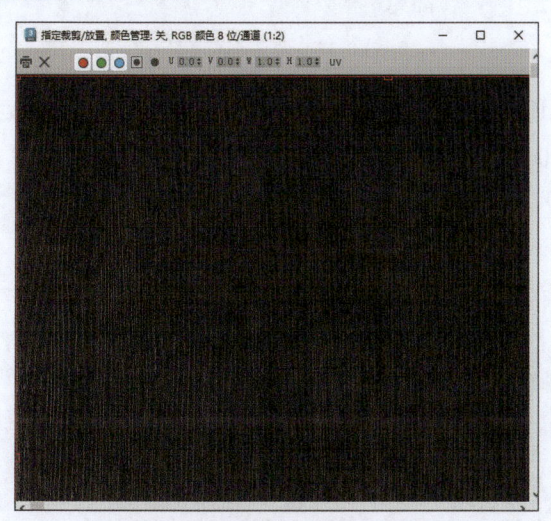

图8-32 床板贴图

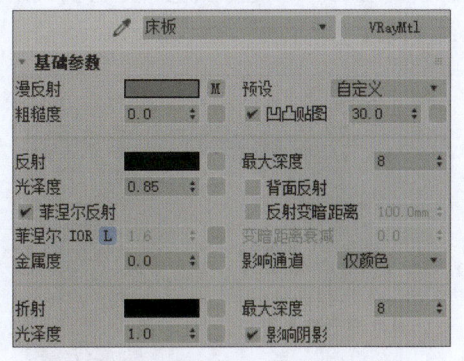

图8-33 设置床板反射颜色及光泽度

步骤03 在"BRDF"卷展栏中选择反射类型为Blinn,并设置"选项"卷展栏中的参数,如图8-34所示。创建好的床板材质球效果如图8-35所示。

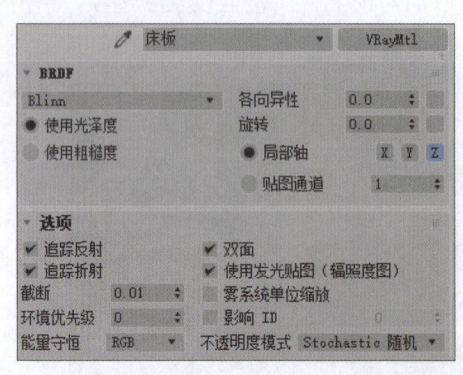

图 8-34 设置材质反射类型及参数　　图 8-35 床板材质球效果

步骤 04 创建床垫材质。选择一个材质球，设置材质类型为VRayMtl，设置反射颜色（R:5，G:5，B:5）及其光泽度，取消勾选"菲涅尔反射"复选框，如图8-36所示。

步骤 05 为漫反射通道添加衰减贴图，设置"前"的颜色（R:225，G:225，B:225）和"侧"的颜色（白色），并设置衰减类型，如图8-37所示。创建好的床垫材质球效果如图8-38所示。

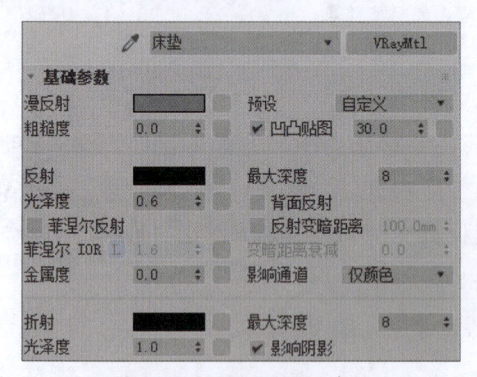

图 8-36 设置材质基础参数　　图 8-37 设置衰减参数

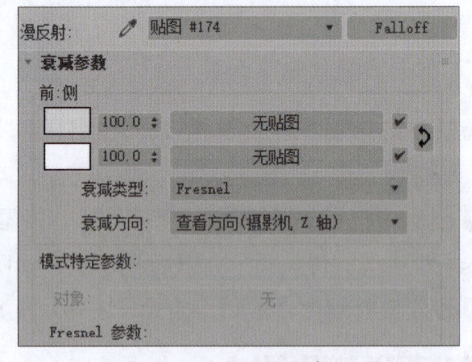

步骤 06 创建床靠背皮材质。选择一个材质球，设置材质类型为VRayMtl，设置漫反射颜色（R:242，G:242，B:242）和反射颜色（R:190，G:190，B:190），并将反射光泽度设为0.75，如图8-39所示。

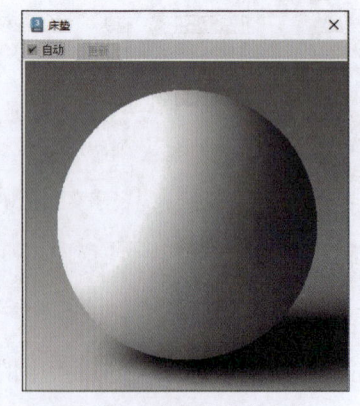

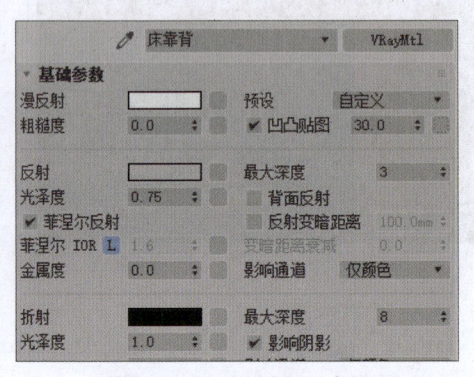

图 8-38 床垫材质球效果　　图 8-39 设置皮材质的参数

步骤 07 单击"凹凸"贴图通道按钮,为其添加一个凹凸位图贴图,如图8-40所示。设置好的皮材质球效果如图8-41所示。

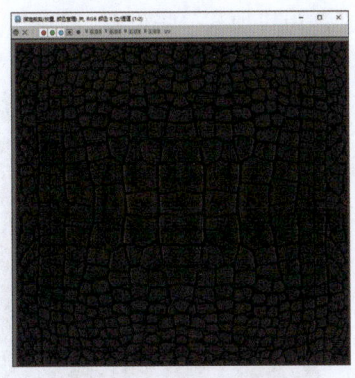

图 8-40 添加凹凸贴图

图 8-41 皮材质球的效果

步骤 08 创建"抱枕1"材质。选择一个材质球,将其类型设为VRayMtl,为漫反射添加衰减贴图。在"衰减参数"卷展栏中设置"前"的颜色(R:57, G:70, B:99),并调整衰减类型,如图8-42所示。设置好的"抱枕1"材质球效果如图8-43所示。

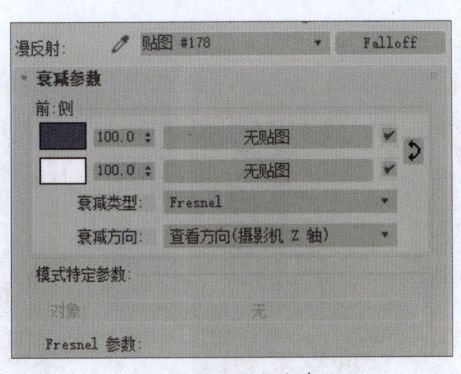

图 8-42 设置衰减参数

图 8-43 "抱枕1"材质球效果

步骤 09 创建"抱枕2"材质。复制"抱枕1"材质至另一个材质球上,并重命名。在漫反射的"衰减参数"卷展栏中,调整"前"的颜色(R:46, G:38, B:34),其他保持默认设置,如图8-44所示。设置好的"抱枕2"材质球效果如图8-45所示。

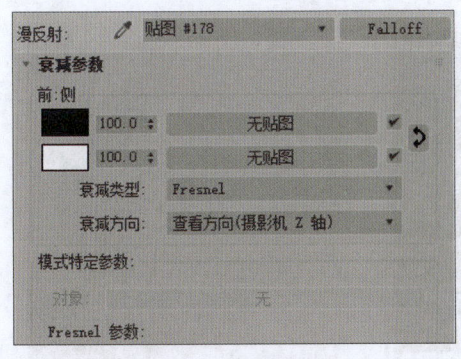

图 8-44 设置衰减颜色

图 8-45 "抱枕2"材质球效果

步骤 10 创建"抱枕3"材质。复制"抱枕2"材质到另一个材质球上,并重命名。在漫反射的"衰减参数"卷展栏中,单击"前"衰减贴图通道,为其加载位图,如图8-46所示。

步骤 11 返回上一层面板,单击"凹凸"贴图通道,为其加载一张位图,如图8-47所示。

图 8-46 加载衰减贴图

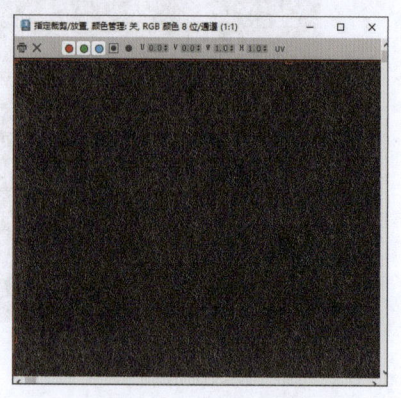

图 8-47 加载凹凸贴图

步骤 12 按照相同的方法创建"抱枕4"材质,衰减通道中的贴图如图8-48所示。制作好的两个抱枕材质球效果如图8-49所示。

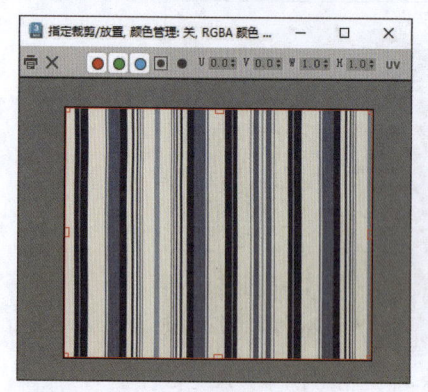

图 8-48 更换衰减位图

图 8-49 两个抱枕材质球的效果

步骤 13 创建被褥材质。将"抱枕1"材质复制到另一个材质球上,并重命名,然后单击"凹凸"贴图通道,为其加载一个位图贴图,如图8-50所示。设置好的被褥材质球效果如图8-51所示。

图 8-50 加载凹凸贴图

图 8-51 被褥材质球效果

步骤 14 创建床头柜材质。选择一个材质球，将材质类型设为VRayMtl，为漫反射通道添加位图贴图，如图8-52所示；设置反射的颜色（R:50，G:50，B:50）及其光泽度，如图8-53所示。

图 8-52　加载位图贴图

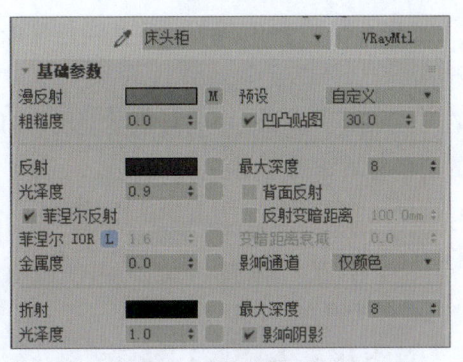

图 8-53　设置基本参数

步骤 15 在"BRDF"卷展栏中设置反射类型为Blinn，在"选项"卷展栏中设置截断值为0.01，如图8-54所示。设置好的床头柜材质球效果如图8-55所示。

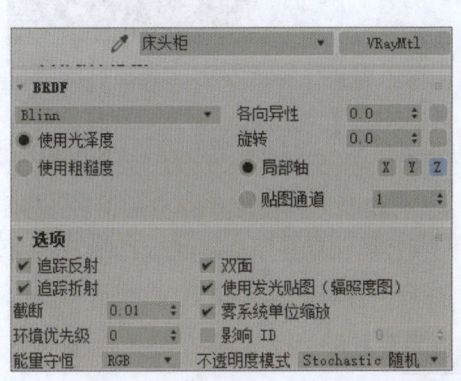

图 8-54　设置反射类型及截断值

图 8-55　床头柜材质球效果

步骤 16 将创建好的材质分别赋予相应的模型上，按F9键渲染摄影机视口，床的材质效果如图8-56所示。

图 8-56　床的材质效果

· 209 ·

■8.2.3 创建窗帘材质

本场景中有两种窗帘，一种是透光窗帘，一种是不透光窗帘。下面介绍创建这两种窗帘材质的操作步骤。

步骤 01 创建窗框材质。选择一个材质球，将其重命名，设置材质类型为VRayMtl，设置漫反射的颜色（R:29，G:51，B:58）、反射颜色（R:57，G:57，B:57）以及反射光泽度参数，如图8-57所示。

步骤 02 在"BRDF"卷展栏中将反射类型设为Blinn，在"选项"卷展栏中设置截断值为0.01。设置好的窗框材质球效果如图8-58所示。

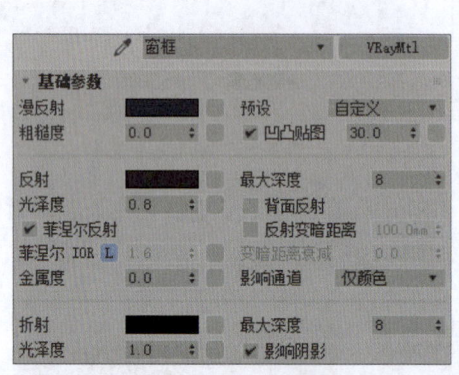

图 8-57 设置窗框材质的参数　　图 8-58 窗框材质球效果

步骤 03 创建窗台材质。选择一个材质球，将其重命名，将材质类型设为VRayMtl，为漫反射加载位图贴图，如图8-59所示。

步骤 04 为反射通道添加衰减贴图，进入"衰减参数"卷展栏，设置"衰减类型"为Fresnel，其他为默认设置，如图8-60所示。

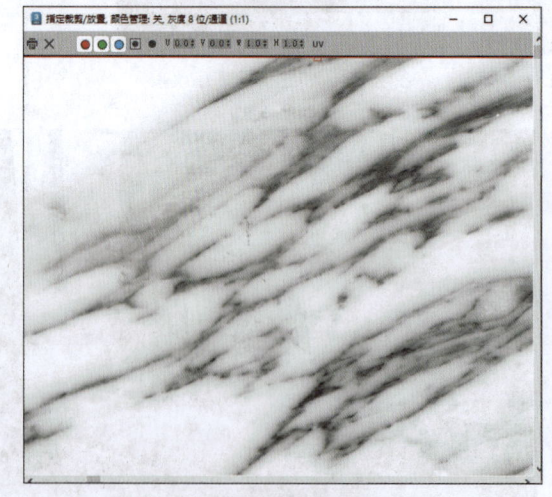

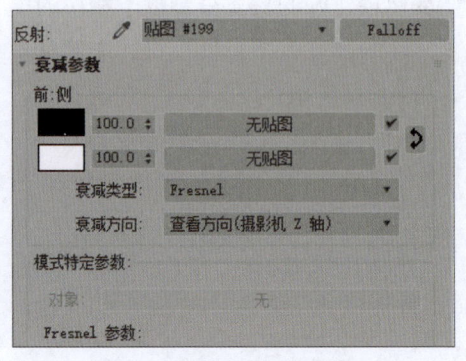

图 8-59 漫反射贴图　　图 8-60 设置反射衰减类型

步骤 05 返回上一层面板。设置反射光泽度，取消勾选"菲涅尔反射"复选框，如图8-61所示。

设置好的窗台材质球效果如图8-62所示。

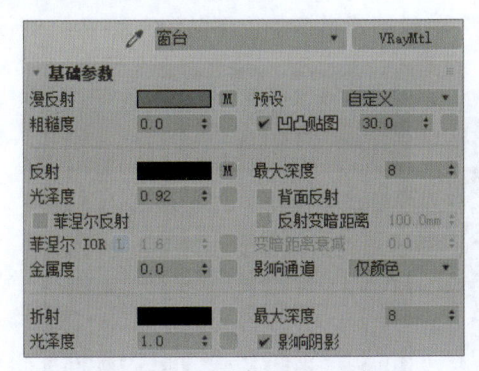

图 8-61　设置窗台材质反射参数　　　　图 8-62　窗台材质球效果

步骤 06　创建透光窗帘材质。选择一个材质球，并将其重命名，将材质类型设为VRayMtl，为漫反射加载衰减贴图，进入"衰减参数"卷展栏，设置"前"颜色（R:240，G:240，B:240）和衰减类型，如图8-63所示。

步骤 07　返回上一层面板。为折射通道再加载衰减贴图，并设置"前"颜色（R:171，G:171，B:171）和衰减类型，如图8-64所示。

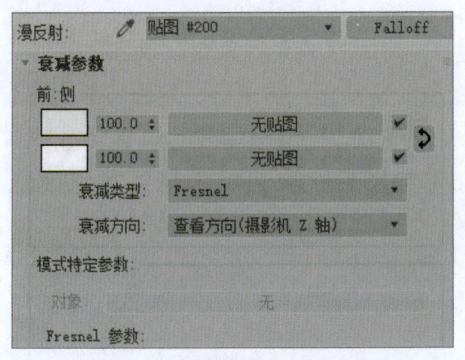

图 8-63　设置漫反射衰减参数　　　　图 8-64　设置折射衰减参数

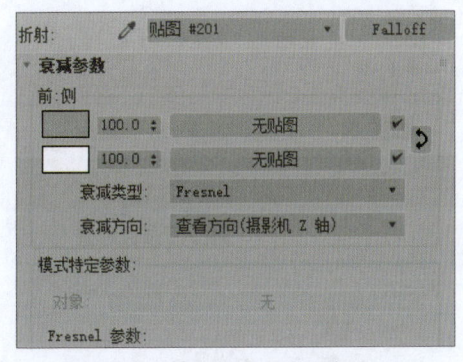

步骤 08　返回上一层面板，设置折射光泽度，并取消勾选"菲涅尔反射"选项，如图8-65所示。在"BRDF"卷展栏中设置反射类型为Ward，在"选项"卷展栏中设置截断值为0.01，如图8-66所示。设置好的透光窗帘材质效果如图8-67所示。

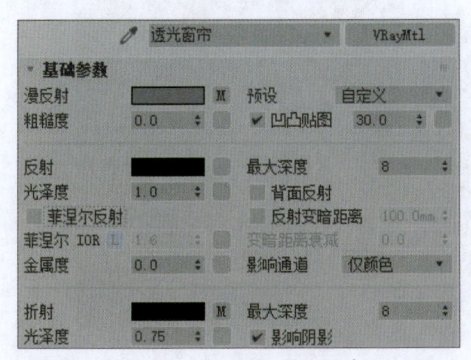

图 8-65　设置折射参数　　　　图 8-66　设置反射类型

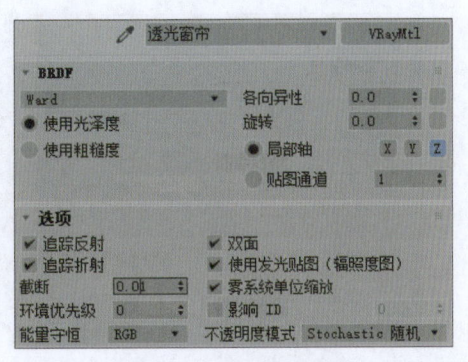

步骤09 创建不透光窗帘材质。选择一个材质球,设置材质类型为VRayMtl,为漫反射通道添加衰减贴图。在"衰减参数"卷展栏中为"前"的贴图通道添加位图贴图,如图8-68所示。

图 8-67　透光窗帘材质效果　　　　　图 8-68　衰减贴图

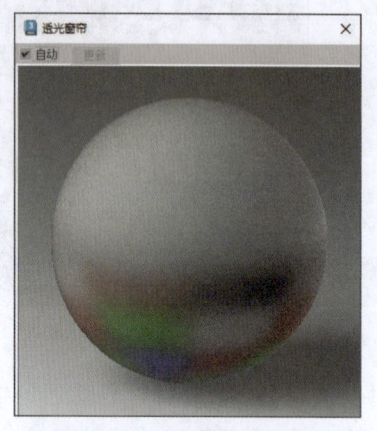

步骤10 在"衰减参数"卷展栏中设置衰减类型,如图8-69所示。

步骤11 返回上一层面板。为反射贴图通道添加衰减贴图,并保持衰减参数为默认设置,如图8-70所示。

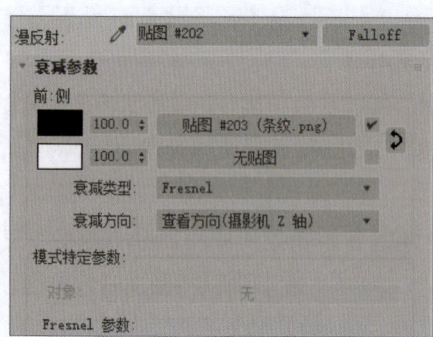

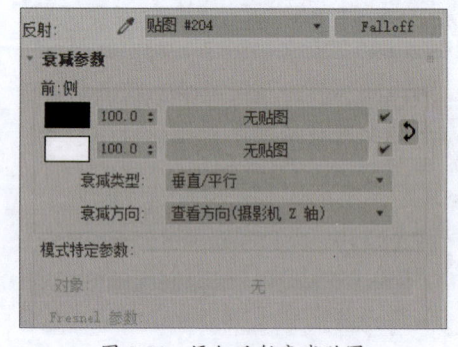

图 8-69　设置衰减类型　　　　　图 8-70　添加反射衰减贴图

步骤12 返回上一层面板,设置反射光泽度,如图8-71所示。

步骤13 设置好的不透光窗帘材质球效果如图8-72所示。

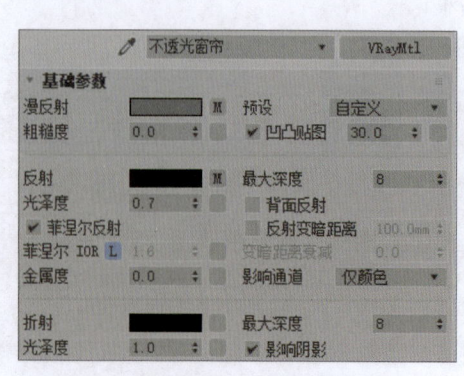

图 8-71　设置反射参数　　　　　图 8-72　不透光窗帘材质球效果

步骤 14 设置窗台抱枕材质。复制一个抱枕材质至另一个材质球上,将其重命名。进入漫反射衰减通道,更改其贴图,其他保持默认设置。

步骤 15 修改户外材质贴图。选择户外材质球,进入"灯光倍增值参数"卷展栏,单击贴图通道,在"位图参数"卷展栏中单击位图路径,重新更换贴图并调整显示的位置,如图8-73所示。

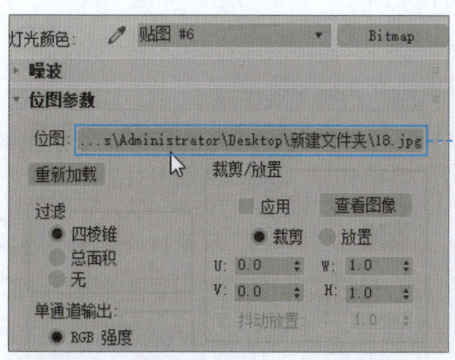

图 8-73 更换户外贴图

步骤 16 在"位图参数"卷展栏的"裁剪/放置"选项区中勾选"应用"选项,即可对贴图进行裁剪,如图8-74所示。户外贴图材质球效果如图8-75所示。

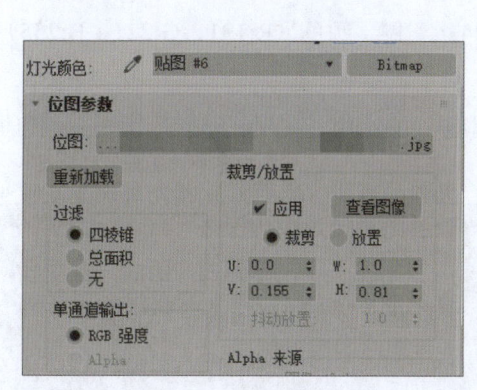

图 8-74 裁剪贴图

图 8-75 户外贴图材质球效果

步骤 17 按F9键渲染视口,窗帘和窗台的材质效果如图8-76所示。

图 8-76 窗帘和窗台的材质效果

· 213 ·

■8.2.4 创建其他饰品材质

卧室场景中有不少装饰品，包括床前灯罩、闹钟、地毯、装饰画、饰品等。下面将介绍创建这些饰品材质的步骤。

步骤 01 创建床前灯罩材质。选择一个材质球，设置材质类型为VRayMtl，在"基础参数"卷展栏中设置漫反射颜色（R:27，G:27，B:27）和反射光泽度，取消勾选"菲涅尔反射"复选框，如图8-77所示。

步骤 02 单击反射贴图通道按钮，为其添加衰减贴图，如图8-78所示。

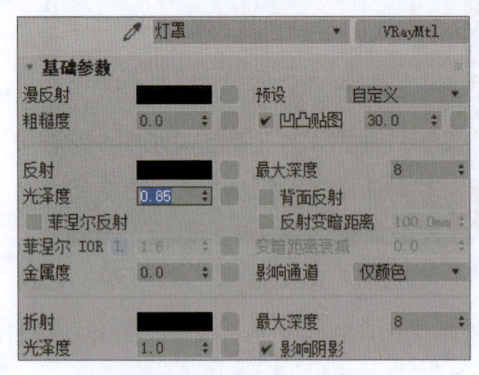

图 8-77 设置灯罩基础参数　　　　图 8-78 添加反射衰减贴图

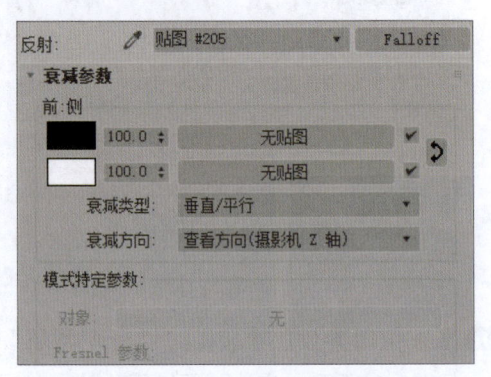

步骤 03 设置"前"颜色（R:44，G:44，B:44）、"侧"颜色（R:191，G:221，B:255）和衰减类型，如图8-79所示。

步骤 04 在"BRDF"卷展栏中设置反射类型为Blinn，在"选项"卷展栏中设置截断值为0.01，如图8-80所示。

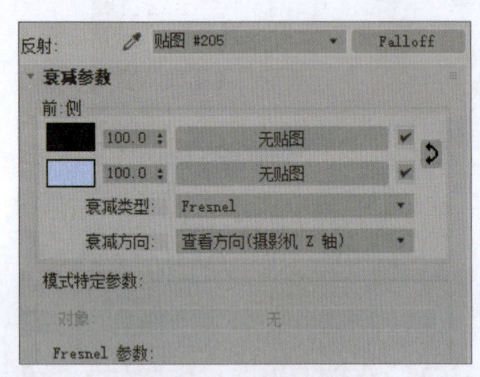

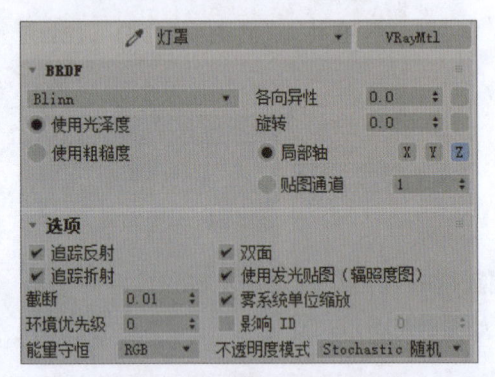

图 8-79 设置衰减参数　　　　图 8-80 设置反射类型及截断值

步骤 05 将该材质赋予床前灯罩模型。按F9键渲染模型，灯罩渲染材质效果如图8-81所示。

步骤 06 创建闹钟材质。选择一个材质球，设置材质类型为多维/子对象材质，单击"设置数量"按钮，设置2个子对象。分别将ID1和ID2材质重命名，如图8-82所示。

步骤 07 单击外壳的子材质通道按钮，将其材质类型设为VRayMtl。在"基础参数"卷展栏中设置漫反射颜色（R:27，G:59，B:77）和反射颜色（R:62，G:62，B:62），并调整好反射光泽度，取消勾选"菲涅尔反射"复选框，如图8-83所示。

步骤08 返回上一层面板。单击钟盘的子材质通道按钮，将其材质类型设为VRayMtl。在"基础参数"卷展栏中设置漫反射颜色（R:251，G:198，B:30）和反射颜色（R:20，G:20，B:20），并调整好反射光泽度，如图8-84所示。

图 8-81　灯罩渲染材质效果

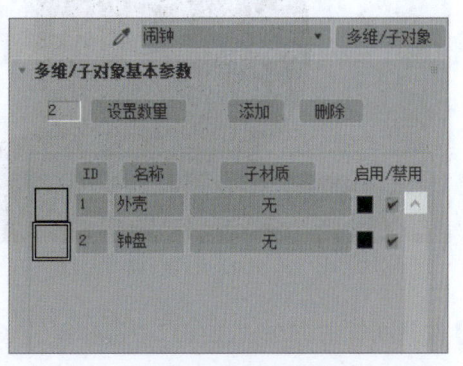

图 8-82　材质重命名

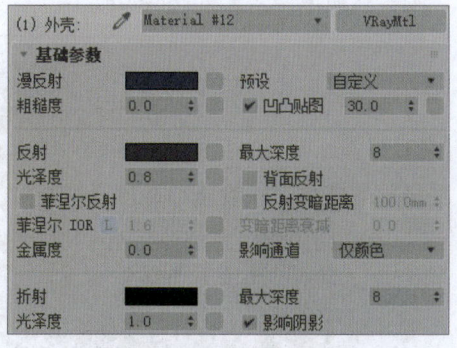

图 8-83　设置外壳材质参数

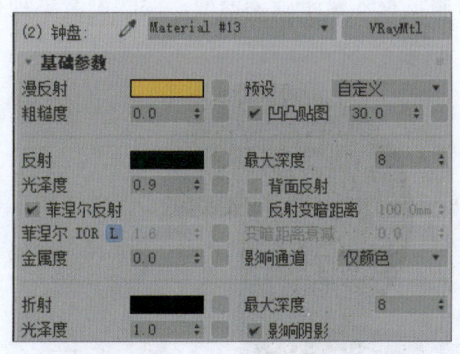

图 8-84　设置钟盘材质参数

步骤09 在视口中选择闹钟模型，在修改堆栈中选择"元素"子对象，并选择闹钟外壳，如图8-85所示。

步骤10 在"修改"命令面板的"曲面属性"卷展栏中将"设置ID"设为1，如图8-86所示。

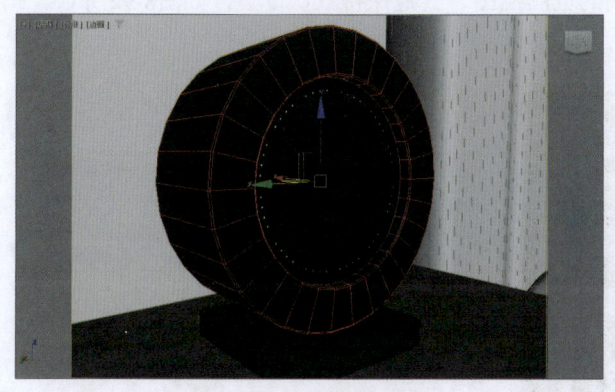

图 8-85　选择闹钟外壳

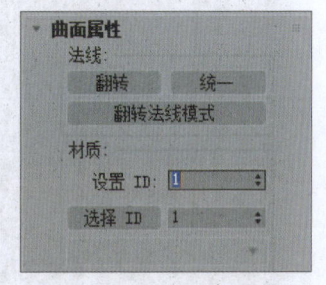

图 8-86　设置外壳材质ID

步骤11 在修改堆栈中选择"多边形"子对象，在视口中选择钟盘模型，如图8-87所示。

步骤12 在"曲面属性"卷展栏中将"设置ID"设为2，如图8-88所示。

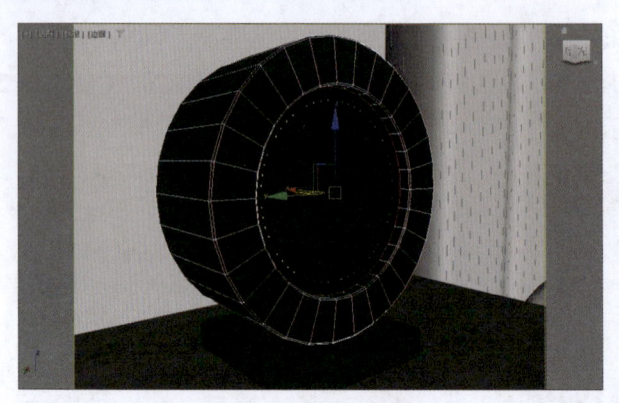

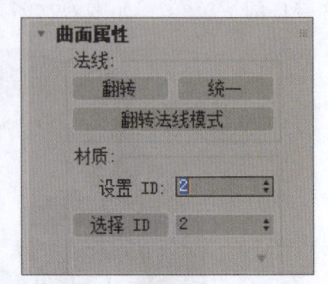

图 8-87　选择钟盘模型　　　　　　　　图 8-88　设置钟盘材质 ID

步骤 13 按照同样的方法，在视口中选择闹钟底座，将材质的"设置 ID"设为 1（外壳材质），如图 8-89 所示。

步骤 14 将该材质赋予闹钟模型，按 F9 键渲染视口，闹钟材质渲染效果如图 8-90 所示。

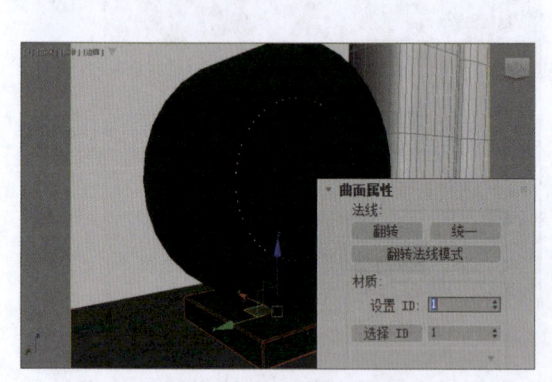

图 8-89　设置闹钟底座材质 ID　　　　　图 8-90　闹钟材质渲染效果

步骤 15 创建地毯材质。选择一个材质球，将其材质类型设为 VRayMtl，为漫反射加载位图贴图，如图 8-91 所示。为凹凸加载相同的位图贴图，其他保持默认设置，如图 8-92 所示。

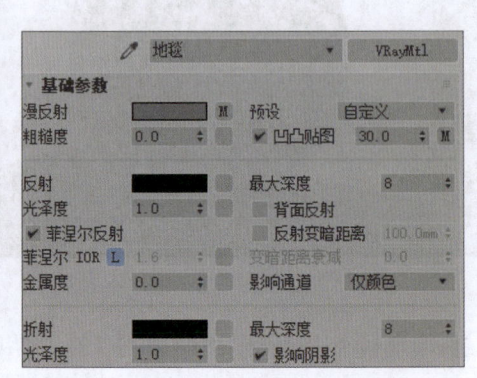

图 8-91　地毯贴图　　　　　　　　　　图 8-92　添加凹凸贴图

步骤 16 按F9键渲染地毯，地毯材质渲染效果如图8-93所示。

步骤 17 创建装饰画材质。选择一个材质球，将其类型设置为多维/子对象材质，然后设置两种子材质，并对其分别进行命名，如图8-94所示。

图 8-93　地毯材质渲染效果

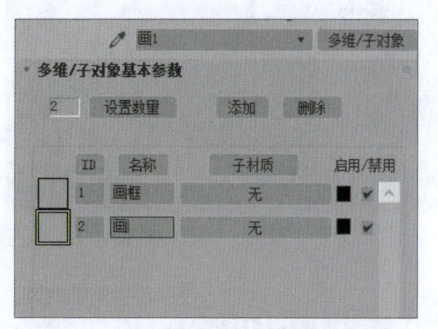

图 8-94　材质重命名

步骤 18 单击"画框"子材质按钮，将其材质设为VRayMtl。设置漫反射颜色（R:20，G:20，B:20），设置反射的光泽度，取消勾选"菲涅尔反射"复选框，如图8-95所示。

步骤 19 为反射通道添加衰减贴图，设置"侧"的颜色（R:65，G:80，B:99）及衰减类型，如图8-96所示。

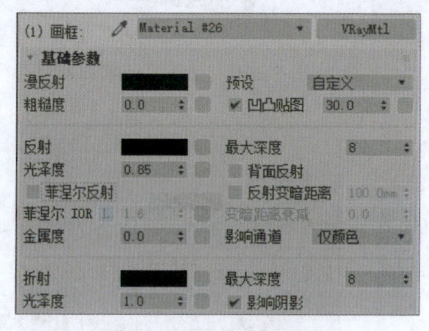

图 8-95　设置画框材质

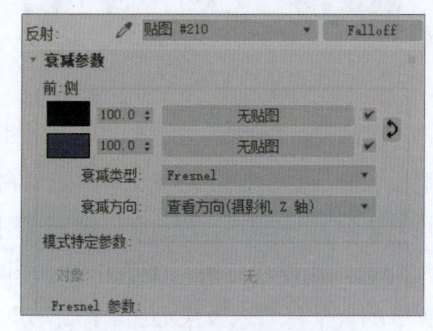

图 8-96　设置画框反射参数

步骤 20 返回多维材质卷展栏。单击"画"子材质按钮，将其材质设为VRayMtl材质，为漫反射添加位图贴图，如图8-97所示。

步骤 21 分别在视口中选择装饰画的画框和画模型，并设置其材质ID参数，如图8-98所示。

步骤 22 将设置好的多维材质赋予该装饰画模型，如图8-99所示。

步骤 23 按照同样的方法，设置其他两个装饰画材质，如图8-100所示。

图 8-97　添加位图贴图

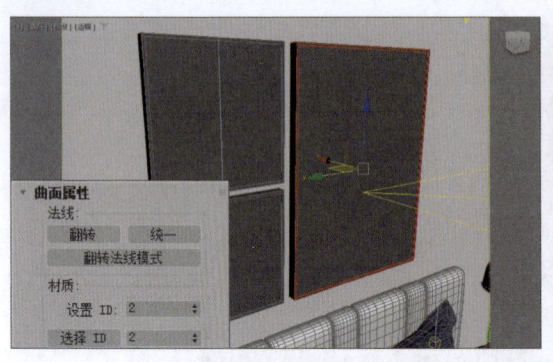

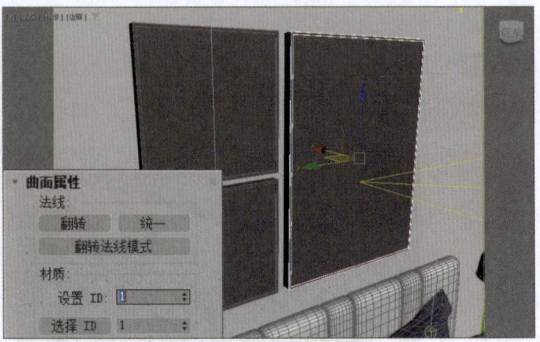

图 8-98 设置装饰画材质 ID

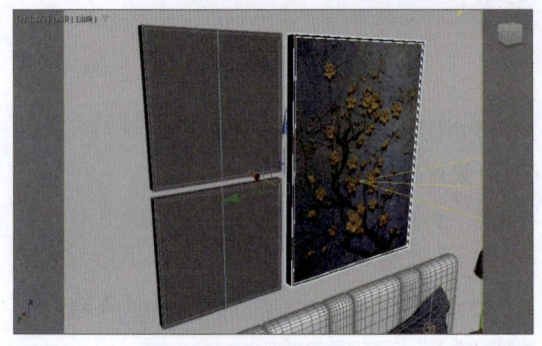

图 8-99 将材质赋予装饰画

图 8-100 设置其他装饰画材质

步骤 24 设置黄金装饰品材质。选择一个材质球，将其材质类型设为VRayMtl。设置漫反射颜色（白色）和反射颜色（R:247，G:179，B:60），设置反射的光泽度，取消勾选"菲涅尔反射"复选框，如图8-101所示。设置好的黄金材质球效果如图8-102所示。

步骤 25 将该材质赋予装饰品模型。按F9键渲染场景，装饰品材质渲染效果如图8-103所示。至此，场景中的材质已全部设置完毕。

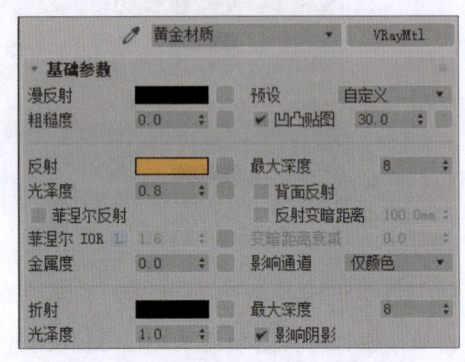

图 8-101 设置黄金装饰品材质参数

图 8-102 黄金材质球效果

图 8-103 装饰品材质渲染效果

8.3 渲染卧室场景

完成场景灯光和材质设置，即可对该场景进行渲染。先降低渲染参数，进行测试渲染。满意之后，提高参数进行最终成品渲染。

步骤 01 按F10键，打开"渲染设置"对话框，在"公用"选项卡的"公用参数"卷展栏中设置"输出大小"为1 600×1 200，如图8-104所示。

步骤 02 切换到"V-Ray"选项卡，在"帧缓存"卷展栏中勾选"启用内置帧缓存"复选框，如图8-105所示。

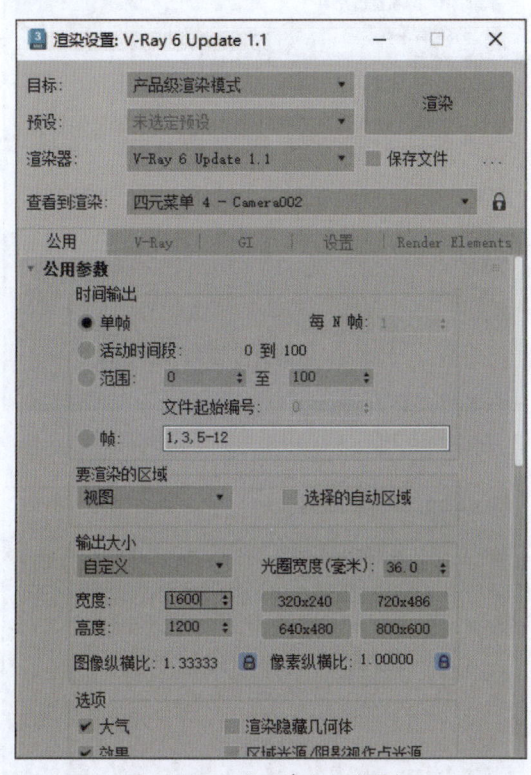

图 8-104 "公用参数"卷展栏　　　　　图 8-105 "帧缓存"卷展栏

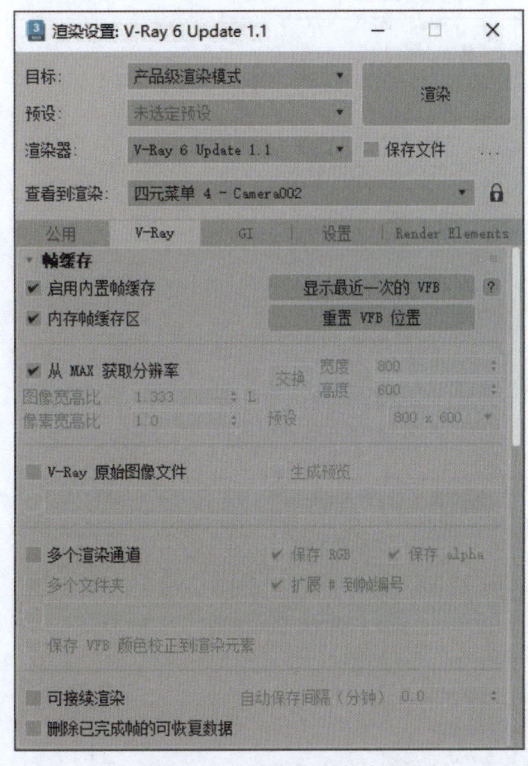

步骤 03 在"图像采样器（抗锯齿）"卷展栏中将类型设为"小块式"，将"最小着色比率"设为6；在"小块式图像采样器"卷展栏中将"最大细分"设为16，将"噪点阈值"设为0.005，如图8-106所示。

步骤 04 在"图像过滤器"卷展栏中设置"过滤器类型"为Catmull-Rom；在"颜色映射"卷展栏中设置其"类型"为"指数"，其他为默认设置，如图8-107所示。

步骤 05 切换到"GI"选项卡，设置"全局照明"为"高级"模式，勾选"环境光遮蔽"选项，并将其参数设为1，将"半径"设为20 mm；在"灯光缓存"卷展栏中设置"细分"为1 200，其他为默认设置，如图8-108所示。

步骤 06 在"设置"选项卡的"系统"卷展栏中将"序列"设为Triangulation，其他为默认设置，如图8-109所示。

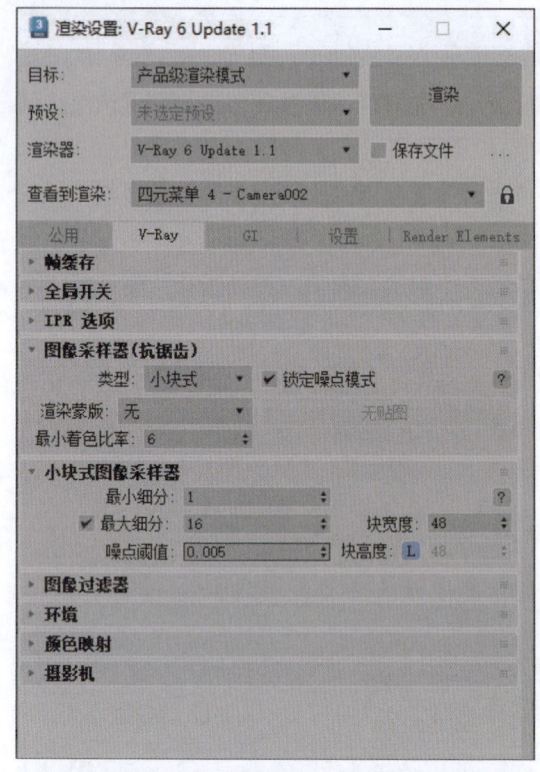

图 8-106　设置图像采样器参数

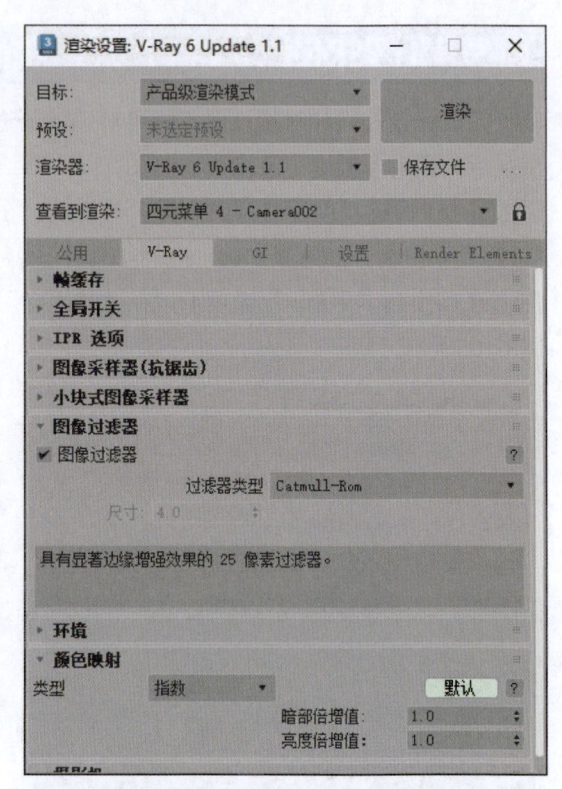

图 8-107　设置图像过滤器和颜色映射

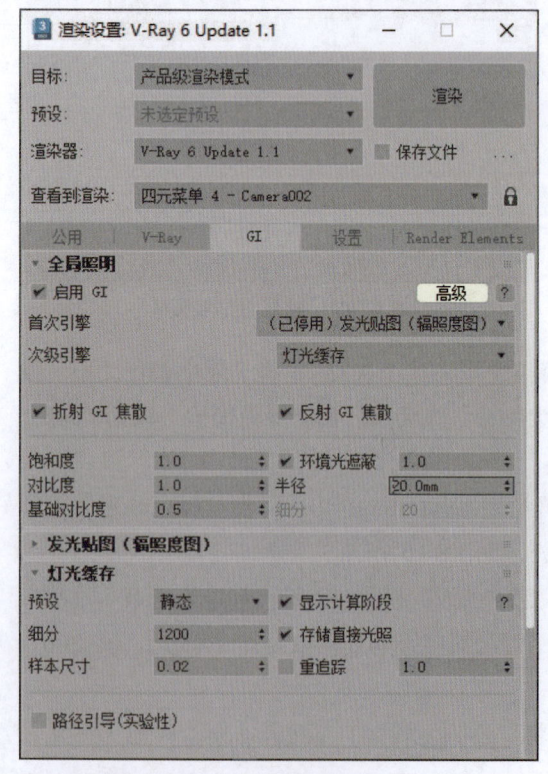

图 8-108　设置全局照明及灯光缓存

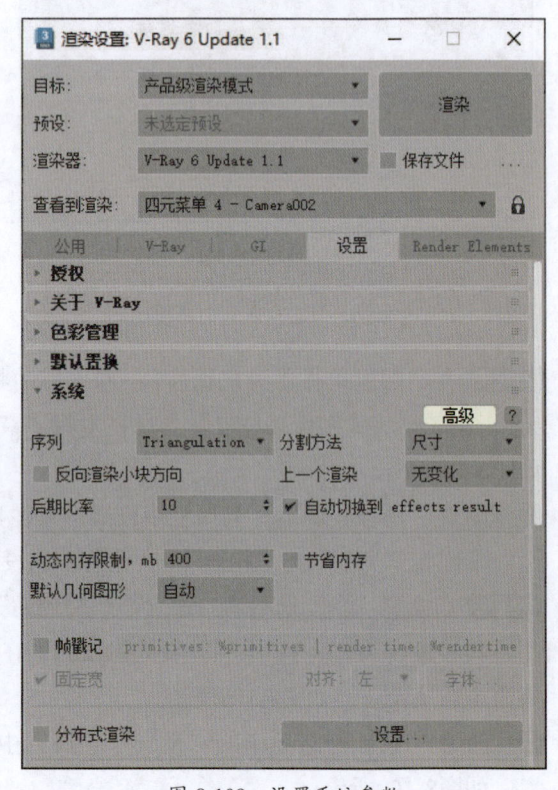

图 8-109　设置系统参数

步骤 07 设置完成后,单击"渲染"按钮对当前场景进行渲染,最终渲染效果如图8-110所示。

图 8-110　最终渲染效果

8.4　渲染图后期处理

渲染完成后,为了让渲染图表现得更加生动,可利用Photoshop软件对其效果进行调整。本渲染图偏冷色,需要通过调整色相、饱和度等参数使其色调变得暖一些。下面介绍具体的操作步骤。

步骤 01 启动Photoshop软件,打开要渲染的文件,如图8-111所示。

步骤 02 在菜单栏中选择"图像"→"调整"→"色彩平衡"命令,打开"色彩平衡"对话框,调整色阶参数,如图8-112所示。

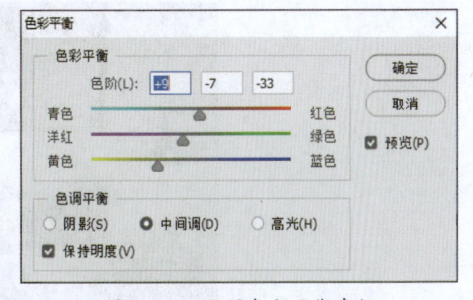

图 8-111　打开渲染文件　　　　　　　图 8-112　设置色彩平衡参数

步骤 03 单击"确定"按钮,关闭该对话框,调整色相后的效果如图8-113所示。

步骤 04 选择"图像"→"调整"→"色相/饱和度"命令,打开"色相/饱和度"对话框,调整效果图的整体饱和度(+33),如图8-114所示。

图 8-113　调整色相的效果

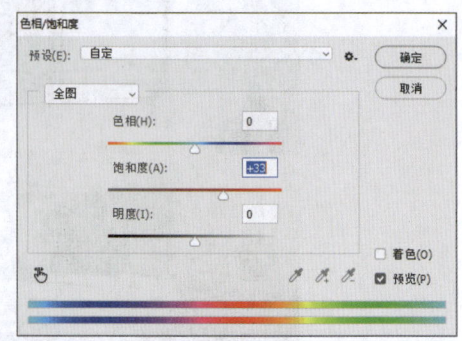

图 8-114　调整饱和度参数

步骤 05 单击"确定"按钮，调整饱和度后的效果如图8-115所示。

步骤 06 执行"图像"→"调整"→"亮度/对比度"命令，打开"亮度/对比度"对话框，调整亮度和对比度的值，如图8-116所示。

图 8-115　调整饱和度的效果

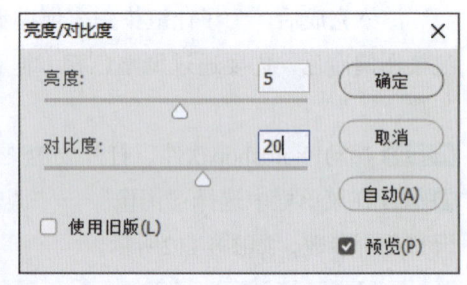

图 8-116　调整亮度和对比度参数

步骤 07 单击"确定"按钮。至此，渲染图色调调整完毕，最终效果如图8-117所示。

图 8-117　最终效果

拓展阅读 深圳湾1号——当全球大师遇上中国风

深圳湾1号（图8-118），这座矗立于深圳湾畔的顶级豪宅，不仅是深圳的地标性建筑，更是一件艺术品。它汇聚了全球顶尖设计师的智慧，将国际化的设计理念与中国传统文化元素完美融合，创造出独一无二的空间体验。

这座建筑不仅展现了深圳作为国际化大都市的开放与包容，也向世界传递了中国文化的独特魅力。更重要的是，在这座建筑的设计与建造过程中，中国设计师发挥了至关重要的作用，他们与全球大师紧密合作，将中国智慧融入其中，展现了中国设计力量的崛起。

图8-118　深圳湾1号

深圳湾1号的设计团队堪称"全明星阵容"，包括国际知名建筑师、室内设计师和景观设计师。主导建筑设计的是美国KPF建筑事务所（Kohn Pedersen Fox Associates），他们以超高层建筑的设计闻名全球。KPF团队为深圳湾1号打造了流线型的外立面，既减少了风阻，又赋予了建筑动态的美感。

室内设计（图8-119）则由全球顶级设计事务所Yabu Pushelberg操刀，他们以极简主义和艺术感著称，为深圳湾1号注入了奢华与优雅并存的氛围。此外，中国著名设计师梁志天也参与了部分室内设计工作，他的设计风格以简约、现代和功能性著称。他的参与不仅为深圳湾1号增添了独特的东方韵味，也展现了中国设计师在国际舞台上的实力与影响力。

图 8-119　深圳湾 1 号室内设计

深圳湾1号的空中会所是其设计的亮点之一，完美体现了"全球大师遇上中国风"的设计理念。会所位于建筑的高层，拥有270度的全景视野，可以俯瞰深圳湾的美景。中国设计师以"山水意境"为主题，通过现代材料和技术将中国传统山水画转化为立体空间。会所的墙面采用了水墨画风格的装饰，搭配流线型的家具和灯光设计，营造出"山水相映"的效果。此外，会所还设置了一个室内水景池（图8-120），池中的水流声与窗外的海景交相辉映，为住户带来宁静与放松的体验。这一设计不仅展现了中国设计师对传统文化的深刻理解，也体现了他们在现代设计中的创新能力。

模块8　卧室空间效果的表现

图 8-120　室内水景池

在色彩搭配上，中国设计师选用了中国传统文化中的经典色彩，如朱红、墨黑和象牙白，既彰显了高贵典雅的气质，又传递了浓厚的文化氛围。例如，在会所的设计中，设计师以朱红色为主色调，搭配金色的装饰线条，营造出富丽堂皇又不失东方韵味的效果。通过对细节的把控，中国设计师既传承了传统文化的精髓，又突破了创新边界，展现出传统与现代的完美平衡。

深圳湾1号不仅在设计美学上独树一帜，在科技应用上也走在了世界前列。中国设计师在项目中引入了智能家居系统，住户可以通过手机或平板电脑远程控制家中的灯光、空调和安防系统，享受便捷的生活体验。此外，深圳湾1号还采用了先进的环保技术，如雨水回收系统和太阳能发电系统。这些技术的应用不仅体现了中国设计师对可持续发展的关注，也展现了他们在科技创新领域的实力。

在艺术方面，深圳湾1号堪称一座"垂直美术馆"。建筑内陈列了多件国际知名艺术家的作品，如英国艺术家安尼施·卡普尔（Anish Kapoor）的雕塑作品和中国当代艺术家徐冰的装置艺术。这些艺术品不仅提升了建筑的文化品位，也为住户带来了独特的视觉享受。中国设计师在艺术品的陈列与空间搭配上发挥了重要作用，他们通过巧妙的设计将艺术品与建筑空间融为一体，创造出独特的艺术氛围。

深圳湾1号是中国设计力量与国际设计智慧碰撞的结晶。通过对深圳湾1号这一项目的学习，学生可以深入了解中国设计的国际化进程，感受传统文化与现代科技的融合之美，从而激发民族自豪感和爱国情怀，为未来的设计事业注入更多中国智慧与中国力量。

模块 9

餐厅空间效果的表现

学习目标

【知识目标】
- 掌握餐厅空间效果图制作流程中各环节（模型检查、布光、材质创建、渲染及后期处理）的知识要点。
- 理解餐厅场景与卧室场景在氛围营造、布光和材质运用上的差异化表现手法。
- 熟悉餐厅场景中各类光源（灯带、吊灯光源等）的作用和参数设置技巧，了解餐厅场景中各种材质（金属、玻璃、石材等）的特性及制作要点。
- 掌握餐厅场景渲染设置和后期处理的关键知识。

【技能目标】
- 能在3ds Max中为餐厅场景快速创建合适的摄影机视角，准确检查模型问题。
- 运用3ds Max和VRay为餐厅场景进行专业布光，营造明亮、通透的氛围。
- 熟练为餐厅场景各类模型制作逼真的材质，体现模型的质感。
- 在3ds Max中精准调整餐厅场景的渲染参数，完成高质量渲染。
- 使用Photoshop对餐厅渲染图进行针对性处理，改善画面的整体效果。

【素质目标】
- 通过学习餐厅场景效果图制作，提升对不同室内空间功能和氛围的理解与塑造能力。
- 培养创新思维，在满足餐厅基本功能的基础上，创新布光和材质搭配，打造独特的餐厅空间效果。
- 强化团队协作意识，在项目合作中建立高效的沟通机制，确保协同作业的顺利完成。

模块9　餐厅空间效果的表现

9.1　查看场景模型

　　场景创建完毕后，通常需要对该场景中的模型进行检查，以避免模型出现破面，或不符合要求的情况。

步骤 01　打开"餐厅"场景文件，如图9-1所示。

步骤 02　创建摄影机。在摄影机"创建"命令面板中单击"目标"按钮，在顶视图中创建一架摄影机，调整摄影机的高度和角度。切换到摄影机视口，查看场景角度，如图9-2所示。

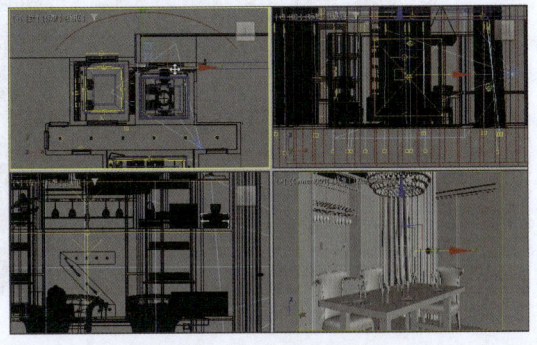

图9-1　"餐厅"场景文件

图9-2　创建摄影机

步骤 03　按F10键打开"渲染设置"对话框，在"V-Ray"选项卡的"全局开关"卷展栏中勾选"材质覆盖设置"选项，并单击"无材质"通道按钮，在打开的"材质/贴图浏览器"对话框中选择VRayMtl材质，如图9-3所示。

步骤 04　按M键打开材质编辑器，将该材质拖至一个材质球上，进行实例复制，如图9-4所示。

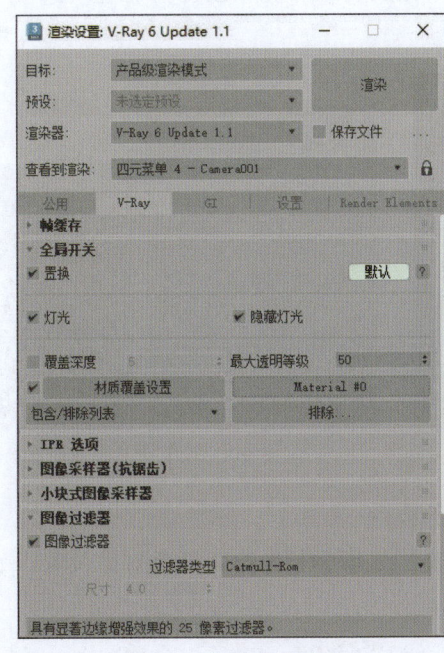

图9-3　设置覆盖材质

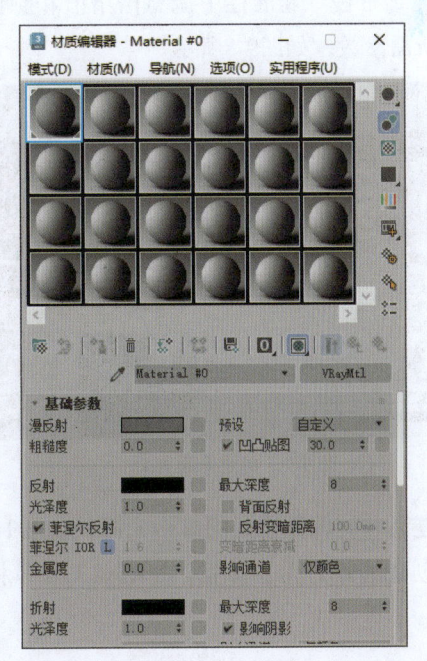

图9-4　复制材质

· 227 ·

步骤 05 为漫反射通道添加VRayEdgesTex（边纹理）贴图，在"VRayEdgesTex参数"卷展栏中设置边颜色（R:90，G:90，B:90），其他保持默认，如图9-5所示。

步骤 06 按F9键渲染摄影机视口，查看场景模型效果如图9-6所示。

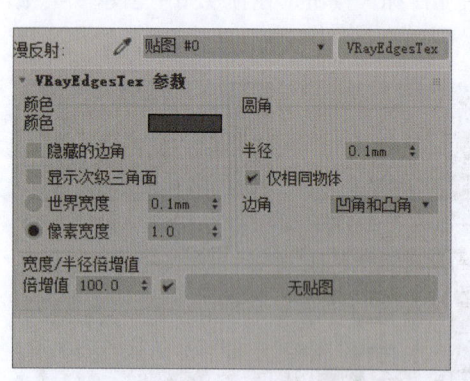

图 9-5 设置边纹理贴图　　　　　　　　图 9-6 查看场景模型效果

9.2 为餐厅场景布光

本场景以室内光源为主、室外光源为辅，需要创建吊灯和灯带等光源。

步骤 01 创建灯带光源。单击"VRayLight"按钮，在顶视口中创建平面光源并调整该光源的位置，如图9-7所示。

步骤 02 在"常规"卷展栏中调整倍增值和颜色（R:244，G:206，B:107），在"选项"卷展栏中设置所需参数，如图9-8所示。

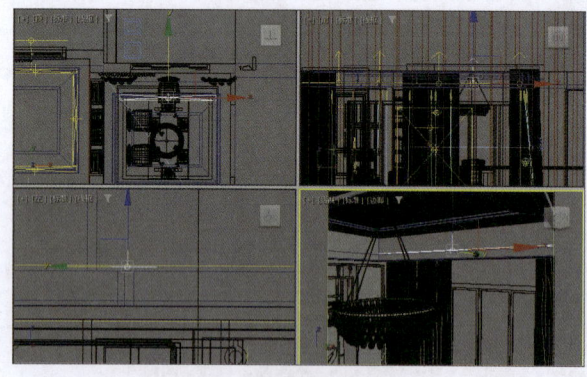

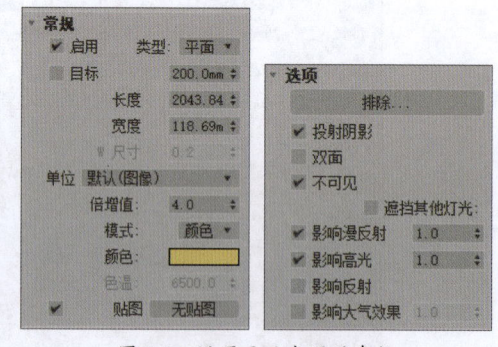

图 9-7 创建平面光源　　　　　　　　图 9-8 设置平面光源的参数

步骤 03 复制并旋转创建好的灯带光源，如图9-9所示。

步骤 04 创建酒柜灯带。单击"VRayLight"按钮，创建平面光源并调整灯带位置，如图9-10所示。

图 9-9 复制并旋转灯带光源　　　　　图 9-10 创建酒柜灯带

步骤 05 在"常规"卷展栏中设置倍增值和颜色（R:255，G:191，B:94），在"选项"卷展栏中设置所需参数，如图9-11所示。

步骤 06 在视口中选择酒柜模型，将其进行分解。选中柜门，按Delete键将其删除，如图9-12所示。

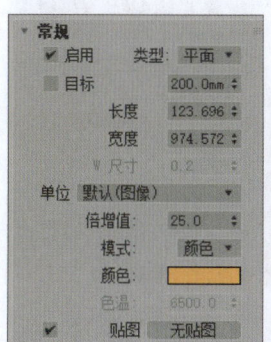

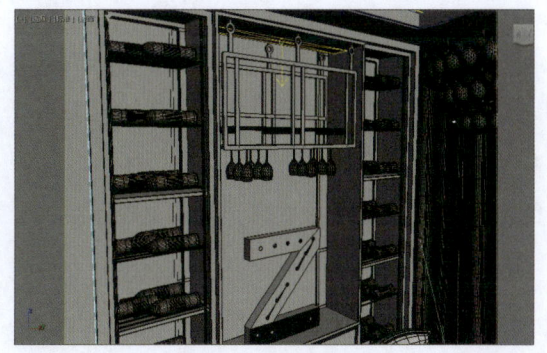

图 9-11 设置灯带参数　　　　　图 9-12 删除酒柜门

步骤 07 单击"VRayLight"按钮，继续创建酒柜灯带并调整好其位置。按Shift键将灯带实例复制到其他合适位置，如图9-13所示。

步骤 08 选择一个平面光，分别设置"常规"卷展栏和"选项"卷展栏中的参数，其中灯光颜色的参数为（R:251，G:215，B:124），如图9-14所示。

图 9-13 创建并实例复制灯带　　　　　图 9-14 设置灯带参数

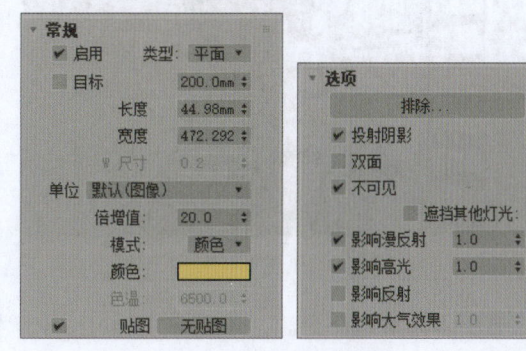

步骤 09 创建装饰光源。单击"VRayLight"按钮，创建球体光源，放在酒柜装饰品上，如图9-15所示。

· 229 ·

步骤10 实例复制球体光源至装饰品的其他位置，如图9-16所示。

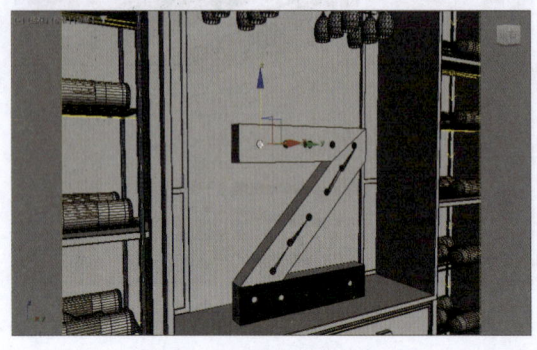

图9-15　创建球体光源

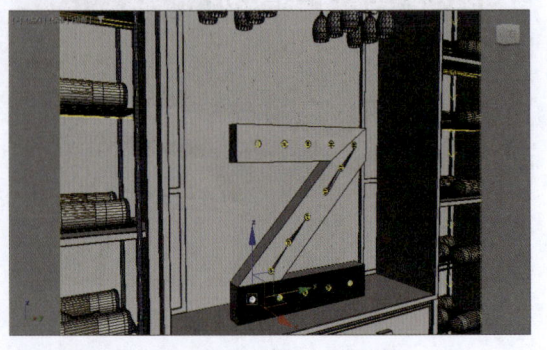

图9-16　实例复制球体光源

步骤11 选择一个球体光源，在"常规"卷展栏中设置倍增值和颜色（R:253，G:179，B:106），并在"选项"卷展栏中设置相关参数，如图9-17所示。

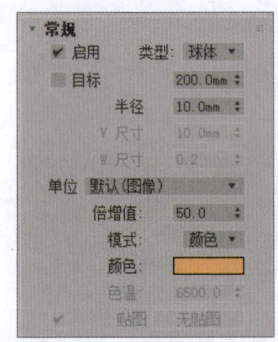

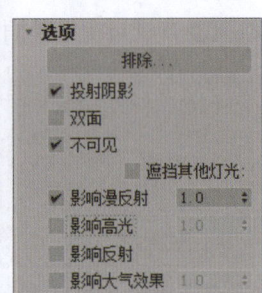

图9-17　设置球体光源的参数

步骤12 创建吊灯光源。单击"VRayLight"按钮，创建球体光源，放在吊灯的中间位置，如图9-18所示。

步骤13 在"常规"卷展栏中设置倍增值和颜色（R:251，G:195，B:74），并在"选项"卷展栏中设置相关参数，如图9-19所示。

图9-18　创建吊灯光源

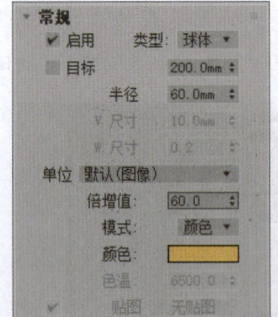

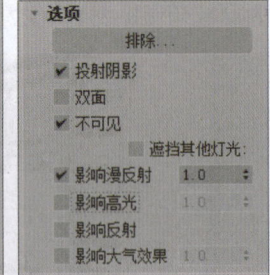

图9-19　设置吊灯光源的参数

步骤14 创建吊灯补光源。单击"VRayLight"按钮，创建平面光源，放在吊灯的正下方，如图9-20所示。

步骤15 在"常规"卷展栏中设置倍增值和颜色（R:254，G:234，B:191），并在"选项"卷展栏中设置相关参数，如图9-21所示。

图 9-20　创建吊灯补光源

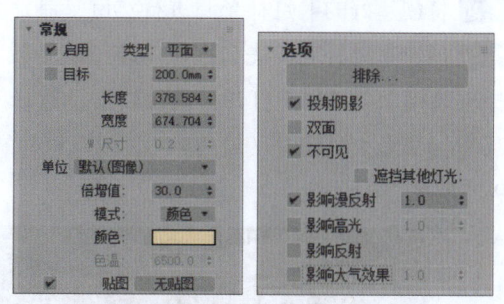

图 9-21　设置吊灯补光源参数

步骤 16　创建射灯补光源。单击"目标"灯光按钮，在餐桌上方吊顶位置创建目标灯光，如图9-22所示。

步骤 17　在"常规参数"卷展栏中启用阴影，设置阴影类型为VRayShadow，设置"灯光分布（类型）"为"光度学Web"，如图9-23所示。

图 9-22　创建射灯补光源

图 9-23　设置射灯补光源参数

步骤 18　在"分布（光度学Web）"卷展栏中单击"选择光度学文件"按钮，打开"打开光域Web文件"对话框，选择需要的光域网文件，如图9-24所示。

步骤 19　在"强度/颜色/衰减"卷展栏中设置强度值和过滤颜色（R:254，G:243，B:200），如图9-25所示。

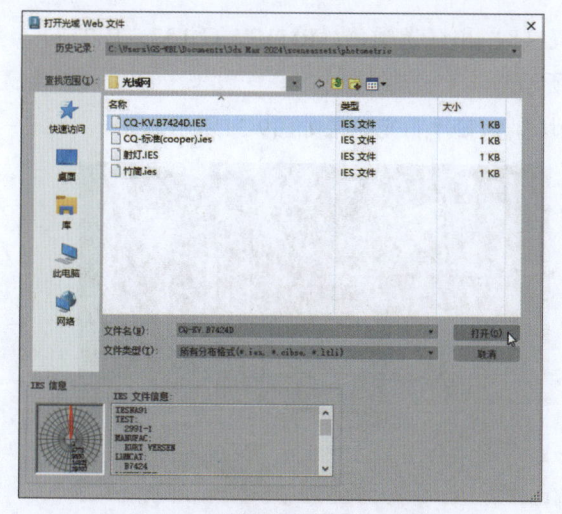

图 9-24　选择所需的光域网文件

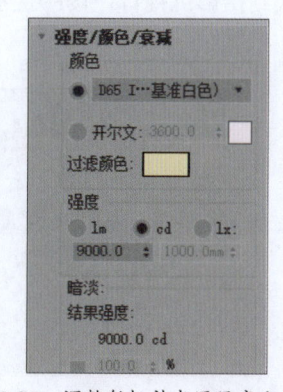

图 9-25　调整射灯补光源强度和颜色

步骤 20 将创建好的射灯补光源进行实例复制,如图9-26所示。

步骤 21 创建室外补光。先为推拉门模型赋予玻璃材质。选择门模型,将其解组,直到能够单独选择玻璃模型。按M键打开材质编辑器。选择一个材质球,将其材质类型设为VRayMtl。设置漫反射(黑色)、反射(黑色)及折射(白色)颜色,取消勾选"菲涅尔反射"复选框,如图9-27所示。

图 9-26 实例复制射灯补光源

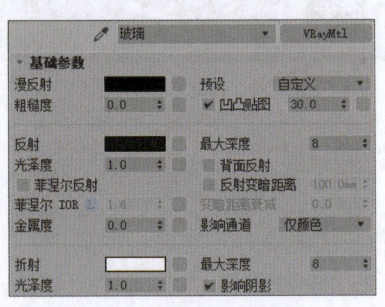

图 9-27 设置室外补光的参数

步骤 22 将设置的玻璃材质赋予推拉门玻璃,如图9-28所示。

步骤 23 创建室外补光光源。单击"VRayLight"按钮,创建平面光源,放在推拉门外侧,如图9-29所示。

图 9-28 赋予推拉门玻璃材质

图 9-29 创建室外补光光源

步骤 24 在"常规"卷展栏中设置倍增值(8)和灯光颜色(R:117,G:157,B:228),在"选项"卷展栏中设置相关参数,如图9-30所示。

步骤 25 切换到摄影机视口,按F9键渲染场景,餐厅布光效果如图9-31所示。

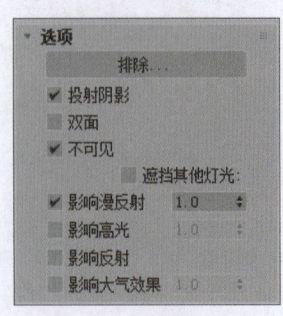

图 9-30 设置室外补光光源参数

图 9-31 餐厅布光效果

9.3 创建餐厅场景材质

创建好场景灯光后，下一步将创建场景材质。本场景运用的主要材质有金属、玻璃、石材等。下面将对这些模型材质进行设置。

■ 9.3.1 创建建筑主体材质

本场景中的墙面和顶面分别使用了壁纸和乳胶漆，地面为瓷砖。

步骤 01 创建顶面乳胶漆材质。按M键打开材质编辑器，选择一个材质球，设置材质类型为VRayMtl，设置漫反射颜色（白色），取消勾选"菲涅尔反射"复选框，如图9-32所示。

步骤 02 在"BRDF"卷展栏中设置反射类型为Blinn，在"选项"卷展栏中取消勾选"追踪反射"复选框，并设置截断值为0.01，如图9-33所示。

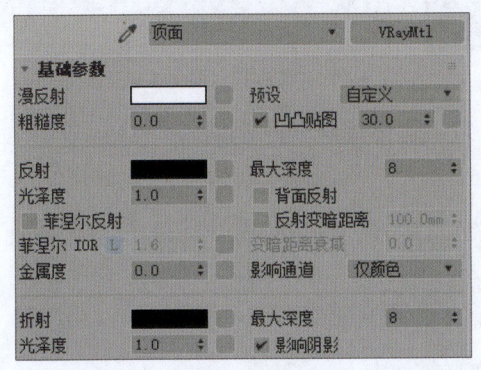

图 9-32　设置乳胶漆材质基本参数 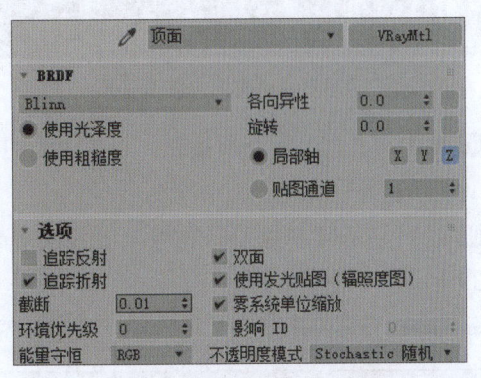　　　　图 9-33　设置反射类型及参数

步骤 03 创建墙面壁纸材质。选择一个材质球，设置材质类型为VRayMtl，为漫反射加载位图贴图，如图9-34所示，取消勾选"菲涅尔反射"复选框。

步骤 04 在"BRDF"卷展栏中将反射类型设为Blinn，在"选项"卷展栏中设置截断值为0.01。设置好的壁纸材质球效果如图9-35所示。

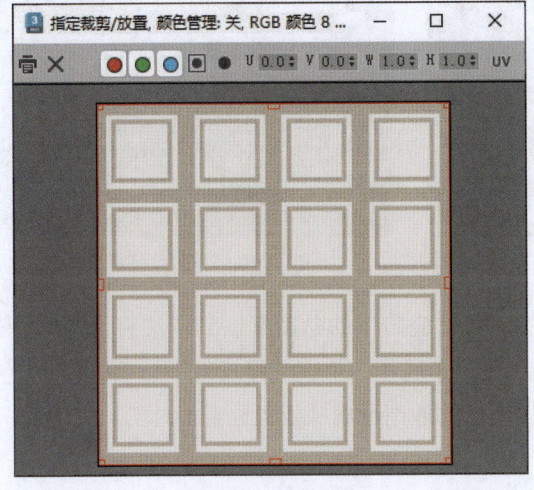

图 9-34　壁纸贴图 　　　　图 9-35　壁纸材质球效果

步骤05 将壁纸材质赋予墙面模型上，如图9-36所示。

步骤06 创建地面材质。选择一个材质球，设置材质类型为多维/子对象类型，将材质数量设为2，并为两种材质进行命名，如图9-37所示。

图9-36 赋予墙面壁纸材质

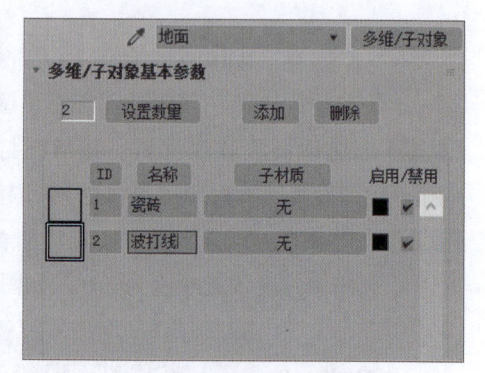

图9-37 创建多维/子对象

步骤07 单击"瓷砖"子材质按钮，将其设为VRayMtl材质类型，并为漫反射添加位图贴图，如图9-38所示。

步骤08 返回"基础参数"卷展栏，设置反射颜色（R:70，G:70，B:70）和反射光泽度，如图9-39所示。

图9-38 为漫反射添加位图贴图

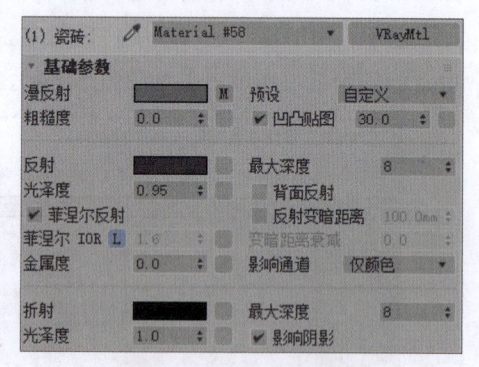

图9-39 设置瓷砖材质参数

步骤09 返回"多维/子对象基本参数"卷展栏，将"瓷砖"的贴图复制到"波打线"贴图通道上。单击"波打线"贴图通道，进入"基础参数"卷展栏，单击"漫反射"贴图按钮，更换其贴图，其他保持不变，如图9-40所示。设置完成后的地面材质球效果如图9-41所示。

模块9　餐厅空间效果的表现

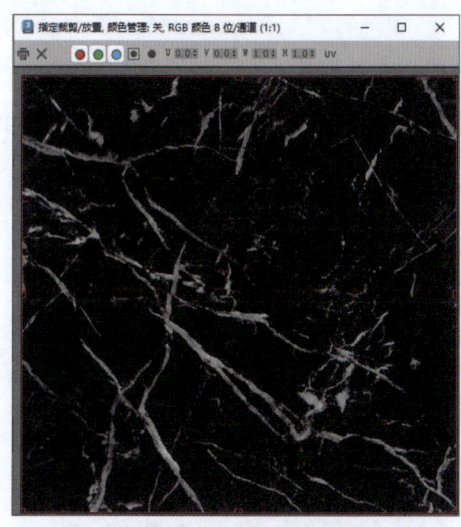

图 9-40　波打线材质贴图

图 9-41　地面材质球效果

步骤10 选中地面上的两种材质，分别设置材质的ID参数，如图9-42所示。

图 9-42　设置地面材质的 ID 参数

步骤11 将设置完成的地面材质赋予地面模型，地面效果如图9-43所示。

图 9-43　地面效果

· 235 ·

■9.3.2 创建酒柜材质

酒柜包括酒瓶、酒杯、柜门边框等，其材质包括玻璃和不锈钢等。

步骤 01 创建不锈钢材质。选择一个材质球，设置材质类型为VRayMtl，设置漫反射颜色（R:178，G:178，B:178）和反射颜色（R:219，G:219，B:219），并设置反射光泽度，然后取消勾选"菲涅尔反射"复选框，如图9-44所示。在"BRDF"卷展栏中设置反射类型为Blinn，在"选项"卷展栏中设置截断值为0.01，如图9-45所示。

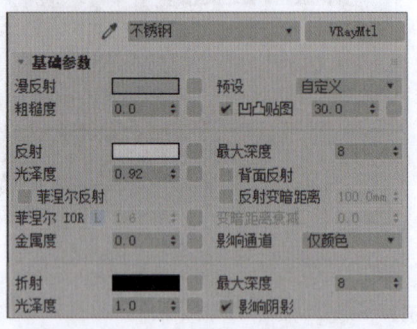

图9-44 设置漫反射和反射颜色　　　图9-45 设置反射类型

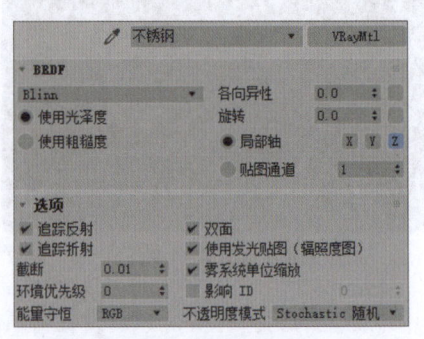

步骤 02 创建好的不锈钢材质球效果如图9-46所示。将该材质赋予酒柜钢架模型。

步骤 03 创建酒柜主体材质。选择一个材质球，设置材质类型为VRayMtl，为漫反射添加位图贴图，如图9-47所示。

图9-46 不锈钢材质效果　　　图9-47 酒柜材质贴图

步骤 04 在"基础参数"卷展栏中设置反射颜色（R:50，G:50，B:50）和反射光泽度，如图9-48所示。

步骤 05 酒柜主体材质球效果如图9-49所示。将之前创建的玻璃材质赋予酒杯模型。

步骤 06 创建酒柜壁纸材质。选择一个材质球，设置材质类型为VRayMtl。为"漫反射"通道添加壁纸贴图，如图9-50所示。

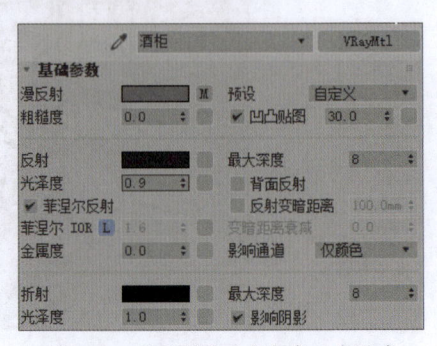

图9-48 设置材质反射颜色及光泽度

· 236 ·

图 9-49　材质球效果 　　　　　　　图 9-50　添加壁纸贴图

步骤 07 取消勾选"菲涅尔反射"复选框。在"BRDF"卷展栏中将反射类型设为Blinn，在"选项"卷展栏中设置截断值为0.01。将设置好的壁纸材质赋予酒柜中间背板处，如图9-51所示。

步骤 08 创建酒瓶材质。选择一个材质球，设置材质类型为VRayMtl。在"基础参数"卷展栏中设置漫反射颜色（R:22，G:13，B:16）、反射颜色（R:22，G:22，B:22）和折射颜色（R:47，G:47，B:47），并取消勾选"菲涅尔反射"复选框，如图9-52所示。

图 9-51　赋予酒柜壁纸材质 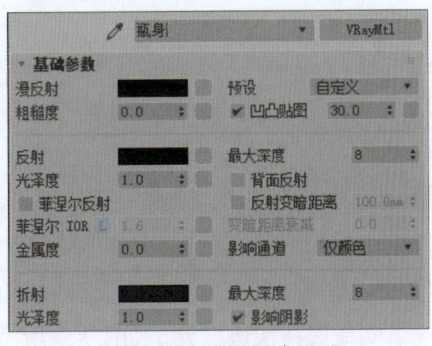　　　　图 9-52　设置瓶身材质

步骤 09 创建瓶盖材质。选择一个材质球，设置材质类型为VRayMtl。设置漫反射颜色（R:139，G:7，B:0）、反射颜色（R:39，G:39，B:39），取消勾选"菲涅尔反射"复选框，如图9-53所示。在"贴图"卷展栏中单击"凹凸"通道按钮，为其添加噪波贴图，并设置凹凸值，如图9-54所示。

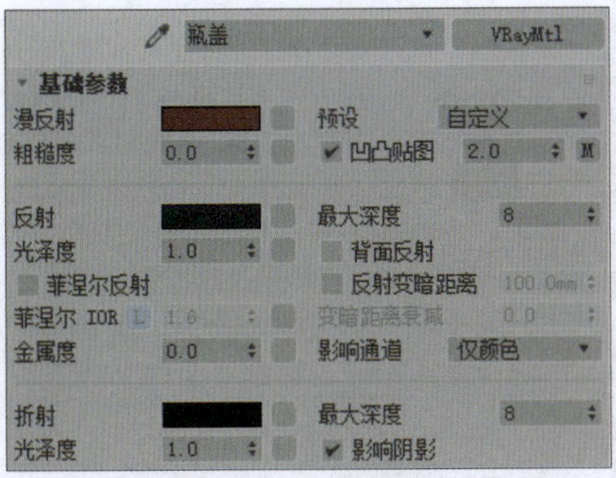

图 9-53　设置瓶盖材质 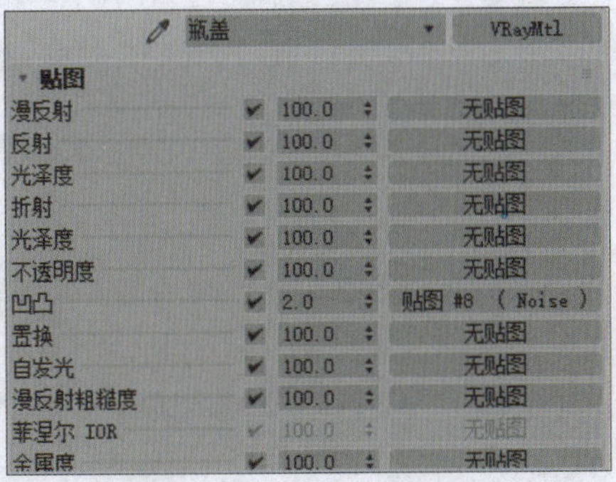　　　　　　图 9-54　设置凹凸贴图

步骤 10 在"噪波参数"卷展栏中设置瓷砖的坐标参数,调整瓷砖参数,并在"噪波参数"卷展栏中设置噪波大小,如图9-55所示。

步骤 11 在视口中选择酒瓶模型,将这两种材质赋予该模型。按F9键渲染摄影机视口,酒柜材质渲染效果如图9-56所示。

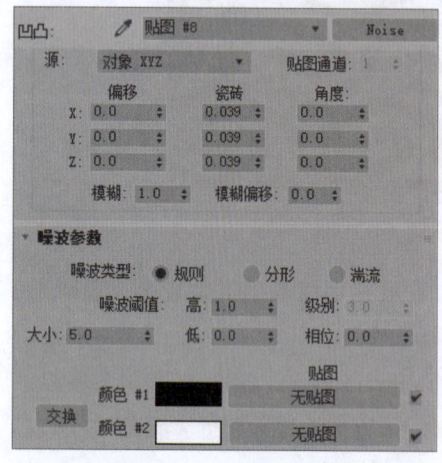

图 9-55 设置噪波参数

图 9-56 酒柜材质渲染效果

9.3.3 创建餐桌椅材质

场景中的餐桌、餐具材质包括不锈钢、玻璃、布料等。下面介绍这几种材质的创建步骤。

步骤 01 创建椅子腿材质。选择一个材质球,设置材质类型为VRayMtl。为漫反射添加位图贴图,如图9-57所示。

步骤 02 在"基础参数"卷展栏中为反射通道添加衰减贴图。在"衰减参数"卷展栏中,设置衰减类型,其他保持默认设置,如图9-58所示。

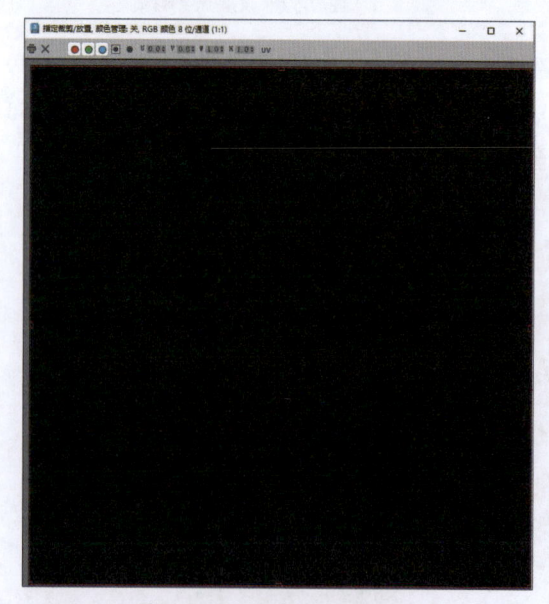

图 9-57 添加漫反射位图贴图

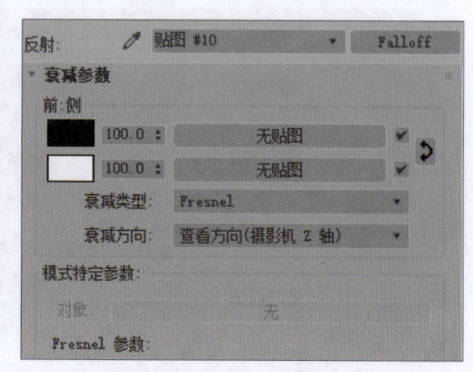

图 9-58 添加反射衰减贴图

步骤03 在"BRDF"卷展栏中将反射类型设为Blinn；在"选项"卷展栏中取消勾选"雾系统单位缩放"复选框，并设置截断值为0.01，如图9-59所示。

步骤04 将设置好的材质赋予椅子腿模型。按F9键渲染，椅子腿材质渲染效果如图9-60所示。

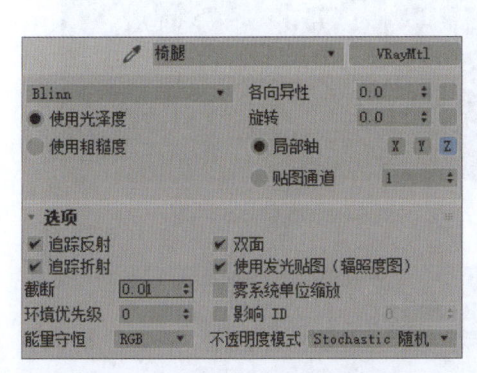

图 9-59　设置材质的反射类型

图 9-60　椅子腿材质渲染效果

步骤05 创建座椅材质。选择一个材质球，设置材质类型为VRayMtl。为漫反射添加衰减贴图，如图9-61所示。

步骤06 在"衰减参数"卷展栏中单击"前"的通道按钮，为其添加位图贴图，如图9-62所示。

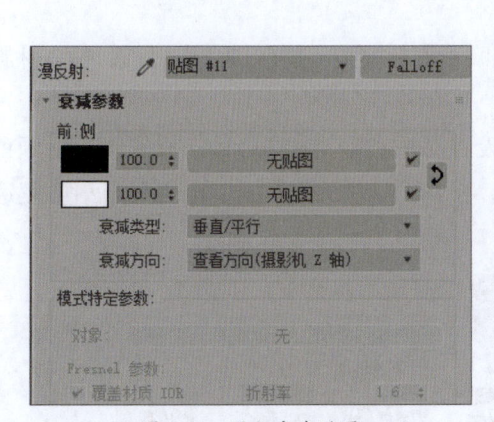

图 9-61　添加衰减贴图

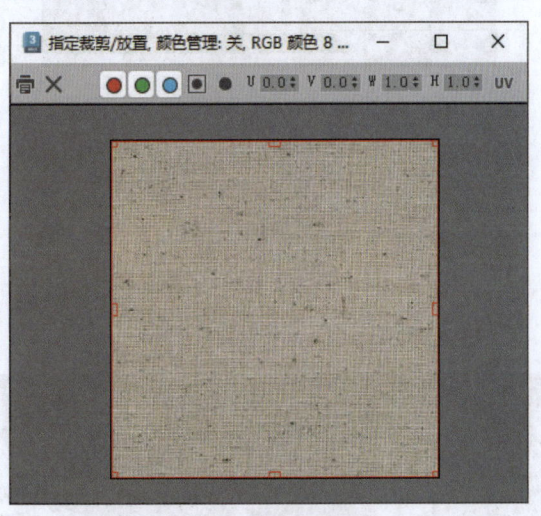

图 9-62　添加前贴图

步骤07 单击"侧"的通道按钮，为其添加位图贴图，如图9-63所示。

步骤08 返回上一层面板。在"贴图"卷展栏中为凹凸通道添加位图贴图，并设置凹凸值为20，如图9-64所示。

步骤09 将座椅材质赋予座椅模型，按F9键渲染，座椅材质渲染效果如图9-65所示。

步骤10 创建餐桌材质。复制酒柜材质至另一个材质球上，并将其重命名。在"基础参数"卷展栏中修改反射颜色（R:100，G:100，B:100）及其光泽度，其他保持默认设置，如图9-66所示。

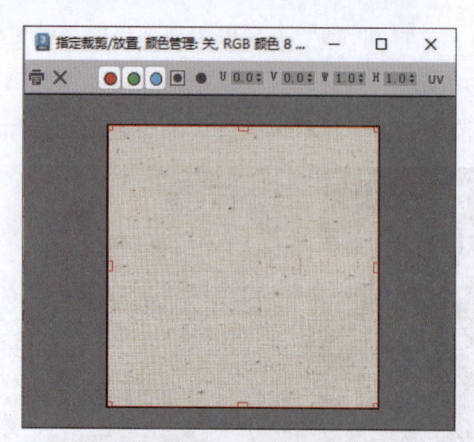

图 9-63 添加侧贴图

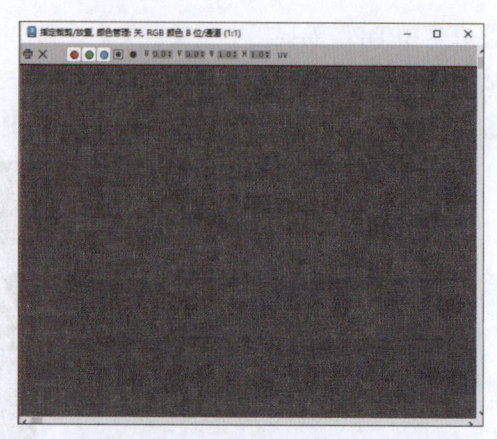

图 9-64 添加凹凸贴图

图 9-65 座椅材质渲染效果

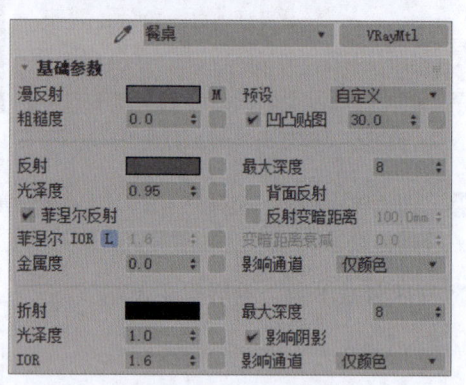

图 9-66 修改反射参数

步骤 11 将创建好的材质赋予餐桌模型，将玻璃材质赋予酒杯模型。按F9键渲染视口，餐桌材质渲染效果如图9-67所示。

步骤 12 创建不锈钢餐具材质。选择一个材质球，设置材质类型为VRayMtl。设置漫反射颜色（R:70，G:70，B:70）和反射颜色（R:180，G:180，B:180），并取消勾选"菲涅尔反射"复选框，如图9-68所示。

图 9-67 餐桌材质渲染效果

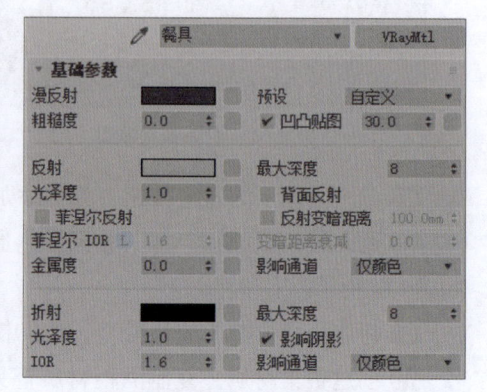

图 9-68 设置不锈钢餐具材质

步骤13 在"BRDF"卷展栏中设置反射类型为Blinn,在"选项"卷展栏中取消勾选"雾系统单位缩放"复选框,并设置截断值为0.01。将不锈钢材质赋予刀叉餐具模型。

步骤14 创建陶瓷餐盘材质。选择一个材质球,设置材质类型为多维/子对象。将材质数量设为2,并为两种材质命名,如图9-69所示。

步骤15 单击"边沿"子材质通道,将材质类型设为VRayMtl。在"基础参数"卷展栏中,为漫反射通道添加位图贴图,如图9-70所示。

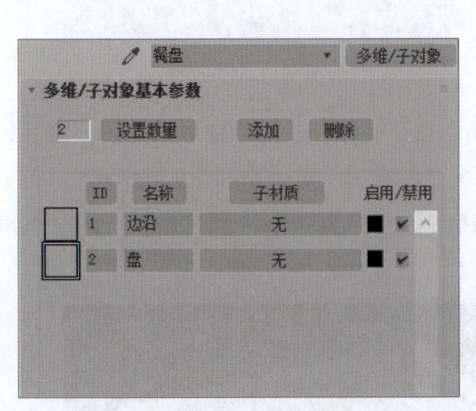

图 9-69　创建多维材质　　　　　　图 9-70　设置边沿材质贴图

步骤16 返回上一层面板,设置漫反射颜色(R:64,G:64,B:64)和反射光泽度,如图9-71所示。

步骤17 为反射通道添加位图贴图,如图9-72所示。

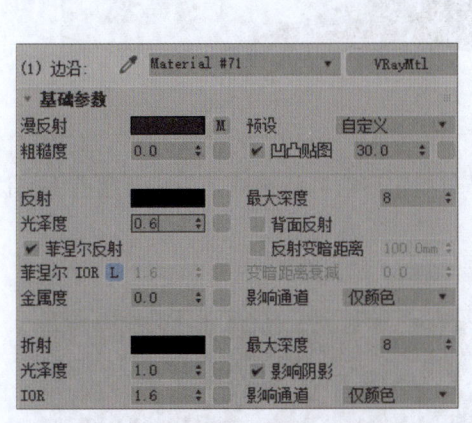

图 9-71　设置漫反射和反射参数　　　　　　图 9-72　反射通道添加位图贴图

步骤18 在"BRDF"卷展栏中设置反射类型为Blinn,在"选项"卷展栏中取消勾选"雾系统单位缩放"复选框,并设置截断值为0.01,

步骤19 单击"盘"材质通道,将其类型设置为VRayMtl,设置漫反射颜色(R:240,G:240,B:240)和反射光泽度,并取消勾选"菲涅尔反射"复选框,如图9-73所示。

步骤20 为反射通道添加衰减贴图,并设置衰减类型,如图9-74所示。

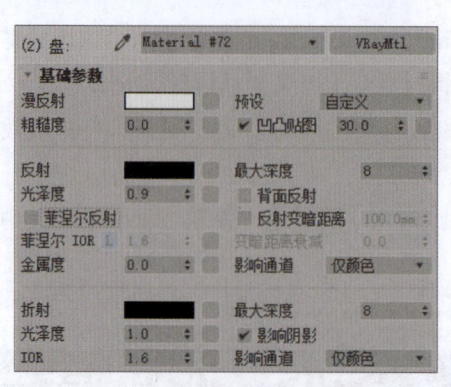

图 9-73 设置盘材质基础参数　　　　图 9-74 添加反射衰减贴图

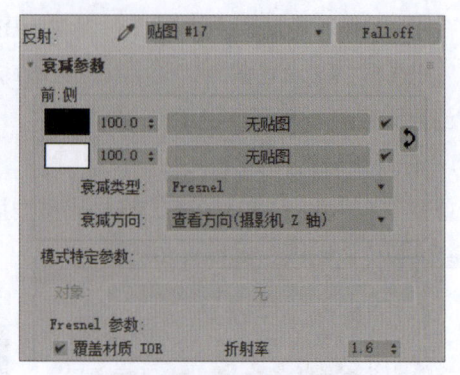

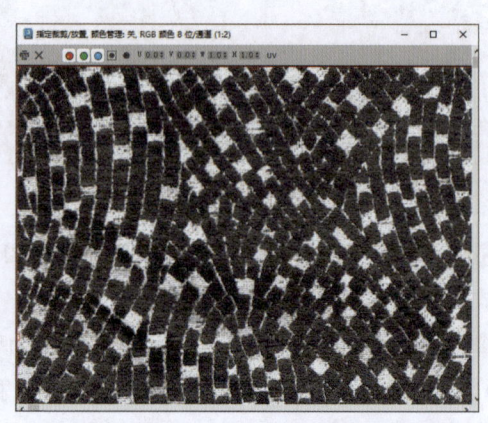

步骤21 在"BRDF"卷展栏中设置反射类型为Blinn，在"选项"卷展栏中取消勾选"雾系统单位缩放"复选框，并设置截断值为0.01。创建好的餐盘多维材质球效果如图9-75所示。

步骤22 在视口中选择餐盘模型，并设置好其材质ID。将多维材质赋予餐盘模型，按F9键渲染视口，餐盘材质渲染效果如图9-76所示。

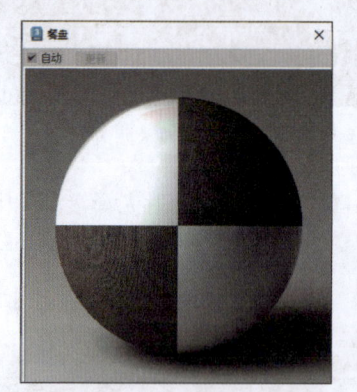

图 9-75 多维材质球效果　　　　图 9-76 材质渲染效果

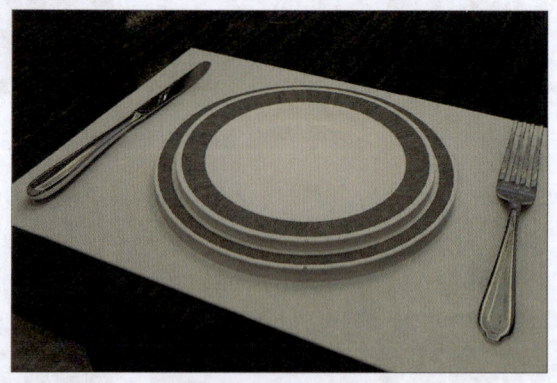

步骤23 创建桌布材质。选择一个材质球，设置材质类型为VRayMtl，为漫反射通道添加位图贴图，如图9-77所示。返回上一层面板，取消勾选"菲涅尔反射"复选框，为凹凸通道添加位图贴图，如图9-78所示。

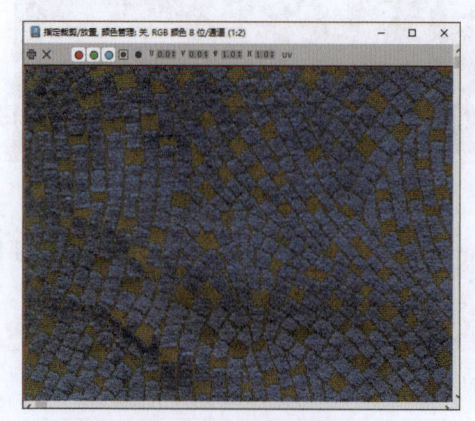

图 9-77 漫反射贴图　　　　图 9-78 添加位图贴图

步骤 24 在"BRDF"卷展栏中设置反射类型为Blinn，在"选项"卷展栏中取消勾选"雾系统单位缩放"复选框，并设置截断值为0.01。创建好的桌布材质球效果如图9-79所示。

步骤 25 将桌布材质赋予相应的模型中。按F9键渲染视口，桌布材质渲染效果如图9-80所示。

图 9-79　桌布材质球效果　　　　　　　　图 9-80　桌布材质渲染效果

9.3.4　创建其他模型材质

本场景中有很多装饰品，包括水晶吊灯、窗帘等。下面介绍这些装饰品材质的创建步骤。

步骤 01 创建吊灯材质。选择一个材质球，设置材质类型为VRayMtl，设置漫反射颜色（R:245，G:234，B:230）、反射颜色（R:91，G:91，B:91）和折射颜色（R:150，G:150，B:150），并取消勾选"菲涅尔反射"复选框，如图9-81所示。

步骤 02 在"BRDF"卷展栏中选择反射类型为Blinn；在"选项"卷展栏中取消勾选"雾系统单位收缩"复选框，并设置截断值为0.01。创建好的材质球效果如图9-82所示。

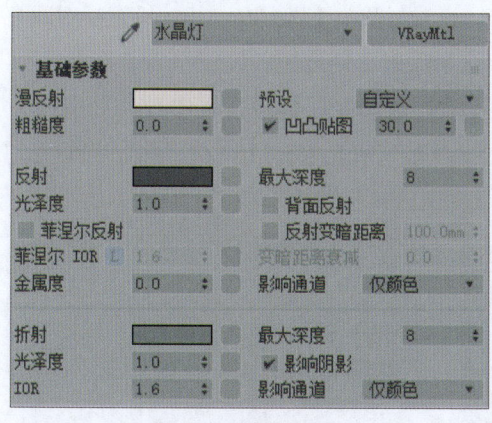

图 9-81　设置材质参数　　　　　　　　图 9-82　材质球效果

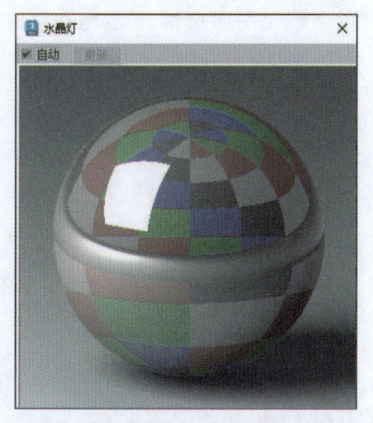

步骤 03 将该材质赋予水晶灯模型，按F9键渲染视口，吊灯材质渲染效果如图9-83所示。

步骤 04 创建透光窗帘材质。选择一个材质球，设置材质类型为VRayMtl。设置漫反射颜色（R:230，G:230，B:230）和折射颜色（R:55，G:55，B:55），然后设置折射的IOR参数，取消勾选"菲涅尔反射"复选框，如图9-84所示。

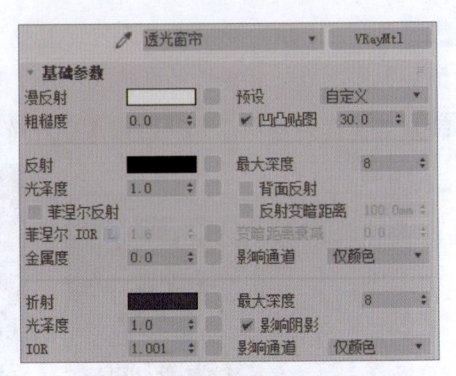

图 9-83　吊灯材质渲染效果　　　　　图 9-84　设置透光窗帘材质参数

步骤 05 为折射通道添加衰减贴图。分别设置"前"的颜色（R:145，G:154，B:154）和"侧"的颜色（R:29，G:29，B:29），如图9-85所示。创建好的透光窗帘材质球效果如图9-86所示。

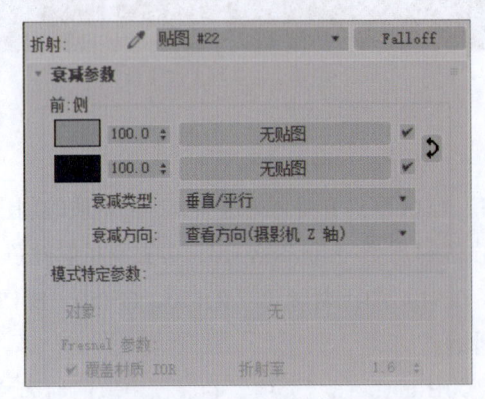

图 9-85　设置折射衰减参数　　　　　图 9-86　透光窗帘材质球效果

步骤 06 创建不透光窗帘材质。选择好材质球，设置材质类型为VRayMtl。设置反射颜色（R:50，G:50，B:50）及反射光泽度，取消勾选"菲涅尔反射"复选框。

步骤 07 为漫反射通道添加衰减贴图，在"基础参数"卷展栏中设置参数，如图9-87所示。在"衰减参数"卷展栏中设置"前"的颜色（R:97，G:68，B:31）和"侧"的颜色（R:103，G:75，B:39），如图9-88所示。创建好的不透光窗帘材质球效果如图9-89所示。

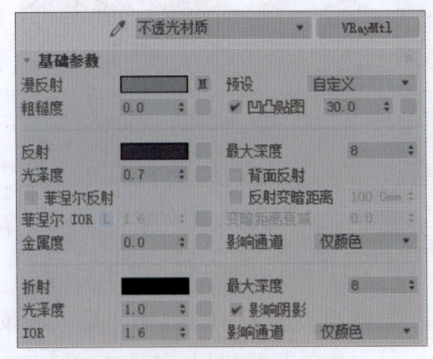

图 9-87　设置不透光材质参数　　　　　图 9-88　设置衰减参数

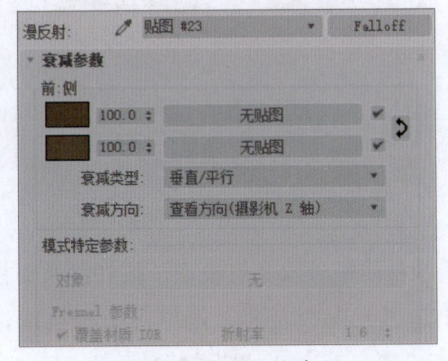

· 244 ·

步骤 08 将创建好的窗帘材质分别赋予相应的窗帘模型。按F9键渲染视口，窗帘材质渲染效果如图9-90所示。

图 9-89 不透光窗帘材质球效果

图 9-90 窗帘材质渲染效果

步骤 09 创建门框材质。选择一个材质球，设置材质类型为VRayMtl，设置漫反射颜色（R:15，G:15，B:15）和反射颜色（R:30，G:30，B:30），并设置反射光泽度，取消勾选"菲涅尔反射"复选框，如图9-91所示。

步骤 10 将设置的门框材质赋予推拉门框模型。按F9键渲染视口，门框材质渲染效果如图9-92所示。

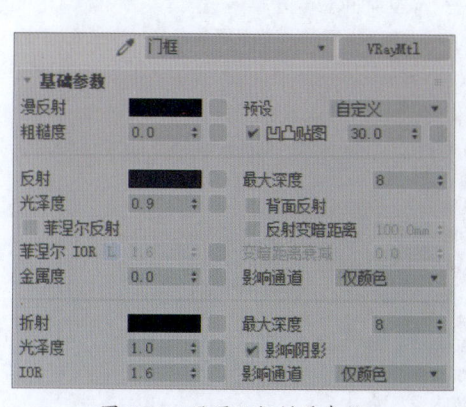

图 9-91 设置门框材质参数

图 9-92 门框材质渲染效果

步骤 11 创建户外材质。选择一个材质球，设置材质类型为VRayLightMtl（灯光材质）。在"灯光倍增值参数"卷展栏中单击贴图通道，为其添加位图贴图，如图9-93所示。

步骤 12 调整倍增值，将该材质赋予户外模型，如图9-94所示。至此，完成餐厅场景中材质的创建。

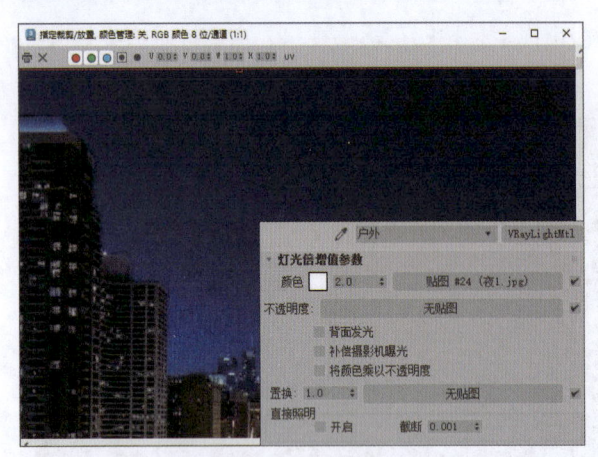

图 9-93　设置材质参数　　　　　　　　　图 9-94　餐厅场景中材质的创建效果

9.4　渲染餐厅场景效果

　　灯光和材质已经创建完，接着需要对场景进行一个测试渲染，测试满意后，就可以正式渲染最终成品图像了，具体操作步骤如下。

步骤 01 按F10键打开"渲染设置"对话框，在"V-Ray"选项卡中打开"帧缓冲"卷展栏，勾选"启用内置帧缓存"复选框，如图9-95所示。

步骤 02 在"图像采样器（抗锯齿）"卷展栏中设置"类型"为"渐进式"，在"图像过滤器"卷展栏中设置"过滤器类型"为"Catmull-Rom"，如图9-96所示。

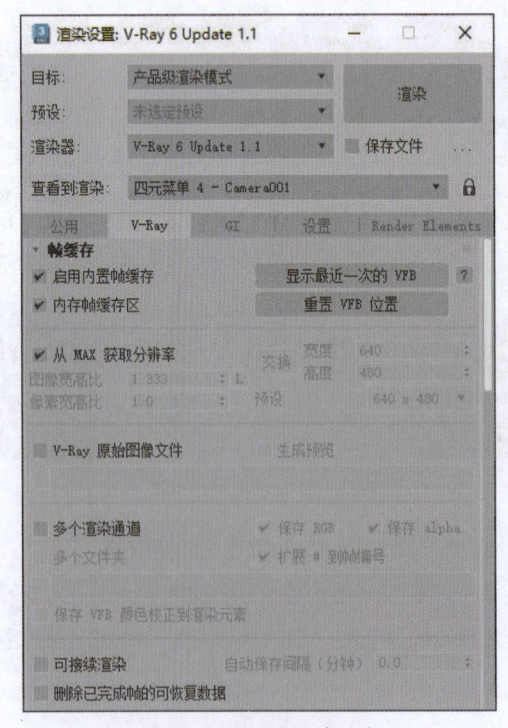

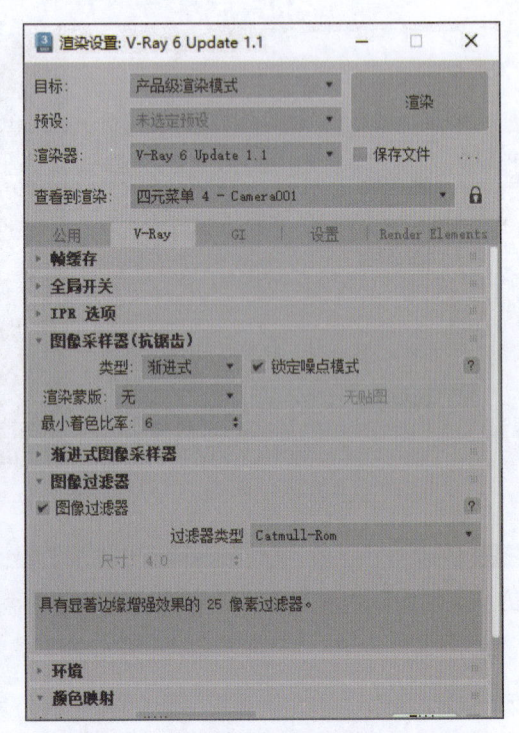

图 9-95　启用内置帧缓存　　　　　　　　图 9-96　设置图像采样器和图像过滤器

· 246 ·

步骤 03 在"颜色映射"卷展栏中设置"类型"为"指数",如图9-97所示。

步骤 04 切换到"GI"选项卡,在"灯光缓存"卷展栏中设置"细分"为500,单击"渲染"按钮即可进行测试渲染,如图9-98所示。

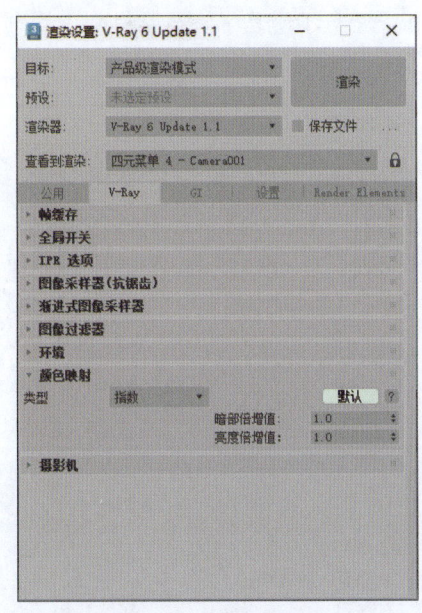

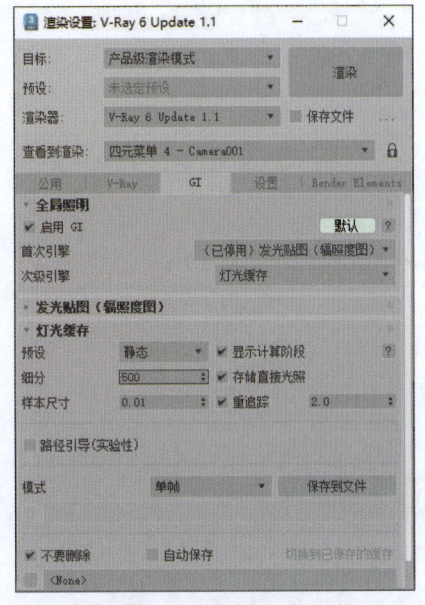

图 9-97 设置颜色映射

图 9-98 设置灯光缓存参数

步骤 05 下面进行最终效果的渲染设置。切换到"公用"选项卡,在"公用参数"卷展栏中设置输出大小,如图9-99所示。

步骤 06 切换到"V-Ray"选项卡,在"图像采样器(抗锯齿)"卷展栏中将"类型"设为"小块式",将"最小着色比率"设为16,如图9-100所示。

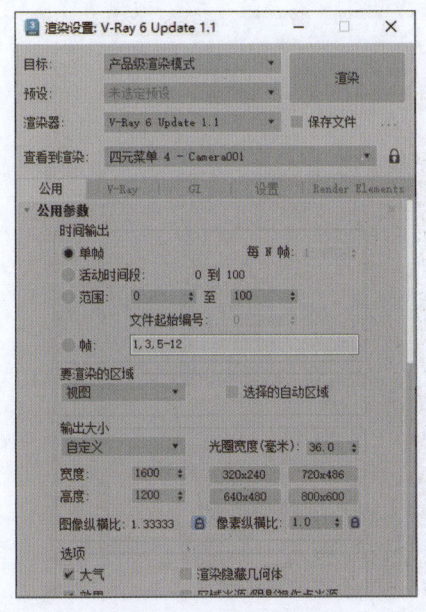

图 9-99 设置输出大小

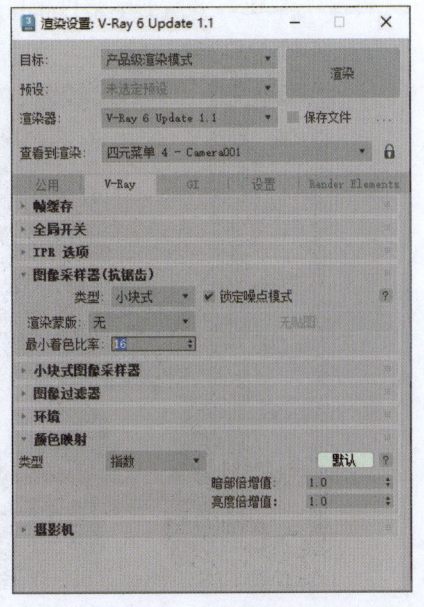

图 9-100 设置图像采样器

步骤07 在"小块式图像采样器"卷展栏中设置"噪点阈值"参数,其他保持默认设置,如图9-101所示。

步骤08 切换到"GI"选项卡,在"全局照明"卷展栏中开启"高级"模式;勾选"环境光遮蔽"复选框,并将其参数设为1,"半径"设为20;在"灯光缓存"卷展栏中设置"细分"为1 200,如图9-102所示。

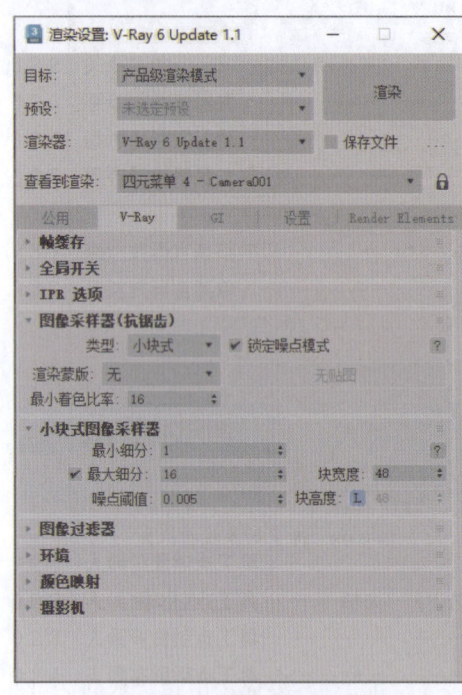

图 9-101 设置噪点阈值　　图 9-102 设置全局照明和灯光缓存参数

步骤09 单击"渲染"按钮,对当前摄影机视口进行最终渲染,最终渲染效果如图9-103所示。

图 9-103 最终渲染效果

9.5 渲染图后期处理

下面利用Photoshop软件对渲染的成品图进行后期调整。该渲染图整体颜色偏暗，可适当调整画面亮度，具体操作步骤如下。

步骤 01 在Photoshop中打开渲染好的成品文件，如图9-104所示。

图 9-104　打开成品文件

步骤 02 在菜单栏中选择"图像"→"调整"→"色彩平衡"选项，打开"色彩平衡"对话框，调整色彩参数，如图9-105所示。

步骤 03 单击"确定"按钮关闭该对话框，效果如图9-106所示。

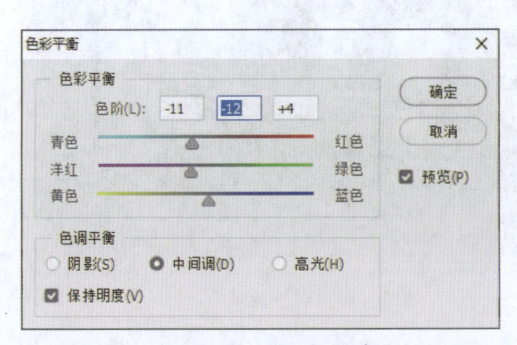

图 9-105　调整色彩平衡参数　　　　　　　图 9-106　观察效果

步骤 04 在菜单栏中选择"图像"→"调整"→"色相/饱和度"命令，打开"色相/饱和度"对话框，调整效果图的整体参数，如图9-107所示。

步骤 05 单击"确定"按钮，效果如图9-108所示。

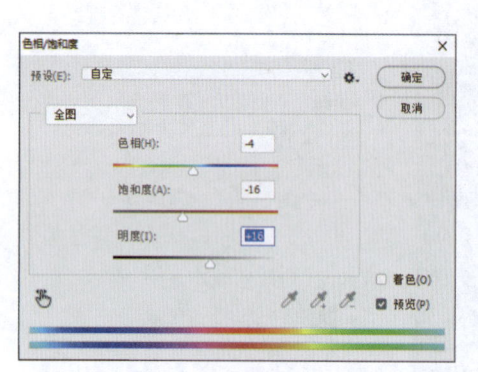

图 9-107　调整色相/饱和度参数　　　　　　　图 9-108　查看调整效果

步骤 06 在菜单栏中选择"图像"→"调整"→"亮度/对比度"命令，打开"亮度/对比度"对话框，调整参数值，如图9-109所示。

步骤 07 单击"确定"按钮，调整效果如图9-110所示。

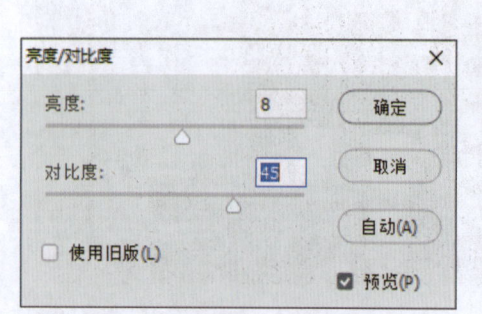

图 9-109　调整亮度和对比度参数　　　　　　　图 9-110　调整效果

步骤 08 在菜单栏中选择"图像"→"调整"→"曲线"命令,打开"曲线"对话框,添加控制点调整曲线,如图9-111所示。

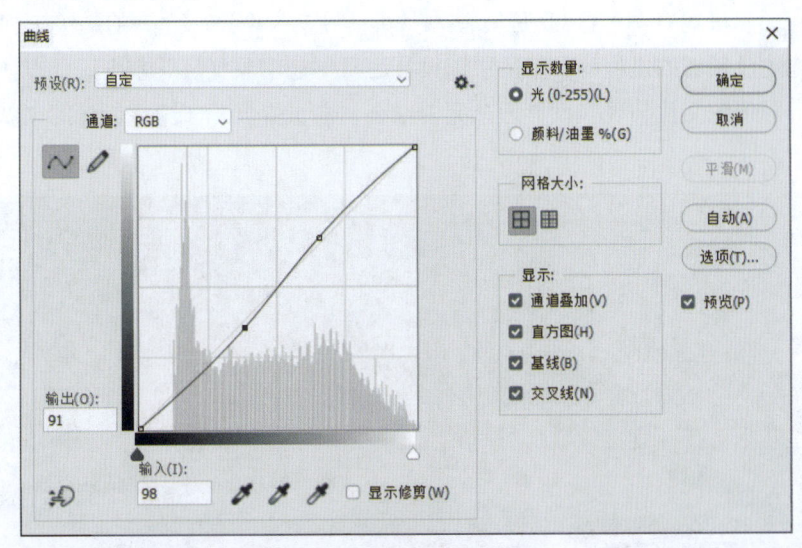

图 9-111 调整曲线参数

步骤 09 单击"确定"按钮,关闭对话框,最终效果如图9-112所示。

图 9-112 最终效果

拓展阅读 匠心独运，凤凰展翅——北京大兴国际机场的室内设计与中国设计力量的崛起

北京大兴国际机场（图9-113）是被誉为"新世界七大奇迹"之一的超级工程，它不仅是中国基础设施建设领域的里程碑，更是中国设计力量崛起的象征。其室内设计以"凤凰展翅"为灵感，将中国传统文化与现代设计理念完美融合，向世界展示了中国设计的创新能力和文化自信。

图 9-113　北京大兴国际机场

从空中俯瞰，北京大兴国际机场的整体布局以五条指廊向外辐射，形如凤凰展翅，寓意着吉祥、复兴与腾飞。这一设计不仅优化了旅客的步行距离，还体现了中国传统文化与现代功能性的完美结合。走进航站楼，旅客会被其宽敞明亮的空间所震撼。设计师通过流畅的曲线和开放的结构，营造出"天地合一"的视觉效果；同时引入自然光线，减少了人工照明的使用，体现了可持续发展的理念。

在室内装饰中，中国传统文化元素被巧妙地融入现代设计中。例如，航站楼的天花板采用了中国传统建筑中的"藻井"结构，通过现代材料和技术呈现出流动的祥云图案，象征着吉祥与和谐；地面则选用了中国传统色彩——红色和金色，搭配莲花纹样，传递出浓厚的文化氛围。此外，航站楼内还设置了多组艺术装置，如以"剪纸"为灵感的屏风和以"山水画"为背景的墙面，将东方美学展现得淋漓尽致。

航站楼中央大厅的设计是北京大兴国际机场室内设计的点睛之笔。大厅顶部是一个巨大的圆形天窗，被称为"凤凰之眼"，其设计灵感来源于中国传统文化中的"天圆地方"理念。天窗通过精密的几何结构将自然光线引入室内，随着时间的变化，光线会在大厅内形成不同的光

影效果，宛如凤凰展翅时的灵动与优雅。在天窗下方，设计师设置了一组以"祥云"为主题的艺术装置，通过现代材料和技术呈现出流动的云彩效果，与天窗的光影交相辉映，营造出梦幻般的空间氛围。这一设计不仅提升了航站楼的美学价值，也为旅客带来了独特的视觉体验。

北京大兴国际机场不仅在设计美学上独树一帜，在科技与环保方面也走在了世界前列。航站楼采用了先进的BIM（building information model，建筑信息模型）技术进行全流程设计与管理，确保了工程的精确性和高效性。在环保方面，机场充分利用自然通风设计，减少了空调系统的能耗；屋顶安装了太阳能发电系统，为机场提供清洁能源；同时，机场还采用了雨水收集和再利用系统，实现了资源的循环利用。智能化系统也是机场设计的一大亮点。旅客可以通过人脸识别技术完成值机、安检和登机全流程，大大提升了出行效率。此外，机场还引入了机器人导览和智能行李托运系统，为旅客提供便捷的服务体验。这些技术的应用不仅展现了中国的科技创新能力，也为全球机场设计树立了新的标杆。

北京大兴国际机场的成功离不开全球顶尖设计师和团队的共同努力。主导设计的是已故的伊拉克裔英国建筑师扎哈·哈迪德（Zaha Hadid），她以其标志性的流线型设计和未来主义风格闻名于世。哈迪德的设计团队与北京市建筑设计研究院股份有限公司紧密合作，将中国传统文化元素融入现代建筑语言中，创造了这一举世瞩目的作品。在室内装饰设计方面，清华大学美术学院团队负责了部分文化元素的提炼与呈现。例如，航站楼内的"剪纸"艺术装置就是由该团队设计的，通过现代材料和技术将传统剪纸艺术转化为立体装饰，既保留了传统文化的精髓，又赋予了其现代美感。此外，中国建筑工程团队在施工过程中展现了极高的专业水准和工匠精神，确保了设计理念的完美落地。

北京大兴国际机场（图9-114～图9-116）的室内设计是中国设计力量崛起的缩影，它不仅展示了中国在建筑设计领域的创新能力，也向世界传递了中国文化的独特魅力。

图9-114 北京大兴国际机场室内设计-1

图 9-115 北京大兴国际机场室内设计 -2

图 9-116 北京大兴国际机场室内设计 -3

3ds Max常用快捷键

命令名称	快捷键	命令名称	快捷键
（1）视图类		捕捉开关	S
透视视口	P	按名称选择	H
前视口	F	材质编辑器切换	M
顶视口	T	渲染设置	F10
左视口	L	变换输入对话框切换	F12
摄影机视口	C	（4）坐标类	
（2）视图控制区类		虚拟视口缩小/放大	-/+
缩放视图工具	Alt+Z	变换Gizmo X轴约束	F5
最大化显示选定对象	Z	变换Gizmo Y轴约束	F6
撤销视口操作	Shift+Z	变换Gizmo Z轴约束	F7
所有视图最大化显示	Shift+Ctrl+Z	锁定	空格键
撤销场景操作	Ctrl+Z	显示栅格	G
缩放区域	Ctrl+W	线框/平滑+高光切换	F3
平移视图	Ctrl+P	（5）其他类	
环绕视图模式	Ctrl+R	查看带边面切换	F4
最大化视口切换	Alt+W	释放所有项	Alt+A
（3）工具栏类		平移视口	I
智能选择	Q	孤立当前选择	Alt+Q
选择并移动	W	使用默认/场景灯光照亮视口照明切换	Ctrl+L
选择并旋转	E		
智能缩放	R	隐藏灯光切换	Shift+L
角度捕捉切换	A		

课后作业参考答案（部分）

■ 模块1

一、选择题

1. A 2. D 3. B

二、填空题

1. 捕捉开关　角度捕捉　百分比捕捉
   微调器捕捉
2. 复制　实例　参考
3. X　Y　Z

■ 模块2

一、选择题

1. C 2. D 3. A

二、填空题

1. 茶壶部件
2. 线　可编辑的参数　修改堆栈栏
3. 主体模型　要减去的模型

■ 模块3

一、选择题

1. C 2. C 3. D

二、填空题

1. 只能编辑三角面 对面数没有任何要求
2. 点　线　面
3. 顶点　边　多边形　边界　元素

■ 模块4

一、选择题

1. B 2. C 3. A

二、填空题

1. 漫反射颜色　高光颜色　环境光颜色
2. VRayMtl
3. 多维/子对象材质

■ 模块5

一、选择题

1. D 2. C 3. D

二、填空题

1. 格状纹理　砖墙　地板砖　瓷砖
2. 类型　大小　颜色　阈值
3. VRayHDR环境贴图

■ 模块6

一、选择题

1. D 2. D 3. C

二、填空题

1. 标准　光度学　泛光灯　天光
2. 能产生阴影的灯光　能产生阴影的物体
   能接收阴影的物体
3. VRayIES

■ 模块7

一、选择题

1. C 2. B 3. A

二、填空题

1. 扫描线渲染器　Arnold渲染器
   ART渲染器　Quicksilver硬件渲染器
   VUE文件渲染器
2. VRayDomeCamera
3. 要渲染的区域　区域

参考文献

[1] 邸锐, 郭燕云. 3ds Max+VRay室内设计效果图表现实例教程: 微课版[M]. 2版. 北京: 人民邮电出版社, 2023.

[2] 任媛媛. 中文版3ds Max 2024完全自学教程[M]. 北京: 人民邮电出版社, 2024.

[3] 唯美世界, 曹茂鹏. 中文版3ds Max 2024完全案例教程: 微课视频版[M]. 北京: 中国水利水电出版社, 2024.

[4] 来阳. 3ds Max 2024 超级学习手册[M]. 北京: 人民邮电出版社, 2024.

[5] 赵玉. 3ds max+VRay室内外效果图制作完全实训手册[M]. 北京: 清华大学出版社, 2022.

[6] 高博, 王婧, 龙舟君. 3ds Max 2024中文全彩铂金版案例教程[M]. 北京: 中国青年出版社, 2024.